# 우주 기술의
# 파괴적 혁신

이제 제5차 산업혁명이다

DISRUPTIVE INNOVATION IN SPACE TECHNOLOGY

# 우주 기술의 파괴적 혁신

### 이제 제5차 산업혁명이다

김승조 지음

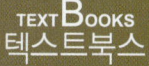

TEXT BOOKS
텍스트북스

# 머리말

PREFACE

2022년 6월 21일 대한민국은 전라남도 나로우주센터에서 국내 기술로 개발한 누리호를 700km 궤도에 성공적으로 올려놓았다. 이 일을 계기로 국내에서도 우주 기술 개발과 산업화에 지대한 관심이 증폭되었다. 누리호는 3단 로켓으로 1단은 75톤급 엔진 4기, 2단에는 연소기 노즐을 좀 더 길게 해서 진공에서 효율을 높인 75톤급 엔진 1기, 3단에는 고공용 7톤 엔진을 포함해 모두 6기의 엔진이 장착되어 있다. 대한민국 우주발사체Korea Space Launch Vecle, KSLV 시리즈 두 번째로 KSLV-2라고도 불리는 이 발사체는 300km 고도의 저궤도에는 2.5톤, 700km 정도의 태양동기궤도에는 1.5톤 정도의 위성을 올릴 수 있는 능력을 가지고 있다.

2013년 1월 발사에 성공한 발사체 KSLV-1은 나로호라고 불렸다. 러시아가 앙가라 로켓을 위해 개발하고 있던 엔진 RD-191(추력을 줄여 사용하면서 RD-151로 명명)과 이를 장착한 로켓을 구매해 1단으로 사용하고 2단 고체로켓과 페어링 등은 국내에서 개발하였다. 이러한 개발 과정에서 습득한 우주발사체 설계 개발 기술을 기반으로 누리호가 완성된 것이다. 자체적인 기술로 처음으로 개발하다 보니 미흡한 점이 많았지만 국민은 호의적인 반응을 보여줬다. 그러나 누리호의 성공적인 발사는, 대한민국이 우주발사체의 완전 국산화를 이루었다는 면에서 의미가 크지만, 성능 면에서는 경쟁 대상인 해외의 다른 발사체에 비해 부족한 점이 많다. 앞으로 개발할 KSLV-3에서는 현대 로켓 기술의 발전 방향을 분석하여 국제적으로 경쟁력 있는 기술 수준으로 대폭 개선해야 할 필요가 있다.

현재 전 세계적으로 발사체 개발 패러다임이 크게 변하고 있다. 이제까지 국가의 지원을 기반으로 발전해온 우주발사체 기술들이 축적되고 보편화하면서 관련 기술 정보의 구득이 무척 쉬워졌다. 이처럼 쉽게 얻을 수 있는 로켓 개발 기술의 영향으로 발사체 개발 벤처기업들이 우후죽순처럼 생겨나고 있다. 특히 미국의 스페이스XSpaceX사가 역사상 최고 효율의 엔진 개발을 토대로 저렴하고 안정성 높은 팰컨 9Falcon 9 로켓을 성공적으로 개발하면서 이를 벤치마킹하는 후속 발사체 벤처기업들의 설립뿐만이 아니라 이들이 제공하는 저렴해진 발사 비용을 디딤돌 삼아 새로운 개념의 위성 기술을 개발하려는 도전이 줄을 이었다. 바야흐로 전 세계적으로 우주 기술의 산업화가 폭발적으로 일어나고 있다.

미국 비영리 조직인 우주재단 Space Foundation 의 연례보고서에 의하면 2021년 현재 전 세계 우주 산업 규모는 4,500억 달러에 이르며, 이후 더욱 폭발적으로 성장할 것이라고 예측하고 있다. 미국 금융 서비스 업체 모건 스탠리의 세계적인 항공우주 분야 시장 분석가 애덤 조나스 Adam Jonas 는 냉전 시대의 우주 경쟁 Space Race 에 버금가는 미국, 중국, 러시아, 유럽 사이의 국가적 우주 경쟁 2.0이 다시 시작되고 있으며, 이들 정부 간의 경쟁을 훨씬 뛰어넘는 기업 간 산업화 경쟁이 더욱 치열해질 것이라고 예상하고 있다.

앞으로의 우주 기술 개발은 우주 탐사를 통한 과학적 탐구와 축적된 우주 기술에 힘입어 더욱 거대한 산업으로 나아갈 것이라는 예측이 현실화되면서 그 중요성이 크게 부각되기 시작했다. 미국의 일론 머스크 Elon Musk 가 스페이스X를 통해 일으킨 발사체 기술의 파괴적 혁신이 전 세계 우주 산업계를 강타하면서 크나큰 변화를 만들어내었고, 또 한 명의 우주 마니아인 아마존의 제프 베이조스 Jeff Bezos 도 이에 뒤질세라 본인 소유의 블루오리진 Blue Origin 을 통해 재사용 가능 로켓 개발과 우주 궤도 거대 구조물 건설을 진행하면서 세계 정상급 거부들이 우주 경쟁의 장을 펴고 있다. 새로운 우주 경쟁에는 UAE와 같은 경제 규모가 작은 나라들도 명함을 내밀고 있다. 그러나 이러한 변화는 조그마한 시작에 지나지 않는다.

우주 개발에 대한 비전은 야심만만한 전 세계 젊은이들에게 제2의 일론 머스크를 꿈꾸게 하면서 우주 기술 벤처 설립 붐을 들불처럼 일어나게 하고 있다. 이러한 우주 기술 벤처 설립 붐에 도전적인 투자가의 의욕적인 자본 투입이 이어지면서 뉴스페이스 New Space 는 새로운 유행으로 자리잡고 있다. 더불어 이들이 지향하는 발사 비용의 저렴화가 점점 현실화되면서 우주 공간 진입 장벽이 빠른 속도로 낮아질 것이 확실하다. 발사 비용이 현재의 1/10, 1/100로 낮아지면 아폴로가 달 착륙하던 시절부터 꿈꾸어왔던 수많은 우주 공간 활용 비즈니스가 경제성을 확보하게 되면서 우주 기술의 산업화 아이디어들이 전 세계적으로 용암처럼 분출될 것이다. 그야말로 우주 경제 시대가 도래하는 것이다.

이 책에서는 21세기 현시점에 일어나고 있는 우주 기술 분야에서의 파괴적 기술 혁신을 자세하게 살펴보고 분석하여 이 기술 혁신에 의해 태어날 거대 우주 산업을 일곱 가지 분야로 살펴보면서 다가올 산업적 충격을 구체적으로 알아보고자 한다. 모든 파괴적 혁신이 그렇듯 우주 산업 분야는 각각 수천억 달러에서 수조 달러의 관련 시장 Total Addressable Market을 창출하면서 인류의 생활 양식을 바꾸게 될 것이며, 가히 다음 산업혁명의 진원지가 될 것이라고 확신한다.

책을 쓰는 일은 쉬운 일이 아닌 것 같다. 편집과 교정을 거치면서 보고 또 보아도 미숙한 부분이 드러나 보이니 말이다. 게다가 우주 기술 분야의 변화가 어찌나 빠른지 몇 개월간의 편집 교정 기간에도 새로운 변화가 많이 일어나 책 내용 일부를 고치기도 하였으나 끝이 없는 것 같아 아쉽지만 이 정도 수준에서 멈추도록 하겠다.

우주 기술이라는 상당히 좁은 전문 분야의 도서인데도 흔쾌히 출간을 허락해준 텍스트북스의 양정완 대표님께 감사의 말씀을 드리고, 편집과 교정이라는 힘들지만 크게 빛나지 않는 일을 인내로 꼼꼼히 봐준 편집부에게도 큰 감사의 말씀을 드린다.

2023년 7월 20일

김승조 적음

# 차례

머리말　　　5

# Chapter 1
# 우주 기술의 파괴적 혁신

1.1　우주 기술의 산업화　　　25
1.2　새로운 패러다임의 로켓　　　25
1.3　뉴스페이스 열풍　　　30
1.4　미국 NASA의 변모　　　31
1.5　중국 우주 기술의 약진　　　36
1.6　재사용 가능 로켓, 스타십　　　37
1.7　지구 궤도에서의 산업화　　　39
1.8　파괴적 혁신의 우주 기술　　　41
1.9　산업혁명　　　42
1.10　파괴적 혁신　　　45

# Chapter 2
# 로켓과 인공위성 기술 개발과 발전

| | |
|---|---|
| 2.1 화약, 로켓 기술의 시작 | 50 |
| 2.2 액체로켓 기술의 발전 | 52 |
|     2.2.1 콘스탄틴 치올콥스키 | 52 |
|     2.2.2 헤르만 오베르트 | 53 |
|     2.2.3 액체로켓 개발의 선구자, 로버트 고더드 | 54 |
|     2.2.4 폰 브라운과 미·소 우주 패권 경쟁 | 60 |
|     2.2.5 소련의 로켓 영웅 코롤료프와 우주 개발 | 91 |
|     2.2.6 이토카와 교수와 일본의 로켓 | 103 |
| 2.3 세계 발사체 현황 | 109 |
|     2.3.1 2022년 로켓 발사 현황 | 109 |
|     2.3.2 전세계 주요 상업 발사체 개요 | 111 |
|     2.3.3 신생 발사체 기업 | 113 |
|     2.3.4 누리호 기술로 소형발사체 개발 | 116 |
| 2.4 인공위성과 우주선 | 123 |
|     2.4.1 인공으로 올린 우주물체 | 123 |
|     2.4.2 인공위성 기술의 개념 | 126 |
|     2.4.3 최초 인공위성 | 128 |
|     2.4.4 인공위성 기술의 발전 | 129 |
|     2.4.5 통신위성의 개발과 발전 | 132 |
|     2.4.6 GNSS 위치정보위성의 발전 | 136 |

# 우주 산업 시대의 혁신적 기업가

- 3.1 스페이스X와 일론 머스크 — 144
  - 3.1.1 민간 개발 로켓으로 대형 상업위성 최초 발사 — 144
  - 3.1.2. 팰컨 헤비 로켓의 상업발사 성공 — 146
  - 3.1.3 스페이스X 의 성공요인 1: 자기 동기 부여의 엔진기술자 톰 뮬러 — 154
  - 3.1.4 스페이스X 성공요인 2 : 우주탐사의 꿈을 가진 CEO 일론 머스크 — 162
  - 3.1.5 스페이스X 성공요인 3 : 미국의 벤처 정신과 저변 기술 — 168
- 3.2 제프 베이조스와 우주기업 블루오리진 — 170
  - 3.2.1 꿈꾸는 소년 — 171
  - 3.2.2 블루오리진과 우주비행 — 172
- 3.3 일론 머스크와 제프 베이조스의 우주 경쟁 — 178
- 3.4 리처드 브랜슨 — 185
  - 3.4.1 독특한 사업 감각 — 185
  - 3.4.2 항공 산업과 조우 — 186
  - 3.4.3 우주로 진출 — 188

# 우주 기술 산업화 7대 분야

| | |
|---|---|
| 4.1 정보통신혁명 | 196 |
|     4.1.1. 저궤도 위성 인터넷 | 196 |
|     4.1.2 저궤도 위성과 모바일 통신 | 205 |
| 4.2 위치정보혁명 | 207 |
|     4.2.1 PNT(Positioning, Navigation and Timing) 기술 | 207 |
|     4.2.2 PNT 기술의 국제적인 발전 방향 | 208 |
|     4.2.3 유럽의 저궤도 PNT 개발 동향 | 210 |
|     4.2.4 미래 생활을 바꾸는 저궤도 PNT 기술 | 211 |
| 4.3 교통운송혁명 | 212 |
|     4.3.1 전 세계 어디나 50분 이내 이동 | 212 |
| 4.4 생산거점, 거주공간혁명 | 217 |
|     4.4.1 우주 공장 | 217 |
|     4.4.2 NASA의 지구 저궤도 상업화 계획 | 219 |
|     4.4.3 민간 우주정거장, 우주공원 | 220 |
| 4.5 에너지혁명 | 222 |
|     4.5.1 초기의 개념과 기술개발 | 223 |
|     4.5.2 일본, 유럽, 중국의 연구 현황 | 225 |
|     4.5.3 우주 태양광 발전 기술 현황 | 226 |
|     4.5.4 발사 비용과 경제성 | 227 |
|     4.5.5 인류의 에너지 문제 해결사 | 229 |

| | | |
|---|---|---|
| 4.6 자원조달혁명 | | 231 |
|     4.6.1 소행성 정밀 탐사와 우주자원 | | 231 |
|     4.6.2 일본의 우주자원법과 소행성 탐사 | | 233 |
|     4.6.3 우주자원 채굴 민간기업과 NASA의 소행성 탐사계획 | | 234 |
|     4.6.4 NASA 아르테미스 프로그램과 우주자원 탐사 | | 236 |
|     4.6.5 우주자원 채굴에 적극적인 룩셈부르크 | | 238 |
| 4.7 여행관광혁명 | | 240 |
|     4.7.1 국제우주정거장과 후속 프로그램 | | 242 |
| 4.8 2050년의 우주 산업 | | 248 |

# Chapter 5
# 발사체 기술의 현재와 미래

| | | |
|---|---|---|
| 5.1 재사용 로켓 기술 | | 252 |
| 5.2 기존 발사체 업계의 현황 | | 254 |
|     5.2.1 발사체 기술전문가의 함정에 빠진 유럽 | | 254 |
|     5.2.2 유럽과 마찬가지 형편인 일본 | | 256 |
|     5.2.3 발사할 로켓이 고갈되어가는 미국 | | 258 |
|     5.2.4 스페이스X의 독점적 위치 | | 260 |
| 5.3 '백설공주와 일곱 난쟁이' 형세인 발사체 업계 | | 262 |

## Chapter 6
## 우주 경제 시대에 대한민국이 나아갈 길

| | |
|---|---|
| 6.1 미래지향적 산업화 비전에 기반한 계획 수립 | 269 |
| 6.2 대한민국이 발사체 강국으로 나아가려면? | 269 |
| 6.3 로켓 개발 전략 | 272 |
| 6.4 우주 기술개발 및 진흥 주관 국가 기관 필요 | 274 |
| 6.5 국제 협력과 공동 개발을 통한 세계 수준으로의 도약 | 275 |
| 6.6 진취적이고 국제적인 인재 양성 | 276 |

▶▶ 찾아보기   277

CHAPTER

01

# 우주 기술의 파괴적 혁신

# 장면 1

2023년 새해 벽두 1월 3일 맑은 아침, 스페이스X사의 팰컨 9 로켓이 플로리다 해안가의 미 우주군 발사대에서 소형 및 초소형위성 114기를 태양동기궤도에 올렸다. 임무명은 트랜스포터-6 Transporter-6 은 전 세계에서 지구 궤도에 올리려는 작은 위성들을 모아서 한꺼번에 발사하는 프로그램으로 이번이 여섯 번째이다.

2021년 1월의 트랜스포터-1 발사 시 143기의 위성을 올린 이후 한 번 발사에 가장 많은 수의 위성을 올린 것이다. 이 발사는 스페이스X사의 200번째이었고, 사용된 1단 로켓 B1060은 지난해 말 스타링크 위성 54기 발사에 사용된 B1058과 마찬가지로, 15회째 재사용된 후 안전하게 착륙(착선)한 것이다. 이들 탑재체 중에는 위성 운송업체

트랜스포터-5 발사 시 대량위성 궤도 투입장면(EXO사 홍보자료)

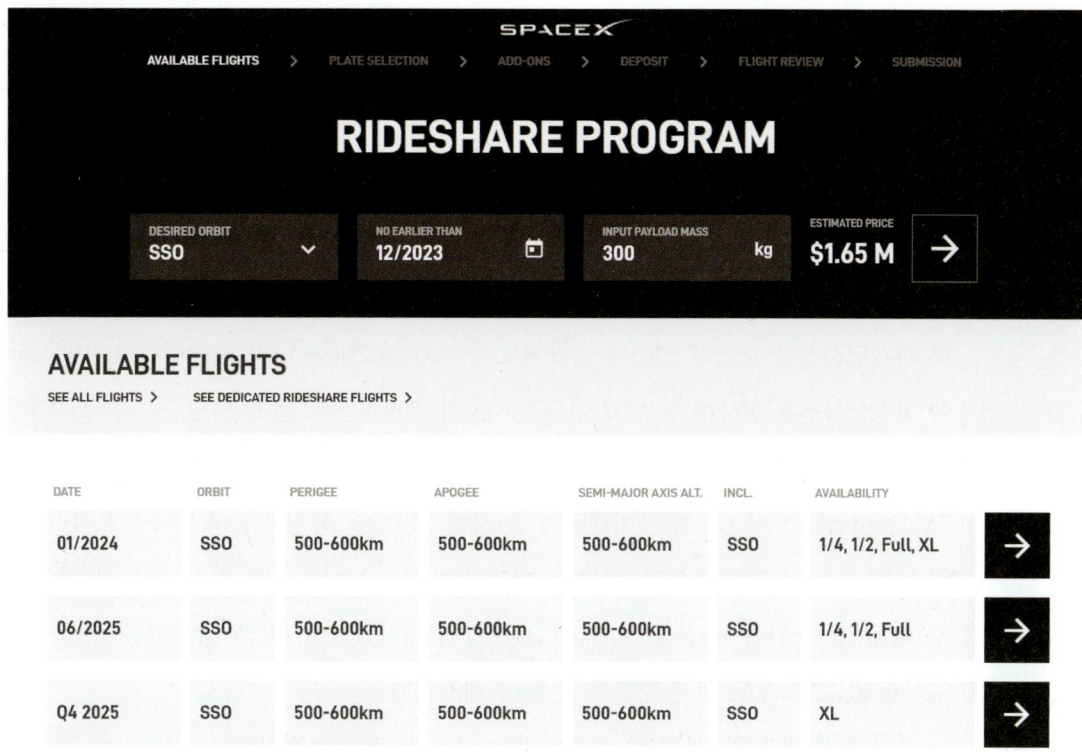

스페이스X 홈페이지의 Rideshares 견적 화면

라고 불리는 회사들의 소형 우주 운반선Space Tug 6기가 포함되어 있었는데, 각각의 운반선은 로켓에서 분리된 후 원하는 궤도 위치에 이르면 탑재한 여러 기의 초소형위성을 한 번 더 사출하게 된다.

중대형급 발사체인 팰컨 9는 대형 위성들의 발사만이 아니라 'Rideshare'로 불리는 프로그램을 통해 이처럼 다량의 위성을 한 번에 발사하는 사업에도 사용되고 있다. 스페이스X 홈페이지에 의하면, 5kg의 무게를 가진 나노위성의 경우 적게는 27만 5,000달러에서 시작하며 100kg이면 60만 달러, 830kg 정도의 경우 500만 달러 정도에 태양동기궤도로 올려줄 수 있다고 광고하고 있다.

이 프로그램을 통해 작은 위성들도 예전에 비하면 확연하게 적은 비용으로 우주로 갈 수 있는 길이 열려 있어 누구든지 나노급 위성을 만들어 지구 궤도에 부담 없이 올릴 수 있는 세상이 된 것이다.

· 장면 2 ·

2020년 여름, 화성탐사선 보내기 붐이 일었다. 화성과 지구의 공전궤도상의 상대위치에 의해 지구에서 화성으로 가는 경로가 최단 거리가 되어 상대적으로 적은 에너지를 들여 화성 근처로 갈 수 있기 때문이었다. 당연하게도 미국과 중국은 이 좋은 기회를 틈타 화성탐사선을 보냈다. 그런데 놀랍게도 중동의 자그마한 나라 아랍에미리트연방UAE이 화성탐사선을 발사해 전 세계 이목을 사로잡았다.

호프HOPE 혹은 알아말Al-Amal(아랍어로 '희망'을 뜻함)로 불리는 이 탐사선은 2020년 7월 20일 발사되어 6개월간 비행하여 2021년 2월 9일 화성궤도에 성공적으로 진입했다. 호프는 1,350kg으로 비교적 자그마한 우주선이었지만 화성 궤도에 진입한 후 여러 장의 관측 사진을 찍어 전 세계에 공개하였으며, 최근에는 그동안 촬영한 영상들을 모아 화성 전체 지도를 만들어 배포했다.

사실 화성 궤도에 성공적으로 진입하는 것은 달 궤도에 진입하는 것과는 비교할 수 없을 정도로 어렵다. 우선 화성의 중력에 잡히기 위해서는 탑재 추력기를 사용해 화성으로 향하던 빠른 우주선 속도를 크게 낮추기 위한 역추진이 정교하게 이루어져야 한다. 그런데 화성과 지구의 먼 거리로 인해 통신 지연이 커서(UAE 위성의 경우 화성에서 11분 후에 지구로 전파신호가 도달) 궤도 진입 순간 지구로부터의 실시간 개입이 불가능해 궤도가 잘못되어도 당장 수정할 방법이 없다. 온전히 탐사선 자체 능력으로 정확히 화성 궤도에 올라야 했던 것인데 호프 우주선이 긴장되는 위험 순간을 극복하고 보란 듯이 궤도 진입에 성공한 것이다.

중국의 화성탐사선이 하루 늦게 화성 궤도에 들어가는 바람에 UAE가 전 세계에서 다섯 번째로 화성 궤도에 진입한 국가가 되었다(그 이전은 소련, 미국, 유럽, 인도). 그런데 더욱 놀라운 사실은 2014년 설치한 UAE 우주청을 통해 이 화성 궤도선 사업에 UAE 정부가 들인 돈이 2억 달러 정도였다는 것이다. 우주탐사에는 큰 비용이 든다는 상식을 날려버린 놀라운 뉴스였다. 비록 설계·제작은 미국 대학 연구센터(콜로라도, 애리조나, Cal 버클리 대학)가 수행하고, 발사는 일본의 H-IIA 로켓을 사용했지만 이 프로그램을

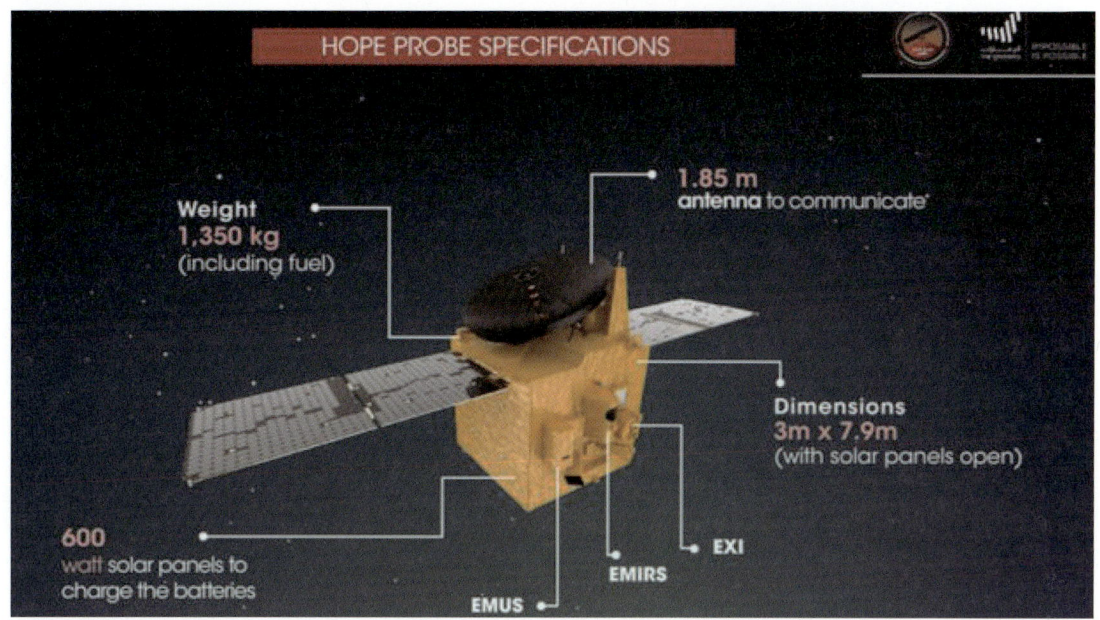

UAE 호프 화성 궤도선

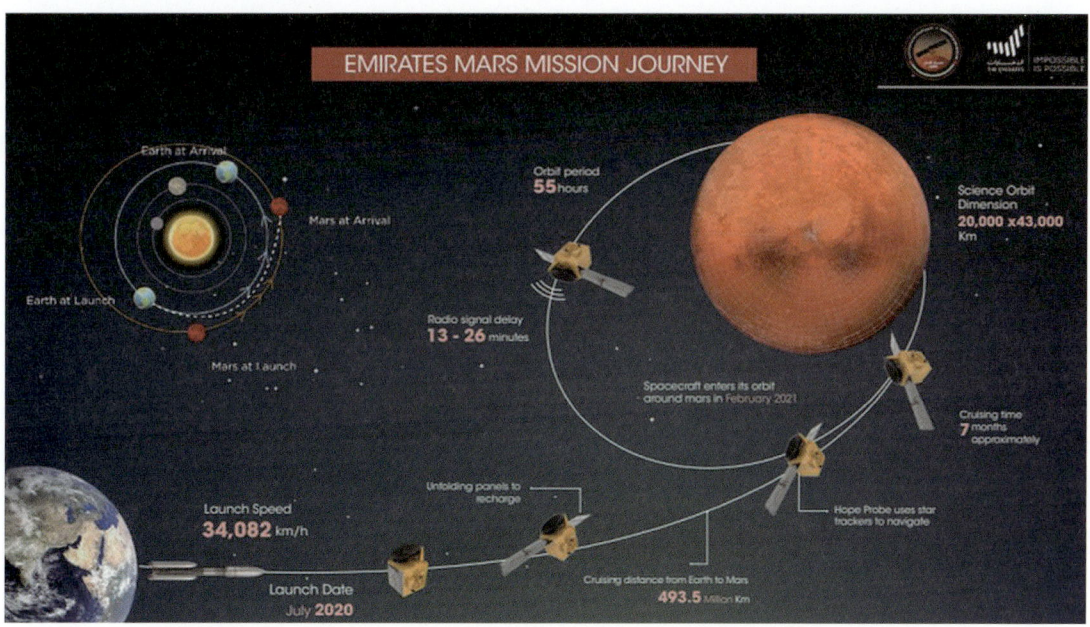

호프의 궤도 진입 경로

CHAPTER 1. 우주 기술의 파괴적 혁신   19

UAE 호프화성 궤도선이 관측해 작성한 화성지도

통해 150여 명의 UAE측 엔지니어들이 참여하여 미래의 우주 기술 인력을 키우는 성과를 얻었다고 한다. 호프 탐사선은 화성 궤도에 자리를 잡은 지 얼마 되지 않아 화성의 '불연속 오로라discrete aurora'를 관측하면서 성가를 높였고, 궤도 진입 2년이 훨씬 넘은 이 화성탐사선은 현재에도 의미 있는 관측 사진들을 지구로 보내오고 있다.

이에 힘을 얻은 UAE 우주청은 달 탐사용 로버를 개발해 2022년 12월 팰컨 9 로켓에 실어 우주로 보냈다. 라시드Rashid라 불리는 10kg짜리 소형 로버는 일본의 민간 기업 아이스페이스iSpace가 개발한 일종의 달 착륙 화물선인 하쿠토-RHakuto-R에 탑재되어 달에 착륙한 후 탐사에 나서게 된다. UAE 우주청은 달 탐사 로버 다음 미션으로 소행성Asteroid 탐사선을 준비하고 있다고 한다. 우주탐사는 강대국들이 천문학적인 비용으로 수행하는 어려운 사업이라는 통념을 깨고 있는 쾌거이며 엄청난 발상의 전환이다.

## 장면 3

2023년 1월, 로켓랩Rocket Lab은 버지니아주 월롭스Wallops 섬 NASA 월롭스 비행센터 남단 소재 MARSMid-Atlantic Regional Spaceport에 건설된 전용 발사대 LC-2에서 자사의 일렉트론Electron 로켓을 발사하였다. 일렉트론 로켓의 33번째 발사이고 미국 호크아이Hawkeye 360사의 지구 전역 라디오주파수 모니터링용 소형위성 3기를 550km 고도의 저궤도에 성공적으로 올려놓은 것이다. 뉴질랜드 마히아Mahia 반도에 제1발사장을 가진

**호크아이 위성을 탑재한 일렉트론 로켓**

**일렉트론 로켓의 야간 발사**

로켓랩은 남반구의 작은 나라 뉴질랜드의 피터 벡Peter Beck이 소형발사체 개발을 목적으로 2006년 설립하였다. 2017년 첫 발사는 실패했지만 2018년 1월 발사에서 성공을 거두었고, 그 이후 성공적인 발사 실적을 쌓아 소형발사체 산업체의 선두를 치고 나가고 있는 것이다.

로켓랩은 그간 세 번의 발사 실패를 경험했으며, 뉴질랜드에 소재한 2개의 발사대를 사용해왔고, 이번에 미국의 월롭스 발사장을 처음 사용하면서 발사 무대를 미국으로 확장하였다. 13톤 무게의 최신형 일렉트론 로켓은 1단에 35kg 무게의 러더퍼드Rutherford 엔진 9개를 묶어 19.5톤의 추력, 2단에는 같은 엔진 고공용 1대2.6톤 추력를 장착하여 저궤도에 300kg 정도 무게의 위성을 500km 고도의 태양동기궤도SSO에 투입할 수 있는 능력을 갖추고 있는 소형발사체이다. 고객의 위성을 정교한 궤도에 투입할 필요가 있을 때는 3단 역할을 하는 킥 스테이지Kick Stage 추진기를 사용한다. 스페이스X처럼 1단로켓 회수를 시도하기 위해 낙하산을 이용하는 방법과 헬리콥터로 공중에서 낚아채는 방법들을 시도하여 몇 번의 회수에 성공하기도 했다. 러더퍼드 엔진은 로켓용 등유RP-1를 사용하며 터보펌프의 동력으로 전기 모터를 쓰고 있다.

뉴트론 로켓이 탑재체와 2단로켓을 토해내는 예상도

　로켓랩은 소형로켓만으로는 기업의 성장에 한계가 있다고 보고 현재는 저궤도에 15톤까지 올릴 수 있고 재사용 가능한 더 큰 추력의 뉴트론Neutron 로켓을 개발 중이다. 이 새로운 로켓은 개발중인 다단 연소 사이클의 아르키메데스Archimedes 엔진을 사용하게 되며, 1단과 1단에 고정된 페어링은 개폐식 형태로 설계해서 사진에서처럼 2단로켓과 탑재체를 페어링을 열어 토해내는 독특한 형상을 자랑한다. 탑재체와 2단로켓을 함께 사출해낸 후 페어링을 닫은 후 1단과 함께 지상으로 되돌아오는 형식으로, 개발에 성공한다면 획기적인 기술이 될 것이다.

　이렇게 2단 부분을 제외한 로켓 대부분을 재사용하여 발사 비용을 낮추게 되면 스페이스X와의 본격적인 가격 경쟁도 가능할 것으로 보인다. 현재 일렉트론Electron의 발사 가격은 700만 달러 수준인데 새로운 뉴트론의 발사 가격은 5,000만 달러 수준을 목표로 하고 있다. 재사용성을 극대화해서 2,000에서 2,500만 달러 정도의 제작 원가를 달성해 2배의 이익률을 달성할 것이라고 한다. 실제로 이 계획이 현실로 구현된다면 제대로 된 스페이스X의 경쟁자가 생기게 되는 것이다.

　로켓랩은 2021년 8월 기업인수목적회사SPAC, Special Purpose Acquisition Company를 통해

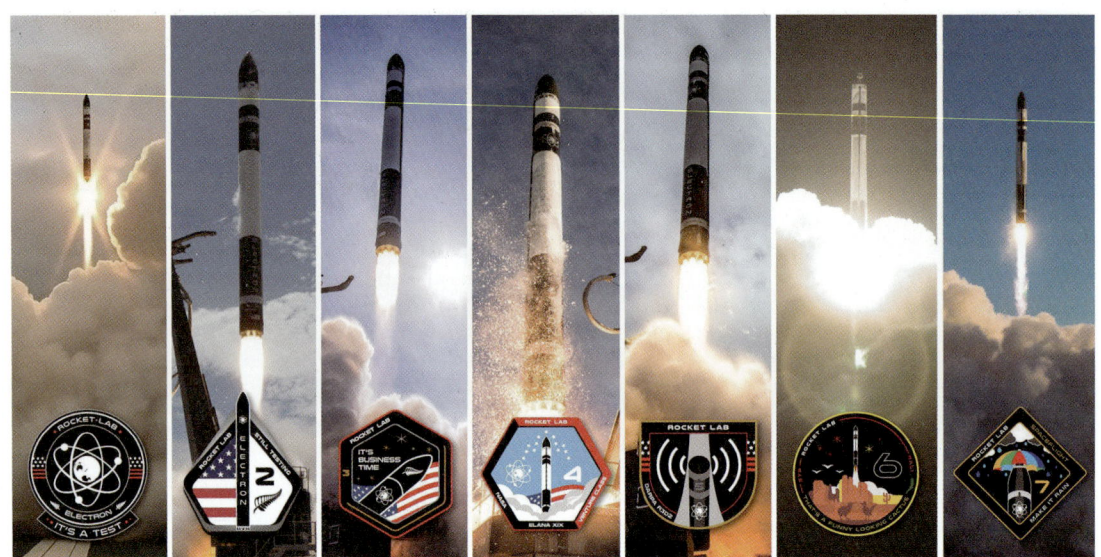

**로켓랩 일렉트론 로켓의 다양한 소형위성 발사**

나스닥에 상장되어 한때 시가총액이 48억 달러에 달하기도 하였다. 이렇게 주식 공개를 통해 자금을 확보한 후 로켓랩은 달 탐사 우주선으로도 사용 가능한 포톤Photon이라 불리는 위성 본체Bus를 개발하고 있으며, 우주선 비행 소프트웨어 회사인 어드밴스드 솔루션Advanced Solutions와 위성 분리 시스템 제작사인 플래니터리 시스템스Planetary Systems 등을 인수하여 몸집을 키우고 수입원을 다양화하고 있다. 또한 미국에 로켓 생산공장을 짓고 있으며, 앞에서 언급한 MARS 발사장에 전용 발사대와 조립시설을 건설하였다. 로켓랩은 스페이스X 이외의 신생 벤처회사 중 유일하게 지속적으로 로켓을 발사하고 있어 '뉴스페이스New Space'의 선두주자라 할 수 있으며, 많은 우주 스타트업의 벤치마킹 대상이기도 하다.

## 1.1 우주 기술의 산업화

앞에서 언급한 사례처럼 지구 궤도에서 펼쳐지는 사업 기회가 봇물 터지듯 생겨나면서 이를 노리는 창업과 투자가 줄을 잇고 있다. 그간 국가 주도의 우주탐사 계획에 의해 발전해오던 우주 기술이 드디어 산업화의 길에 들어서면서 기업에 의한 파괴적인 혁신이 뒤따르고 있다는 것이다. 이는 새로운 우주 기술의 활용 분야가 개척되면서 거대한 산업으로의 성장이 예견되기 때문이다.

우주 기술의 새로운 활용과 산업화는 앞으로 10년, 20년 발전하면서 전 인류의 살아가는 양식을 바꿀 정도로 진행될 것이다. 그래서 저자는 현재가 정보통신 기술에 의한 제4차 산업혁명 시대라면, 다가올 제5차 산업혁명은 우주 기술의 파괴적인 혁신이 그 기폭제가 될 것이라고 굳게 믿는다.

이 책에서는 우주 기술의 파괴적 혁신이 어떻게 시작되어 진행되고, 앞에서 든 사례로부터 시작되는 우주 기술의 혁신적 활용이 미래에 어느 분야에서 개화하고 성장해 인류의 생활을 바꾸어 나갈지를 탐구 분석한다. 그리고 이러한 새로운 기술 패러다임의 변화 속에서 우리 대한민국의 우주 기술 분야는 어떻게 대응하여 발전하면 좋을지도 살펴보기로 한다.

## 1.2 새로운 패러다임의 로켓

국가의 자존심을 건 미국과 소련의 우주 경쟁으로 촉발된 우주 기술의 눈부신 발전은 미국의 유인우주선 아폴로 달 착륙 성공을 정점으로 우주 기술을 최고 수준에 올려놓았다. 그러나 그 발전의 핵심이었던 로켓 기술은 더 이상 지속적으로 발전하지 못하면서 전 세계적으로 기술 진보가 거의 멈추어버렸다.

그러나 2000년대 초부터 그동안의 우주탐사 경쟁을 통해 보편화된 로켓 기술을 바탕으로 산업화의 길을 터보려는 기업가들이 나타나기 시작했다. 그 대표 주자가 남아프리카공화국 출신 이민자인 일론 머스크Elon Musk이다. 그는 미국에서 스페이스X라는 기

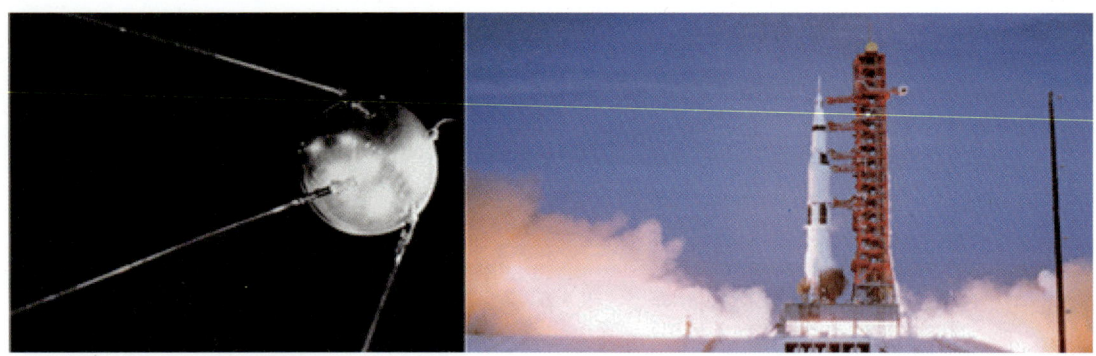

스푸트니크 위성과 아폴로 우주선 발사

업을 새로 설립하고 우주항공기술에 매료되어 기술혁신을 두려워하지 않는 용기를 지닌 로켓 기술 분야의 풋내기들과 작업장에서 밤을 새우면서, NASA를 비롯한 쟁쟁한 로켓 전문가들이 모두 한목소리로 불가능하다고 한, 새로운 패러다임의 로켓 개발을 불과 수년 만에 보란 듯이 성공시켰다.

스페이스X는 소형 팰컨Falcon 1 발사 성공에 이어 팰컨 9라는 대형로켓을 성공적으로 개발하여 발사 비용 저렴화의 길을 열고 급기야 재사용 가능한 로켓 기술까지 완성하면서 기존 발사체 업계들을 파괴하기 시작한다.

그간 우주 기술의 산업화에 있어 가장 큰 걸림돌은 높은 발사 비용이었다. 고가의 발사 비용을 감당할 수 있는 활용 분야는 무척 제한적이었고 따라서 우주 산업의 시장 확대는 정체될 수밖에 없었다.

기존 산업계가 가진 고비용 구조의 틀을 부숴야만 우주 산업이 성장 발전할 수 있다고 판단한 일론 머스크는 혁신적인 제조 공정과 운용 방법을 적용하기 시작한다. 기존의 항공우주 체계산업체들은 대부분의 필요 부품을 1차에서 시작하여 심하면 4차나 5차의 하청업체들까지 거느리는 다단계 하청제도를 운용하고 있었다. 이 부품업체의 부품들을 모아 조립하는 것이 보잉, 록히드마틴, 에어버스 등 대형 체계업체의 주된 제작 업무 관행이었다. 항공우주산업체만이 아니라 자동차, 가전 등의 대형 체계 제작업체도 모두 이러한 경영 방법을 사용하고 있으며, 이런 방식은 그야말로 교과서적인 것이고 회사 경영의 기본적인 상식이었다.

그러나 머스크는 이 상식과 반대로 사업을 추진했다. 일단 제품의 생산 비용을 줄이려면 대부분의 부품 제작을 자체적으로 소화하면서 외주부품을 최소화해야 한다고 생각했다. 아마 머스크가 기존의 우주항공 체계업계의 관성에 물들지 않았던 풋내기였기에 가능한 발상이었다. 그는 여러 단계의 하청은 단계가 하나씩 올라갈 때마다 행정비용과 이윤이 더해지고 이것이 최종 제품의 제조원가에 반영되면서 가격 상승을 불러올 수밖에 없다고 보았다. 사실 항공우주 부품들은 대체로 필요수량이 많지가 않은 데다 아주 엄격한 품질을 요구하기에 아랫단 하청업체의 저렴한 인건비 효과는 적고 관련 행정비용만 늘어나는 특수성이 존재하기는 한다.

이런 항공우주산업의 특수한 여건을 완전히 파악하고 시도한 것인지 모르겠지만 스페이스X는 로켓 개발에 필요한 거의 모든 부품을 자체 제작하는 수직통합화Vertical Integration를 고집하였다. 외부 수급이 필수적인 일부 전자부품들도 100배, 1000배 비싼 '우주 수준의 품질Space Quality' 제품을 사용하는 기존 우주 산업체와 달리 과감하게 저렴한 대량 생산된 상용부품을 사용하면서 중복설계Redundant Design를 통해 부품의 고장 가능성에 대비하며 신뢰성을 높였고, 인건비가 많이 드는 로켓엔진이나 동체 등의 정밀 부품 가공에 3-D 프린터 기술을 최대한 사용하였다. 모든 생산품을 자체 제작한다는 의미에서 스페이스X의 기본 모토는 'Materials in, Rockets out'으로 원재료가 회사 공장으로 들어와서 로켓이라는 완성품이 나가는 패턴이었다.

또한 로켓의 설계 개념에서부터 비용 절감이라는 화두를 적용했다. 우선 개발 비용이 적게 들고 실패 위험이 낮은 작은 추력의 엔진을 만들고, 이것을 여러 개로 묶는 클러스터링 기술을 통해 대형로켓을 구현한다는 것이었다. 이렇게 되면 많은 엔진이 필요하게 되고, 기존 로켓회사의 소품종 소량생산 방식과는 달리 소품종 대량생산이 가능해 당연히 가격도 낮아질 것이라는 생각이었다.

팰컨 9 로켓은 상당히 대형이지만 이에 사용되는 총 10기의 멀린Merlin 엔진은 소형이었다. 예를 들어 1년에 20회의 발사를 한다면 매년 200기의 엔진 제작이 필요하고 200기라는 수효는 로켓엔진으로서는 엄청난 물량이기에 대량 생산으로 비용을 줄일 수 있는 이점이 생긴다는 계산이었다. 그리고 제품개발 전략도 기존의 우주 산업체가 고집하는, 여러 단계의 각종 시뮬레이션을 통해 완전하다고 판단되는 완성품이 나올 때까지 최종시험을 기다리는, 완전주의에서 벗어나 빠른 시간 내에 초기설계대로 제품을 만들어 일단 시험을 해보고 실패하면 실패 사유를 빠른 시간에 찾아 보완 설계를 한다. 그리고 다시 시험해보는 시행착오Trial Error라는 문제 해결 방법을 써서 초스피드로 개발을 진행하였던 것이다. 스페이스X가 2002년 3월 회사 설립 후 최소의 인원으로 제대로 된 시설도 없이 2006년부터 2008년 사이 약 2년 5개월 사이에, 비록 실패했지만 3회나 되는 발사를 수행하였다는 것이 이들의 개발사업 진행 패턴이었다. 사실 더 이른 2005년에 첫 발사를 생각했는데 원래 사용하려던 미국 공군발사장이 다른 발사 일정으로 인해 여의치 않게 되어 태평양 마셜군도의 외딴 섬에서 새 발사를 준비하느라 2006년으로 지연된 것이었다. 다행히 팰컨 1의 4차와 5차 발사에 성공하면서 5년여에 걸친 소형로켓 개발을 마감하였고, 2006년에 개발을 시작하여 2010년 12월 첫 발사에 성공한, 1단에 엔진 9기를 사용하는 중대형 로켓 팰컨 9도 단 5년의 개발 기간 안에 마칠 수 있었다. 무려 두 종류의 로켓을 회사 창립 8년만에 초스피드로 개발할 수 있었던 게 모두 이들의 신속한 '시행착오' 철학 덕분이며, 개발에 필요한 모든 의사결정권을 가진 개인기업의 사주 일론 머스크가 있었기에 가능한 일이었으리라.

2011년 일론 머스크가 공개한 보도자료(http://www.spaceref.com/news/viewpr.html?pid=33457)에 의하면 스페이스X가 설립된 후 8년간 팰컨 9 로켓 개발을 위해 든 총 비용은 팰컨 1 개발·발사에 소요된 제반 비용 포함하여 3억 달러(현재 환율로 4,000억 원 정도) 정도였다고 한다. 의욕에 찬 도전적인 젊은 기술자들이 밤낮없이 매달려 대부분의 개발업무를 자체적으로 수행하였다. 8년이 채 안 되는 상상하기 힘든 짧은 기간 내에 믿기 힘든 적은 비용으로 세계 최고 효율의 로켓엔진과 두 종류의 로켓 개발(팰컨 1과 팰컨 9)에 성공하여, 이들을 무모한 미친 녀석들이라고 비웃던 전 세계의 기존 전문가들의 코를 납작하게 만든 것이다. 2011년 8월에 나온 NASA 발표자료(Falcon 9 Launch Vehicle NAFCON Cost Estimates)에 의하면 만일 기존의 개발 비용 추산방식인 NAFCON NASA-Air Force Cost Model에 의해 팰컨 로켓을 개발하였다면 약 40억 달러의 비용이 들었을 것이라고 한다. 기존의 통념을 깬 부품의 수직통합화, 효율적인 플랫폼 기반 전략을 통해 개발 및 제작비용을 대폭 낮추는 데 성공한 것이다.

이에 더 나아가 스페이스X는 1단로켓의 재사용 기술을 개발하기 시작하였다. 팰컨 9 로켓의 가장 크고 비싼 부분이 엔진 9기가 달린 1단로켓이다. 로켓 개발 초기부터 재사용 가능성을 타진해오면서 여러 번의 실패를 동반한 시험을 거친 후 2015년부터 1 단 로켓을 착륙시키는 데 성공하게 된다. 고객 탑재체의 요구궤도에 따라 다르지만, 대략 고도 70km 전후에서 분리된 1단은 역추진 분사 2~3회와 그리드 팬 조작으로 감속한 후 정해진 곳에 사뿐히 내린다. 정지궤도나 일부 저궤도 위성처럼 동쪽 바다 방향으로 발사할 때는 해상에 띄워 놓은 바지선에 내린다. 자율 항해 가능한 바지선은 축구장보다 좀 작은 길이 91m, 폭 52m 크기이다. 극궤도와 같이 남북 방향으로 발사할 때는 지상으로 착륙하는 감동적인 발사 장면을 연출하여 관광객들의 눈을 즐겁게 해주기도 한다.

일론 머스크는 얼마 전 언론을 통해 발사체 기술 개발에 대해 다음과 같이 언급했다.

> 로켓 제작은 저평가되고, 로켓 설계는 고평가되어 있다. 로켓 설계는 별 게 아니다. 로켓 설계 관련 정보가 실린 책들은 세상에 널려 있다. 이 책을 구해 읽어보고 관련 방정식을 잘 이해하면 설계는 쉽게 이루어진다. 로켓 설계 자체는 그리 어렵지 않다는 말이다. 로켓을 제작해 내는 것이 어렵다는 말이다. 로켓의 양산라인을 만들고 대량으로 발사할 수 있게 하는 것은 더욱 어렵다. 이에 더 나아가 재사용 가능한 로켓을 만들어 대량으로 발사하는 것은 대단히 어렵다. 제작 시스템을 개발하는 것이 제품 자체를 설계하는 것보다 100배는 어렵다.
>
> (Manufacturing is under-rated. Rocket Design is over-rated. Design of rocket is trivial. There are tons of books. You read them and you understand the equations. And then you can design rockets. The Design is not hard. Making of it is hard. Making of the production line that builds and launches many is extremely hard. And next level beyond that, creating the fully reusable system having that in volume production and launch is super super-hard. Developing the production system is 10-100 times harder than design of the product.)

## 1.3 뉴스페이스 열풍

스페이스X가 혁신적인 설계, 제작, 운용 방법으로 발사 비용을 획기적으로 낮추게 되자 우주 산업 분야에 온갖 변화가 일어나기 시작했다.

우선 스페이스X의 성공적인 혁신과 명성에 고무된 전 세계 젊은이들이 제2의 스페이스X를 꿈꾸며 저렴한 로켓 개발을 목표로 우주 기술 벤처 기업 설립에 뛰어들기 시작했다. 게다가 발사 비용이 낮아지면서 인공위성 활용 사업의 수익성이 전에 없이 높아지면서 관련 기술회사 설립도 줄을 이었다. 우주 기술의 상업화라는 기치를 내걸면서 출현한 이들 신생기업들이 투자자들의 시선을 끌면서 상당한 투자 자금을 지원받기 시작하였고, 그간 경제성이 없다고 투자를 꺼리던 소극적인 분위기가 단숨에 바뀌면서 뉴스페이스New Space라는 새로운 용어까지 만들어지면서 우주 기술의 폭발적인 산업화가 시작되고 있는 것이다.

게다가 10여 년 전부터 우주관광이라는 화두로 우주 기술 개발에 나섰던 버진 갤럭틱Virgin Galactic사의 리처드 브랜슨Richard Branson과 블루오리진Blue Origin사의 제프 베이조스Jeff Bezos도 본격적으로 우주 산업 무대에 등장한다. 두 억만장자는 2021년 앞서거니, 뒤서거니 하면서 자기들이 개발한 준궤도Sub-orbital 우주선 VSS 유니티Unity와 뉴셰퍼드New Shepard를 직접 탑승해 무중력 상태를 체험하면서 일반인의 관심을 높였다. 이에 뒤질세라 일론 머스크의 스페이스X도 같은 해 9월 NASA의 우주인 수송을 위해 개발한 우주선 크루 드래건Crew Dragon에 민간인 4명을 탑승시켜 3박 4일간의 지구 궤도 체류를 성공적으로 마치면서 우주여행에 대한 세계적인 관심을 불러일으켰다. '인스퍼레이션Inspiration 4'로 이름 붙인 이 프로그램으로 역사상 처음으로 전문 우주인의 동승 없는 우주 궤도비행을 성공으로 이끌면서 일반인의 우주여행 시대가 이제 우리 옆으로 다가와 있음을 확인시켜 주었다.

## 1.4 미국 NASA의 변모

사실 미국 NASA는 2011년 스페이스셔틀 은퇴 이후 국제우주정거장에 보내는 화물과 우주인 운송을 주로 러시아 소유즈 로켓에 의존하고 있었다. 1969년 인류의 달 착륙을 최초로 이루어낸 미국으로서는 대단히 수치스러운 상황이었다. 이런 난맥상을 타개하기 위해 NASA는 다수의 민간기업을 지원하여 우주 운송시스템의 경쟁 개발을 유도한 끝에 스페이스X와 오비탈 사이언스Orbital Science 등의 저렴하면서도 안정적인 화물 수송체계를 성공적으로 확보할 수 있게 되었다. 2020년에는 우주인들이 스페이스X의 유인우주선, 크루 드래건을 타고 우주정거장을 왕복하는 데도 성공하게 된다. 드디어 러시아 소유즈 도움 없이도 유인 우주 궤도 진입이 다시 가능해졌고 민간기업이 우주선을 소유 운용하는 상업화에도 성공한 것이다. 일련의 상업화에 대한 자신감으로 NASA는 아폴로 프로그램 이후 처음으로 시도하는 유인 달 착륙과 장기 체류를 목표로 하는, 아르테미스 프로그램의 달 착륙선 개발도 경쟁을 통해 민간기업을 선정해 맡기고 있다.

여기에서 더 나아가 최근 NASA는 현재의 국제우주정거장과 유사한 지구 저

블루오리진의 오비탈 리프 우주 거주 시설 상상도

궤도에서의 유무인 플랫폼 건설을 장려하는 지구저궤도 상업화 계획Low-Earth Orbit Commercialization을 전개하면서 국가적인 차원에서 우주 산업의 개화를 적극 지원하고 있고 여기에 발맞추어 여러 기업이 지구 궤도 우주정거장, 테마파크, 거주지 건설 등의 청사진을 제시하고 있다. 특히 제프 베이조스의 블루오리진은 오비탈 리프Orbital Reef라고 이름 붙인 지구 궤도 우주정거장을 10년 이내에 건설해 복합 비즈니스 파크로 운영할 예정이다. 지구 궤도에 사무 공간, 대형 호텔, 놀이 공원 등으로 사업을 확장할 생각이라고 발표하고 있다.

NASA는 앞에서 언급한 우주탐사 프로그램인 아르테미스를 본격적으로 진행하고 있다. 달 거주지 확보와 화성 식민지화 계획 진행에 필요한 초대형 로켓과 관련 우주선 개발을 위해 수백억 달러의 예산을 투입하고 있다.

2022년 11월 NASA는 아르테미스 1에서 SLS 로켓에 의해 발사된 오리온Orion 우주선에 마네킹 우주인을 태우고 달 궤도와 주위를 돌아 지구로 귀환하는 과정을 통해 SLS와 오리온의 성능을 검증하였다. 오리온은 발사 후 달 천이궤도Trans-Lunar Injection, TLI에 올려졌으며, 5일 후에는 달 선회궤도로 들어갔고 2회의 원역행궤도Distant Retrograde Orbit, DRO를 돌고 지구로 귀환해 대기권 재진입, 바다로 안전하게 착수하면서 25일간의 무인 달 궤도 임무를 수행하였다.

2024년에 발사될 아르테미스 2에서는 우주인이 탑승하되 착륙하지는 않고 달을 지나간 후 되돌아오는 계획을 통해 유인 탐사 능력을 체크할 예정이다. 2024년 같은 해에 NASA는 스페이스X의 팰컨 헤비를 이용해 우주인이 머무르고, 달 착륙 시 거쳐 가는 시설인 HALOHabitation And Logistics Outpost를 발사하여 달 관문Lunar Gateway 줄여서 Gateway에 설치할 예정이다. 2025년 아르테미스 3에서는 우주인이 대망의 달 착륙을 달성할 예정이다. 이때 4명의 우주인이 SLS/Orion을 탑승하고 달 관문에 도착한 후 2명의 우주인(여성 1인과 유색인종 1인)은 스페이스X의 달 착륙선 스타십Starship HLSHuman Landing System로 갈아타고 달 남극지역에 착륙해 1주일간 머무르면서 영구 음영지역을 탐사하게 된다. 그리고 2026년에 계획된 아르테미스 4에서는 4명의 우주인이 오리온 우주선을 탑승하고 유럽우주청European Space Agency, ESA과 일본 우주청Japan Aerospace eXploration Agency, JAXA이 개발한 국제 우주거주모듈International Habitation Module, I-HAB을 달

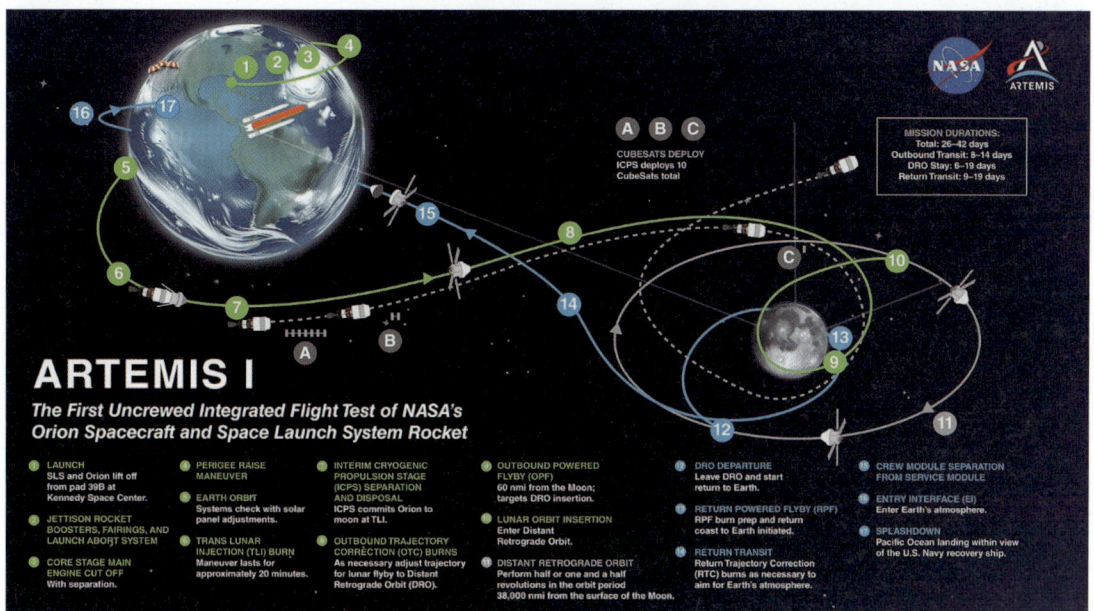

아르테미스 I 탐사 비행경로

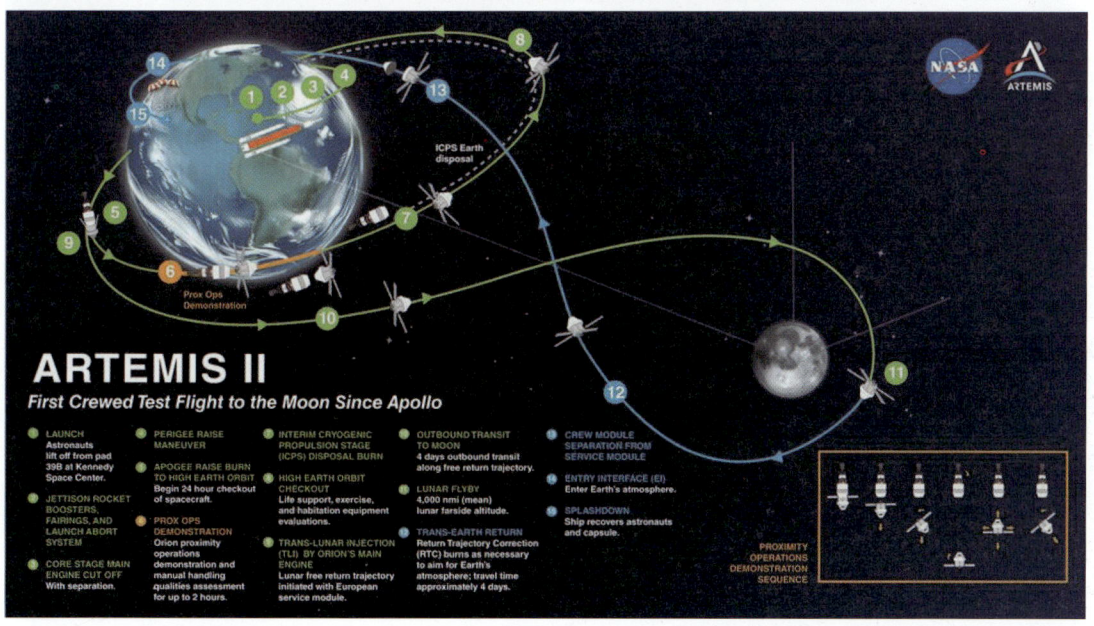

아르테미스 II 탐사 비행경로

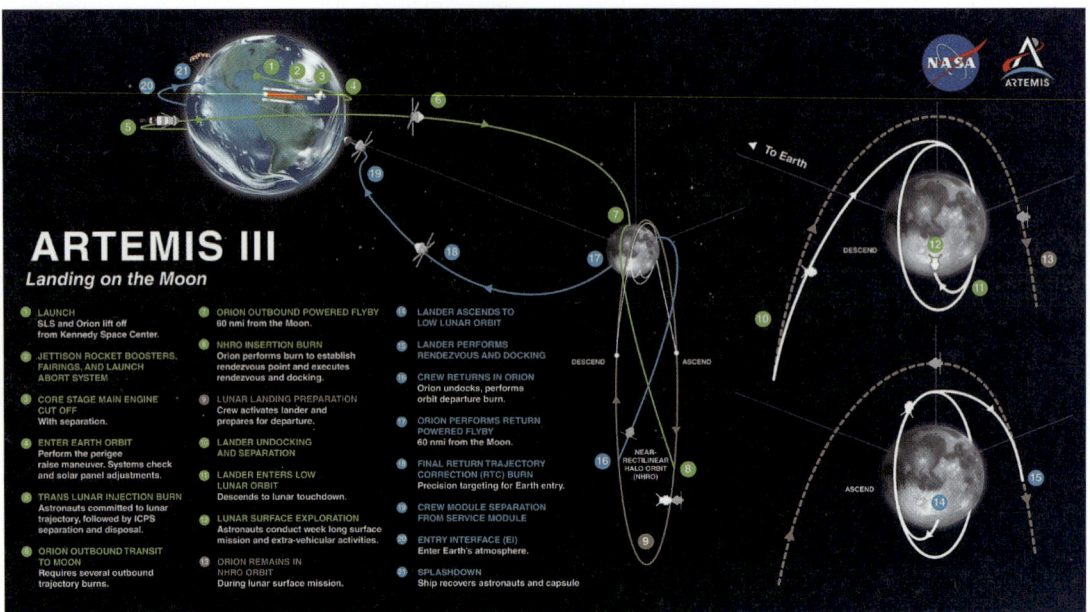

아르테미스 III 탐사 비행경로

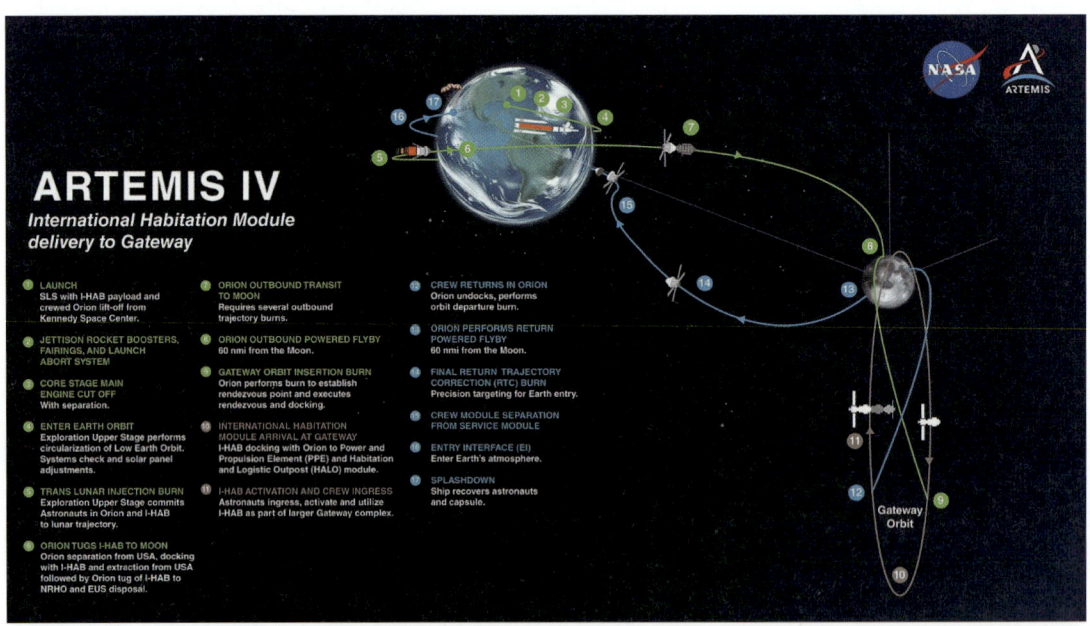

아르테미스 IV 탐사 비행경로

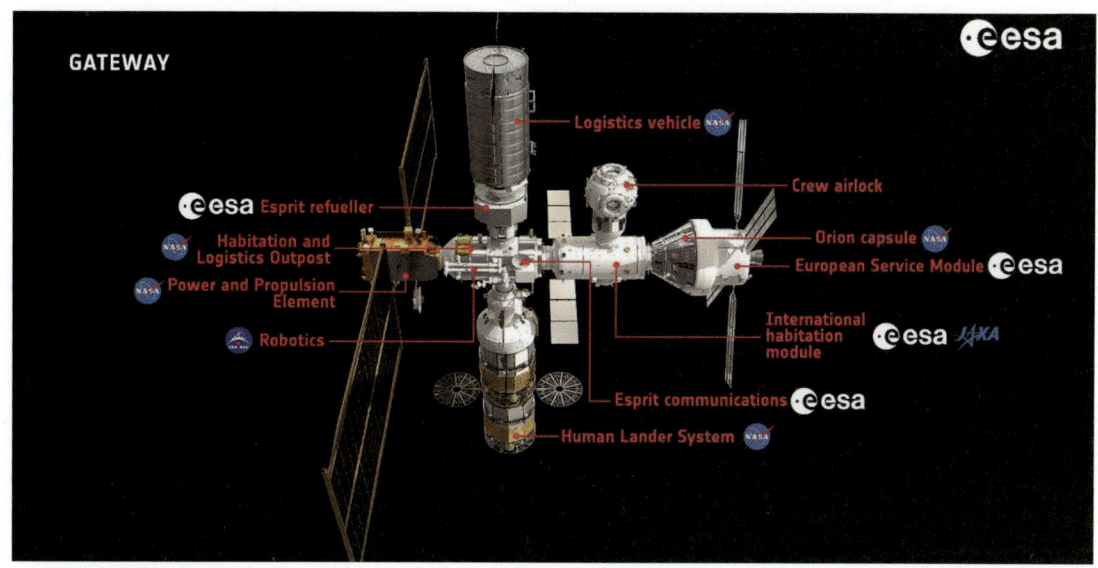

달 관문 국가별 참가모듈

관문 우주정거장에 설치하게 된다. I-HAB는 HALO와 결합되어 게이트웨이를 구성하게 된다. 이 관문 건설에는 캐나다우주청Canadian Space Agency, CSA, ESA, JAXA가 NASA와 협력하여 참여하게 된다. 달 관문은 NRHONear Rectilinear Halo Orbit이라 불리는 달 주위의 극단적인 타원궤도에 위치한다. 가깝게는 달 북극 상공 1,500km를 지나고 멀리는 달 남극 70,000km를 지나가는 장방형 타원궤도로 1회 회전에 7일이 걸린다. 이 궤도의 장점은 우주선이 항상 지구를 바라볼 수 있어 지구와의 통신이 대부분 시간 동안 가능하며 달 주위나 심우주탐사를 준비하기에 용이하다. 그리고 궤도 유지에 적은 에너지가 들고 약간의 추력으로 경사각을 바꿀 수 있어 필요시 달 전체 탐사에도 편하다.

이 아르테미스 프로그램은 아르테미스 어코드Artemis Accord로 발전하여 2020년 10월 13일 8개국(미국, 영국, 호주, 캐나다, 이탈리아, 일본, 룩셈부르크, UAE)이 서명하면서 국제협력 프로그램화하였고, 2023년 1월 현재 23개 국가가 참여하고 있다. 대한민국은 2021년 5월 열 번째 국가로 참여하였다. 아르테미스 어코드는 러시아와 중국을 위시한 일부 우주 전문가들에 의해 "너무 미국 중심적이고 상업적이다"라는 비판을 받고도 있으며 1967년 UN을 통과한 외계공간조약Outer Space Treaty, 1979년의 달 조약Moon Treat과의 모순점에 대한 이의도 제기되었다.

## ✕ 1.5 중국 우주 기술의 약진

미국만이 아니라 이미 다양한 우주 발사체를 보유하고 있는 중국 정부도 화성 탐사, 우주정거장, 유인 달 탐사 등에 많은 예산을 쏟아붓고, 유럽과 러시아도 이러한 다양한 우주 개발 르네상스에 경쟁적으로 참여하고 있다. 특히 중국은 자국의 독립적인 우주정거장 톈궁天宮, Sky Palace 건설 사업을 3단계 '중국 유인 우주프로그램'의 핵심과제로 선택하면서 집중적으로 지원하고 있다. 2021년 톈궁의 핵심 중앙 모듈인 톈허天河를 발사하여 궤도에 올렸고, 2022년에는 7월과 10월 원톈問天, 멍톈夢天을 궤도에 올리면서 분주한 한 해를 보냈다.

2023년 말경에는 쉰톈巡天 모듈을 올려 우주정거장 건설을 완료할 것으로 보인다. 이렇듯 세계 우주 선진국들이 우주 개발을 위해 선제적인 투자를 하면서 우주 산업의 개화에 필요한 자양분을 간접적으로 공급하고 있는 것이다.

그러나 이러한 정부 주도의 사업만으로는 산업에서의 혁명적인 변화가 일어나지는 않는다고 본다. 바로 민간부문에서 자생적으로 수조 달러Several Trillion Dollars 이상의 시

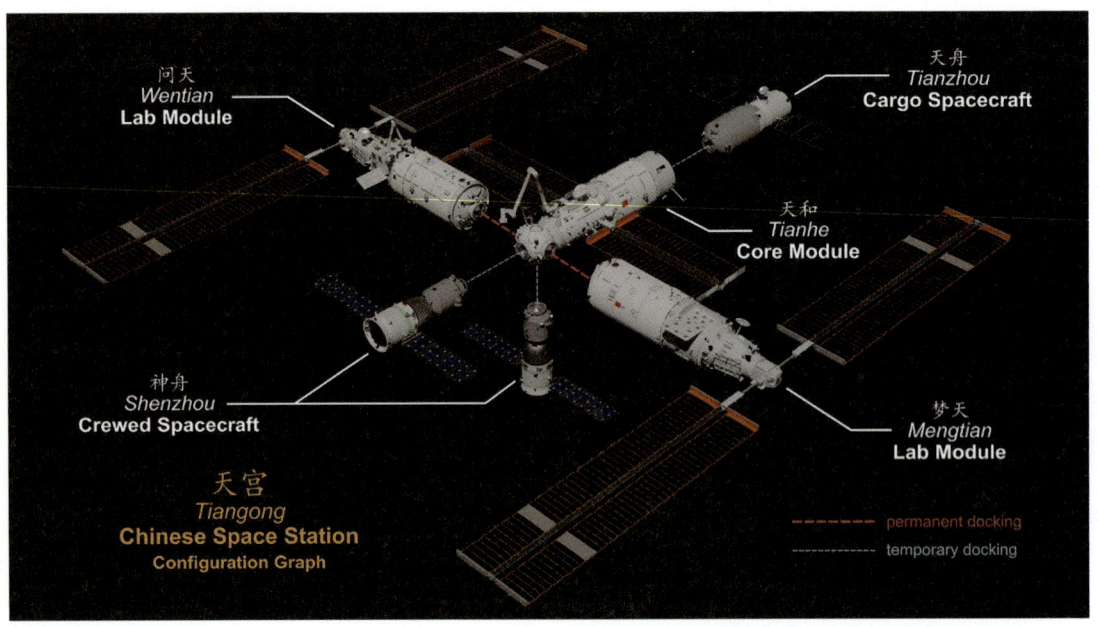

중국의 톈궁 우주정거장

장을 만들어내는 변화가 일어나면서 인류의 살아가는 모습이 획기적으로 바뀌어야 과히 산업혁명이라고 이를 수 있지 않겠는가?

## 1.6 재사용 가능 로켓, 스타십

우주 기술 혁신의 선두주자인 스페이스X는 팰컨 9의 1단로켓을 재사용하여 발사가격을 대폭 낮춘 데 만족하지 않고 이제는 훨씬 더 큰, 완전 재사용 가능한 로켓 스타십 Starship을 개발하고 있다. 스타십에 사용될 랩터Raptor 엔진은, 케로신(등유)을 연료로 사용하는 기존 팰컨 로켓의 멀린Merlin 엔진과 달리 연료로 액체메탄과 산화제로 액체산소를 사용하여 그을음이 나지 않아 재사용성이 대폭 향상되었다. 스페이스X는 현재의 케로신 엔진인 멀린도 15회까지 재사용하고 있어 랩터 엔진의 경우 수백 회의 재사용도 가능할 것이라고 한다. 또한 이 엔진은 세계 최초로 완전유동단계연소Full-Flow Staged Combustion, FFSC 사이클을 구현하여 최고의 추진 효율을 보여주고 있으며, 경량화를 극대화하여 무게 대비 추력이 세계 최고 수준에 도달하였다고 보도되고 있다. 게다가 양산 속도를 강조한 설계로 추력 250톤에 육박하는 최신 버전인 랩터 2엔진을 지난 1년간 200대 이상 생산하였으며 조만간에 연간 500대의 엔진 생산을 계획하고 있다.

사실 스페이스X는 39개의 엔진을 사용하는 스타십(1단 33개 엔진, 2단 6개 엔진)을 항공기처럼 수백 기 내지는 수천 기를 제작하여 전 세계의 전용 우주공항에서 운용할 계획을 가지고 있어 랩터 엔진의 대량 생산은 필수적이다. 엔진 생산 속도만 빨라야 하는 게 아니라 대량 생산이 되면 엔진의 대당 생산 단가도 대폭 낮출 수 있기에 로켓엔진의 양산 속도 향상과 저가화에 총력을 기울이고 있다.

현재의 스페이스X 목표는 1톤 추력당 1,000달러, 그래서 230톤 추력의 랩터 2엔진 생산 단가는 궁극적으로 25만 달러(3억 3천만 원 정도)를 목표로 하고 있다. 스페이스X는 엔진 조립 시간을 줄이기 위해 엔진의 추진제 공급배관에 사용되는 여러 플레인지의 볼트 체결을 용접 연결로 다수 대체하였으며, 랩터 2 엔진의 부품제작시에 양산성이 낮은 3D 프린터 사용을 자제하여 양산 속도 향상과 비용 절감을 위해 매진하고 있다.

대량 생산된 랩터 2 엔진

스타십 1단 엔진, 중앙 13기, 외원 20기. 2단 엔진배열 중앙 3기, 외곽 진공용 3기

    신생 로켓 회사들이 3D 프린터 사용을 첨단 기술의 상징으로 여기고 있는 사이에 스페이스X는 한 발 더 앞서나가고 있는 것이다. 이 랩터 2엔진이 일상적으로 사용되기 시작하면 아마 로켓엔진 끝판왕이 되지 않을까 한다.

    화성식민지화에 사용하려고 개발하고 있는 이 스타십은 100톤 이상의 화물을 지구 저궤도에 올릴 수 있으며 착륙 후 간단한 체크 후 다시 이륙할 수 있는 여객기 수준으로 재사용이 가능할 것이라고 한다. 어마어마한 크기와 성능을 가진 로켓이지만 완전 재사용이 가능하기 때문에 발사 비용은 연료비와 약간의 운용비를 더해 200만 달러 정도면 가능하다고 주장하고 있다. 현재의 기존 발사체들이 10톤 정도의 화물을 저궤도에 올리는 데 1억 달러 이상의 비용을 청구하고 있는 것을 감안하면 그야말로 파괴적인 혁신이다. 참고로 NASA SLS 로켓에 사용되는 RS-25 엔진은 재사용 가능하지만 현재는 1회 사용 후 버리는 데도 1기당 가격은 약 1억 달러 정도이다. 이 엔진 4기와 고가의 고체부스터, 로켓 본체 등을 합치면 로켓 1기의 가격이 10억 달러(약 130억 원) 이상이 된다. 이 추산에는 수백억 달러의 연구개발비는 제외한 것이다. 스타십이 얼마나 획기적인 로켓인지 알 수 있는 반증이다.

## 1.7 지구 궤도에서의 산업화

위성 발사 비용이 저렴해지면서 그간 수익성 문제로 지지부진했던 우주궤도 활용 산업이 활성화되기 시작할 것이다. 특히 지구 저궤도에 올린 인공구조물을 통해 다양한 혁신적 경제 활동이 일어날 것으로 본다. 지구 저궤도 위성들은 지구로부터 가까이 있다는 장점에 비해 지상에서 바라볼 때 빠르게 움직이고 있어 지상과 항상 통신을 하거나 상시 관측을 위해서는 다수의 위성을 올려야 한다. 소위 군집위성망이 필요하게 되는 것이다.

저궤도 인공위성을 활용하여 전 지구를 커버하는 인터넷망을 구성하려는 스페이스X의 스타링크Starlink, 아마존의 카이퍼Kuiper, 그리고 원웹OneWeb 등의 지구 저궤도 군집위성망 사업들이 그 사례이다. 이들 저궤도 위성들은 3만 6,000km 높이의 정지궤도 위성에 비해 1,000km 전후의 저궤도에 위치해 지표면에서 가까이 있다. 따라서 전파 지연시간이 짧고 전파의 강도(거리의 제곱에 반비례) 또한 높아 실시간 데이터 통신에 매우 강점을 가진다. 2023년 초 현재 이미 4,000기에 가까운 위성을 550km 정도 고도에 올려 운용하고 있는 스타링크 시스템의 경우, 260~290kg 무게의 작지 않은 통신위성인데도 양산을 통해서 대당 제작비용이 30만 달러 수준으로 낮아진 것으로 알려져 있다. 기존의 위성들이 1~2억 달러에 이르는 것을 상기하면 발사체 분야에서만이 아니라 위성 분야에서도 가격 파괴가 일어나고 있는 것이다.

스타링크 사업의 미래 사업성을 강조한 유튜브 영상

　　2023년 5월 현재 전 세계 53개 국가에서 150만 명의 사용자를 확보했다고 알려진 스타링크는 지난해 10억 달러 정도의 매출을 달성했다고 한다. 앞으로 12,000대 수준의 스타링크 1차 위성망이 갖춰지면 1억 명 이상의 사용자가 예상되고, 1년 1,000달러 정도의 사용료 수입을 감안하면 1,000억 달러 매출이 어렵지 않을 것으로 보고 있다. 이미 유사한 군집위성망 사업 참여를 선언한 아마존의 카이퍼와 원웹 등 다른 사업자 계획을 모두 감안하면 2030년경에는 위성망 브로드밴드 인터넷 시장만도 연 1조 달러는 쉽게 될 것으로 보고 있는 이유이기도 하다.

　　그러나 이것은 시작일 뿐이다. 발사 비용이 스타십 수준으로 저렴해지면 초대형 태양광 발전위성을 지구 궤도에 올려 전 세계 전기에너지 공급망을 형성하려는 사업도 경제성을 확보하면서 현실성을 가지게 된다. 이 위성 기반 태양광 발전사업이 구현되어 전 세계 전기에너지 수요의 상당 부분을 감당하게 되면 그야말로 공상과학소설에서 펼쳐졌던 '인류를 에너지로부터 해방시키는 꿈'이 현실이 되는 시대가 도래할 것이며, 이 에너지 공급 시스템을 통해 어렵지 않게 3~4조 달러의 세계시장 창출이 가능할 것이라고 본다. 풍요로우면서 저렴하게 필요한 에너지를 마음껏 사용하면서 손쉽게 탄소 제로를 이룰 수 있다면 가히 혁명적이라고 해도 지나치지 않다고 하겠다.

## 1.8 파괴적 혁신의 우주 기술

저자는 지금까지 언급한 우주 기술의 파괴적인 혁신을 토대로 머지않은 미래에 우주 공간에서 산업화의 거대한 물결이 일어나 다음 차의 산업혁명을 불러올 것이라고 확신한다. 그래서 이 책에서 그 혁명적 변화가 구체적으로 어떤 방식으로 일어나게 될 것인지를 알아보고자 한다.

우선 새로운 산업혁명을 가져올 혁신적 우주 산업의 7대 영역을 선정해보았다. 이들 7대 영역은 모두 우주 기술의 파괴적인 혁신을 통해 이루어질 수 있는 분야이고, 이 영역에서의 성공 가능성은 바로 발사체 기술의 파괴적인 혁신에 달려 있고 생각한다. 앞에서 언급한 대로 고가의 발사체 비용으로 인해 산업화를 꿈도 꿀 수 없었던 분야들이 초저렴한 발사 비용 실현으로 채산성 확보가 가능해지기 때문이다. 그런 연유로 발사체 기술의 혁신이 바로 그 시작점이라고 말하는 것이다.

LEO 브로드밴드, GNSS와 저궤도 PNT Positioning, Navigation and Timing 시스템, 지구 궤도 거대 구조물 및 생산공장, 우주자원 활용, 로켓 화물기와 여객기, 우주 태양광 발전, 우주여행 관광 및 우주 정착 등의 우주 기술을 혁신 7대 영역으로 고려하고 있으며, 이들이 현실화되면 인류의 제반 살아가는 양식은 크게 바뀌어 나갈 것으로 생각하는 것이다.

이 책의 주제는 '우주 기술의 파괴적인 혁신이 5차 산업혁명을 불러온다'이다.

그래서 1장 후반부에서 먼저 제목에서 명시한 단어인 산업혁명과 파괴적 혁신의 용어적 의미를 같이 간단히 살펴본다. 그 다음으로는 현재 우주 기술 개발의 기반인 로켓 개발사를 근간으로 우주 기술 개발에 관련된 주요 인물들의 활약상을 통해 그들의 치열했던 탐구정신을 곱새겨 보면서 관련된 흥미 있는 이야기들도 덧붙인다. 그 후 본격적으로 이 책의 주요 테마인 우주항공기술의 파괴적 혁신을 분석하고 이를 통해서 앞으로 번성할 7대 분야를 꼽아 보게 된다. 이때 거대한 새로운 시장 창출 없이는 산업혁명적 변화는 없을 것이라는 생각으로 선정된 각 우주 활용 분야가 견인할 총 잠재적 시장 TAM, Total Addressable Market 도 예상해보기로 한다.

마지막으로는 이러한 우주 기술의 파괴적 혁신과 이의 산업화에 적극 참여하기 위해 대한민국이 준비해야 할 것과 나아갈 목표와 방향을 짚어 본다.

## 1.9 산업혁명

우리는 보통 산업혁명産業革命이라 하면 "18세기 후반부터 약 100년 동안 유럽에서 일어난 생산 기술과 그에 따른 사회 조직의 큰 변화"를 말한다.

영국에서 일어난 방적기 개량이 발단이 되어 1760~1840년에 유럽 여러 나라에서 지속적으로 산업은 변화를 맞이하였다. 수공업적인 작업장이 각종 설비에 의해 기계화된 큰 공장으로 전환되었는데, 이로 인하여 자본주의 경제가 확립되었다.

1700년대 영국에서 시작된 전반적인 사회·경제적 변화와 기술의 혁신, 그리고 이에 영향을 받아 크게 변화한 인류 문명 전반의 변화이었다. 영국에서 시작된 혁명은 18~19세기에 걸쳐 유럽과 북미, 그리고 아시아로까지 확산되었다. 'Industrial Revolution'이라는 용어 자체는 프랑스의 루이 길롬 오토, 독일의 엥겔스 등이 사용하기 시작했으나 역사학자 아널드 토인비 Arnold J. Toynbee가 《영국의 18세기 산업혁명에 대한 강의 Lectures on the Industrial Revolution of the Eighteenth Century in England》라는 책에서 언급하면서 널리 통용되기 시작했다고 한다. 인류 역사에서 근대의 시작이 되는 사건이라 볼 수 있겠다.

'산업혁명'이란 명칭만으로는 어떤 기계나 기술의 발명이 갑작스럽게 생긴 것처럼 보일 수 있다. 그러나 산업혁명은 르네상스 이래 유럽의 전반적인 근대적 발전을 배경으로 경제·사회적 조건이 서서히 누적되면서 어떤 임계점을 기점으로 변화가 급속도로 일어난 현상이고 보는 것이 일반적인 견해이다.

산업혁명이라는 용어는 역사가들 사이에서 쉽게 합의나 동의를 얻지 못하고 있다고도 한다. 뚜렷하게 변화의 계기나 시작점을 찾을 수 있는 정치 분야에 비해서 오랜 세월이 걸리는 산업·경제 분야이기 때문이다. 일반적 기준인 '18세기 영국에서 시작되었다'는 것도 증기기관 등 쉽게 구분할 수 있는 사건이 있기 때문에 편의적으로 나눈 것이라고 여기는 역사가들도 있다.

그러나 모든 역사가가 세계가 근대화되면서 이룬 많은 성취와 문제점들은 전부 이 산업혁명을 계기로 시작되었다는 데에는 동의한다. 현대인들이 생각할 수 있는 사회 제도의 거의 모든 것이 산업혁명 시기에 생겨났다고 할 수 있기 때문이다.

이 광의의 산업혁명은 흔히 공업화라고 부르는 것으로서, 이를 간단히 정의하기는 곤란하지만 물질적 재화의 생산에 무생물적 자원을 광범하게 이용하는 조직적 경제 과정이라고 할 수 있다. 따라서 공업화의 기원을 18세기 산업혁명에서 구하지만, 토인비가 말한 바와 같이 산업혁명은 격렬하게 변화한 것이 아니라 그 이전부터 시작하여 온 점진적이고 연속적인 기술혁신의 과정이라고 보는 것이 지배적이라는 것이다.

18세기 후반에서부터 현재까지 이루어진 산업의 발전과 변화를 전개 과정과 시기에 따라 여러 단계로 나누면, 18세기 후반~19세기 전반에 소비재와 경공업을 중심으로 일어난 변화는 1차 산업혁명으로 분류되고, 19세기 중후반에 전기화학 등 중화학 공업이 시작된 것은 2차 산업혁명으로 분류된다.

3차 산업혁명은 20세기 후반에 나타난 컴퓨터와 인터넷 기반의 지식정보혁명을 일컫는다고 한다. 컴퓨터와 인터넷 기반의 지식정보혁명이라면 상당히 최근의 일이고, 현재의 4차 산업혁명이라고 일컫는 일련의 변화도 3차 산업혁명에 포함되어야 한다는 의견도 많다.

우리나라를 포함한 전 세계 일부 국가에서 적극적으로 받아들이고 있는 제4차 산업혁명은 한마디로 인공지능AI, 사물 인터넷IoT, 빅데이터, 모바일 등 첨단 정보통신기술이 경제·사회 전반에 융합되어 혁신적인 변화가 나타나는 차세대의 변화이다. 따라서 해당 산업기술만의 변화를 통해서 우리가 살아가고 있는 사회의 대대적인 변화도 불가피하게 될 것이라는 예측도 해볼 수 있겠다.

과학기술정보통신부 홈페이지에 소개된 단계별 산업혁명

좀 더 자세히 설명하자면, 인공지능, 빅데이터, 클라우드 컴퓨팅, 사물 인터넷, 모바일 등의 지능정보기술이 기존 산업과 서비스에 융합되거나 3D 프린팅, 로봇공학, 생명공학, 나노기술 등 여러 분야의 신기술과 결합되어 실세계 모든 제품·서비스를 네트워크로 연결하고 사물을 지능화하게 된다는 것이다. 아마도 제4차 산업혁명은 초연결hyperconnectivity과 초지능superintelligence을 특징으로 하기 때문에 기존 산업혁명에 비해 더 넓은 범위scope에 더 빠른 속도velocity로 크게 영향impact을 끼칠 것으로 보는 것이다. 최근에 선풍적인 관심을 받고 있는 ChatGPT 인공지능 시스템이 좋은 사례라고 볼 수 있겠다.

'제4차 산업혁명' 용어가 우리나라에서 정치·사회·경제적 화두로 등장하게 되면서 여러 전문가가 4차 산업혁명을 본인들의 입장에 따라 견강부회하여 설명하기 시작하면서 일반인들에게 개념이 더 혼란스럽게 다가오기도 한다. 앞서 소개한 그림은 정부가 소개하는, 제1차에서 4차에 이르는 산업혁명이다.

혹자는 4차 산업혁명은 연결, 탈중앙화/분권, 공유/개방을 통한 맞춤시대의 지능화 세계를 지향한다고 본다. 이 지능화 세계를 구축하기 위해 빅데이터, 인공지능, 블록체인 등의 여러 가지 기술들이 동원된다. 맞춤시대의 지능화를 위해 현실세계의 모든 내용을 가상세계로 연결한 다음, 가상세계에서 빅데이터/인공지능 분석을 통해 예측과 맞춤을 예상하고 이를 현실세계에 적용할 것이라고 한다.

한편 일부 전문가들은 제4차 산업혁명이 진행되면서 가장 큰 부작용은 '불평등'이 될 것이라고 걱정하기도 한다. 특히 우리에게 가장 예민하게 다가올 노동시장을 흔들어 놓을 가능성이 크다고 보고 있다. 경제 전반에 걸쳐 자동화, 자율화가 인력 노동을 대체해 가면서 자본수익과 근로수익의 차이가 더욱 심해질 가능성이 크다는 것이다. 다른 한편에서는 기술에 의한 일자리 변동으로부터 전체적으로는 안전하고 보람 있는 직업군을 늘릴 수 있는 기회를 가지게 될 것이라고도 한다.

지난 몇 년 간 대한민국은 가히 제4차 산업혁명 열풍을 맞이하고 있다. 언론보도, 서적들, 방송 특집 등에 단골 주제로 등장하고 정부 각 부처의 예산도 대부분 제4차 산업혁명과 연결해야 주목받는 상황이다. 2016년 스위스 다보스에서 열린 세계경제포럼에 참석한 박근혜 전 대통령이 제4차 산업혁명에 공감하면서 큰 관심을 보여 한국 정부가 이를 능동적으로 홍보하고 언론도 뒤따르면서 전 세계 어느 나라보다 제4차 산업혁명이라는 용어를 가장 많이 사용하는 나라가 되었다.

이 혁명적 변화의 흐름을 공감한 우리 정부가 대한민국이 선제적으로 이 혁명의 물결에 대응케 하기 위한 일종의 구호로 사용하고 있다고 볼 수 있다.

그럼, 말 그대로 지금이 네 번째 혁명이라면, 다음은?

4차 산업혁명이 있으면 앞으로 제5차 산업혁명도 나타날 터, 다가올 산업적 대변혁은 어디에서 촉발될까?

저자는 바로 우주 기술의 파괴적 혁신으로부터 올 것이라고 확신한다.

## 1.10 파괴적 혁신

기업의 가치를 나타내는 여러 지표가 있겠지만 아마도 기업이 발행한 주식의 총 가격, 즉 시가총액이 대표적이지 않을까 한다. 다음은 2022년 6월 현재 전 세계에서 가장 시가총액Market Capitalization이 높은 10대 기업 순위이다.

1. 애플Apple Inc.
2. 마이크로소프트Microsoft Corp.
3. 알파벳Alphabet Inc.
4. 사우디 아람코Saudi Arabian Oil Co.
5. 아마존Amazon.com Inc.
6. 테슬라Tesla Inc.
7. 버크셔 해서웨이(Berkshire Hathaway
8. 메타Meta Platforms Inc.
9. 엔비디아NVIDIA Corp.
10. 대만 반도체Taiwan Semiconductor

이들 10대 기업 중 석유회사, 사우디 아람코와 버크셔 해서웨이 투자회사를 제외한 나머지 기업은 모두 기술을 기반으로 한 기업이다. 기술혁신을 통해서 짧은 기간에 세계 최고 가치의 반열에 오른 것이다. 그야말로 기술의 시대이다. 특히 이들 기술 기업은 대부분 파괴적인 기술혁신을 통해서 이 위치에 올랐다. 그리고 어쩌면 이들이 현재의 4차 산업혁명을 끌고 가고 있다고 볼 수 있다. 그렇다면 파괴적 기술혁신이 무엇인지 잠시 짚고 가야 할 것이다.

파괴적 혁신 Disruptive Innovation 이라는 용어는 1995년 미국 하버드대학 경영학 교수 크리스텐슨 Clayton M. Christensen 과 바우어 Joseph Bower 가 쓴 〈파괴적 기술: 물결 따라잡기 Disruptive Technologies: Catching the Wave〉라는 논문에 처음 등장한다. 그 후 《혁신가의 딜레마》라는 저술에서 파괴적 혁신에 대해 상세하게 기술했다. 국내에서는 '와해성 혁신'이라고 번역한 경우도 있었다.

크리스텐슨 교수는 1952년 미국 솔트레이크 시티에서 태어나 브리검 영대와 영국 옥스퍼드대에서 경제학을 전공했으며 하버드대에서 경영학석사 MBA 와 박사학위를 받았다. 1992년부터 하버드대 교수로 재직하면서 기술혁신에 관한 연구로 세계적인 경영이론가로 인정받았고, 영국의 저명한 경제잡지 《이코노미스트 The Economist》에 의해 '이 시대의 가장 영향력 있는 경영사상가'로 지칭되기도 했다. 2020년 67세의 나이에 사망하였다.

크리스텐슨 교수에 의하면 파괴적 혁신은 하나의 생산품이나 서비스가 아니라 프로세스로 정의될 수 있다고 한다. 기존 제품의 성능을 개선하여 원하는 고객들의 요구를 충족시키는 것이 아니라 전통적 기대와 전혀 다른 기능이나 내용으로 새로운 시장에 진출하여 기존 시장에서 우위를 점하여 궁극적으로 기존 시장을 파괴시키는 혁신이라는 것이다.

그는 혁신을 파괴적 혁신과 존속형 혁신으로 구분하였다. 기존 기술의 점진적 고도화를 통해 성능이 개선된 제품을 원하는 고객들의 욕구를 충족시키는 존속성 혁신 Sustaining Innovation 과 달리 파괴적인 혁신의 대표적 사례로 포드 모델 T를 꼽았다. 초기 자동차 기술은 혁신적이긴 했지만 가격이 비싸 귀족이나 부유층의 전유물이어서 마차 산업이 그대로 유지되었으므로 존속형 혁신이었다. 그런데 헨리 포드가 자동차 제작에 표준화 공정을 도입함으로써 가격을 낮춰 포드 모델 T를 출시했고, 이것이 일반 대중들을 소비자로 만들어 자동차의 대중화 시대를 열면서 마차산업을 완전히 와해시켰기 때문에 파괴적 혁신이다.

신시장형New Market 파괴적 혁신은 기존에 없던 새로운 시장을 창출한 경우이다. 현재 시장에 나와 있는 제품을 사용하고 있지 않는 비소비자를 타켓으로 하는 혁신적인 제품을 출시함으로써 기존 시장을 파괴하는 것을 말한다. 어른들을 위한 사용편의성을 높인 닌텐도 게임기, 대형 컴퓨터 시대를 지나 개인 컴퓨터 시대를 연 PC, 전보를 대체한 전화 등이 여기에 속한다고 볼 수 있다.

앞에서 예를 든 현재 시가총액 선두 기업들이 보여주는 것처럼 소위 4차 산업혁명도 파괴적인 혁신으로 성장한다. 파괴적 혁신은 당사자에게는 창조, 혁신의 상대자에게는 파괴라는 야누스의 얼굴을 가지고 있다고 볼 수 있다. 그래서 정치 경제학자 조지프 슘페터Joseph Schumpeter는 혁신을 '창조적 파괴Creative Destruction'라고 정의하여 유행시킨 바 있다. 혁신이 갖는 창조와 파괴라는 두 얼굴을 이해해야만 혁신 성장으로 가는 길이 열릴 것이다.

CHAPTER

## 02

# 로켓과 인공위성 기술 개발과 발전

## 2.1 화약, 로켓 기술의 시작

세계 최초의 로켓은 화약을 발명한 중국에서 나왔다고 추정되며, 흑색화약을 이용한 일종의 로켓은 10~12세기 사이에 중국 송나라에서 처음으로 불화살 형태로 개발되었다고 알려져 있다. 이 불화살 기술은 13세기 중엽 몽고군에 의해 적극 받아들여져 사용되면서 유라시아 지역에 퍼지게 된다. 우리나라에서도 고려시대인 14세기 중엽, 최무선에 의해 신기전이 화약을 사용한 무기로 개발되었고, 이 내용은 국내에서 영화화되어 일반인들에게도 많이 친숙한 이야기이다.

로켓은 뉴턴의 제3법칙인 작용·반작용의 원리에 의해 날아가게 된다. 뒤 분사구만 열려 있는 밀폐된 연소실 안에 천천히 타는 흑색화약을 넣고 불을 붙이면 연소된 가스가 뒤로 배출되면서 앞으로 가는 추진력을 얻는 것이다. 균형에 맞게 연소가 되지 않거나, 연소된 가스가 뒤로 잘 빠져나가지 못하면 자체 폭발로 이어질 수 있는 위험한 물건이었다. 화약은 다루기에 불안정하여 위험스럽지만 한편으론 세상에서 가장 간단한 무기인지도 모른다.

**불화살 신기전과 다연장 발사대인 화차**

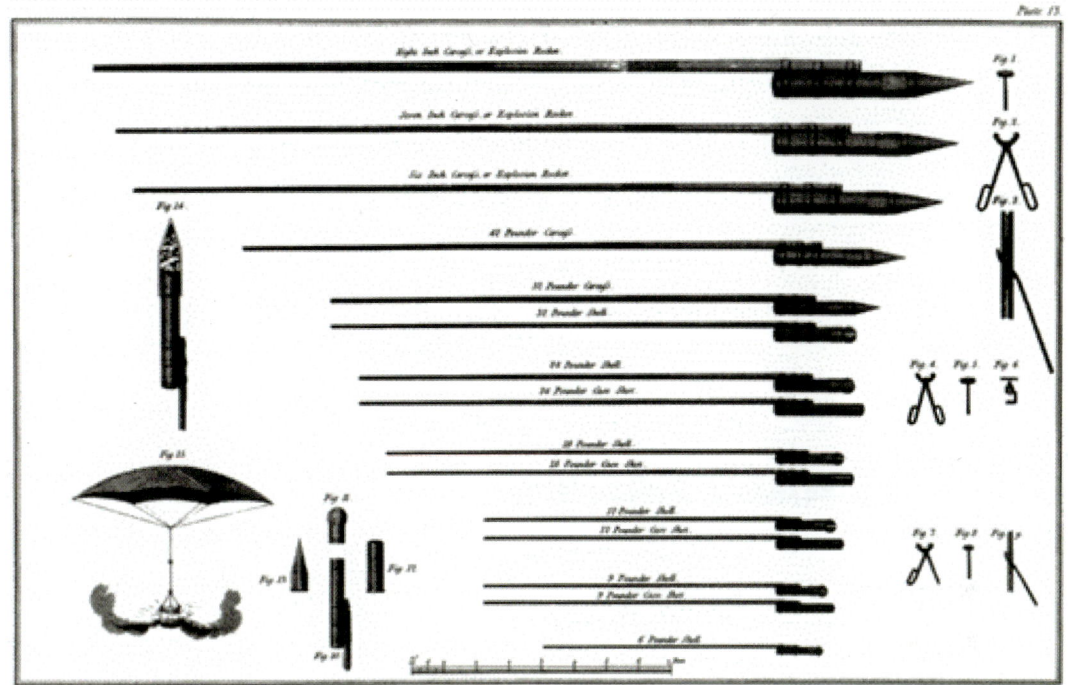

**콩그리브 로켓의 형태**

 화약을 이용한 로켓 기술을 본격적으로 전쟁에 사용하게 된 것은 18세기 말 인도 남부지역에 위치한 마이소르Mysore 왕국과 영국의 인도 주둔군과의 전투에서였다고 알려져 있다. 영국의 윌리엄 콩그리브William Congreve는 마이소르 왕국과의 전투에서 인도인들이 사용한 마이소르 로켓을 본떠서 콩그리브Congreve로 이름 붙인 로켓을 개발하였다. 콩그리브 로켓은 금속제 화약통을 가져서 높은 추진력을 낼 수 있었고 따라서 속도도 빠르고 사정거리도 길었다.

 본격적으로 로켓이 전쟁에 사용된 것은 19세기 초 영국에서였다. 콩그리브 로켓 중 큰 것은 무게가 300파운드(135kg)에 2,700m의 사정거리를 가져 적군에 위협을 주기에 충분하여 당시 나폴레옹과의 전투시에도 효과적으로 사용되었으며, 이후 전쟁에도 많이 등장하였다. 그러나 비행 중 제어가 불가능하여 정확도가 떨어져 실전에서 어려움을 겪은 군인들이 "잘못 발사되면 아군한테로도 날아와서 적의 총포보다 아군의 콩그리브가 더 무섭다"는 혹평도 들으며 결국 다른 총포나 포탄 기술에 밀려났다.

 콩그리브는 화약을 사용하므로 소위 고체로켓의 범주에 든다. 로켓이 총탄이나 포탄과 다른 점은, 포탄은 발사시에 받은 반작용 힘으로 끝까지 날아가 일단 방향만 잡으면 크게 벗어날 가능성이 없지만 로켓은 비행 중에도 계속 추력을 만들어내기 때문에 더 멀리 더 빠르게 갈 수 있다. 반면에 적절한 제어 장치가 없으면 이상한 방향으로 날아가거나 혹은 비행 중에 폭발하는 등 실제 운용 시에는 오히려 애로가 많았던 것이다.

현대적인 로켓의 발전은 과학기술 발전이 조직적으로 이루어지던 서양에서 우주탐사를 꿈꾸는 일단의 과학자들 사이에서 액체로켓 형태로 시작되고 있었다.

## 2.2 액체로켓 기술의 발전

### 2.2.1 콘스탄틴 치올콥스키

우주여행까지 염두에 둔 발사체Launch Vehicle로서의 로켓은 액체로켓 기술에서부터 시작한다고 본다. 프랑스의 쥘 베른Jules Verne, 1828~1905이나 조지 웰스Herbert George Wells, 1866~1946의 공상과학소설의 인기에 고무된 과학자들이 우주여행을 현실에서도 가능하게 하기 위한 연구를 시작하면서부터였다.

제정 러시아의 중류 가정에서 태어난 치올콥스키Konstantin Tsiolkovsky, 1857~1935는 어릴 때 귀가 좋지 않아 학교를 다니지 못하고 거의 독학으로 수학과 물리를 공부하였지만 보청장치를 달고서 모스크바 도서관을 다니면서 여러 강의를 섭렵한 덕분인지 다행히 교사시험에 합격했다. 모스크바에서 100km 떨어진 한적한 보롭스크에서 수학교사로 근무하면서 연구에 몰두해 많은 수의 항공우주 분야 논문들을 발표하게 된다. 러시아 최초의 풍동 장치를 자비로 직접 만들어 시험하면서 공기역학의 여러 분야를 개척하였으며, 비행선 구조물 설계에 이르기까지 관련한 여러 논문을 발표하였다. 또한 10대 때부터 우주여행에 관심이 많았던 그는 쥘 베른의 소설에 매료되어 1896년경부터는 로켓 운동에 관한 연구를 본격적으로 시작했다. 우주여행을 위한 로켓 추진 이론을 연구하여 1903년에 〈반작용 기구에 의한 외계 우주탐사Exploration of Outer Space bt means of Reaction Devices〉라는 제목의 논문을 러시아 학술지 《사이언티픽 리뷰Scientific Review》에 발표했다. 우주공간 여행에는 액체수소와 산소를 사용하는 것이 유리하다는 주장에서부터 대기권에서 고속비행시 공기마찰로 인한 열 발생 현상 등을 언급했다. 흥미롭게도 항공 공식Formula of Aviation이라고 이름 붙인 치올콥스키 방정식을 발표했는데, 지금도 로켓 개발시 간단한 단 설계에 많이 사용하고 있다.

콘스탄틴 치올콥스키 기념 우표

현재에도 액체수소를 사용하는 엔진은 만들기는 어렵지만 이론적 효율이 가장 좋아 미국, 일본, 유럽의 일부 로켓의 주요엔진으로 사용되고 있다. 그러나 치올콥스키의 논문들은 당시의 여러 상황 때문에 소련 바깥에 전혀 알려지지 못했다.

### 2.2.2 헤르만 오베르트

현대적 로켓의 이론적 선구자는 독일의 로켓과학자 헤르만 오베르트Hermann Oberth, 1894~1989라고 할 수 있다. 오베르트는 열한 살의 나이에 이미 쥘 베른의 명작《지구에서 달까지From the Earth to the Moon》, 《달 탐험Around the Moon》과 같은 공상과학 소설에 감동받아, 여러 번 읽어 줄줄 외울 정도로 우주여행에 매료되었다. 1922년에 오베르트는 괴팅겐 대학 물리학과에서 〈행성 공간으로 가는 로켓Die Rakete zu den Planetenraumen〉을 박사학위 논문으로 제출했다. 그러나 동 대학 박사학위 심사위원회에서는 논문이 아니라 공상 소설 같다고 거절한다. 오베르트는 심사 결정에 대해 내심 불복하고 "박사학위를 위해 다시 논문을 쓰지는 않겠다. 박사학위 없이도 당신들보다 더 훌륭한 과학자가 될 수 있다는 것을 증명할 것이다."라며 박사논문 내용을 그대로 책으로 출간하게 된다.

헤르만 오베르트

그렇게 출간된 책은 전 세계의 수많은 젊은이들에게 영향을 끼쳐 인류의 달 착륙을 이끈 폰 브라운 같은 인재를 만드는 데 크게 기여를 하게 된다.

당시에 오베르트는 자신의 학위논문 거절을 빗대어 독일의 교육체제에 대해 "독일 교육시스템은 앞이 아니라 뒤를 비추는 강력한 탐조등을 단 자동차처럼 미래는 못 보고 과거만 비추고 있다!"라고 비판하였다. 어느 시대, 어느 나라에서나 모두를 만족시킬 수 있는 완전한 교육제도는 쉽지 않은 듯하다.

폰 브라운은 아폴로의 성공적 유인 달 착륙 후에 "… 오베르트는 나의 인생을 여기까지 이끌고 온 별과 같은 존재일 뿐만 아니라 이론적으로나 실제적인 면에서 로켓 기술과 우주여행에 대한 나의 첫째 접촉 지점이었다. 그가 우주공학 분야에서 밑바탕을 일구었다는 점에서 과학기술 역사상에 명예로운 자리가 예약되어야 한다"라고 오베르트를 극찬하였다.

### 2.2.3 액체로켓 개발의 선구자, 로버트 고더드

오베르트와 동 시대에 미국에도 로켓연구의 선구자로 인정받는 로버트 고더드 Robert Hutchings Goddard, 1882~1945 박사가 있다. 열여섯 살 때 조지 웰스 공상과학소설 《우주전쟁 The War of the Worlds》을 읽고 감동을 받은 소년 고더드는 우주여행의 열망을 품게 된다. 어릴 때 병약했던 그는 또래보다 좀 늦은 1904년에 워체스터공대에 입학하여 물리학과를 졸업하고 클라크대학으로 옮겨 물리학 석사, 박사를 마친다. 대학생 시절에 자이로스코프를 이용한 항공기 비행제어에 관한 논문을 유명한 《사이언티픽 아메리칸 Scientific American》에 게재하기

로버트 고더드

도 했다. 고더드는 1909년 처음으로 액체연료 로켓에 대한 논문을 썼다. 이때 벌써 그는 산화제로 액체산소를 연료로 액체수소 조합의 효용성을 주장했으며, 이 경우 50%의 효율(연소시 열에너지의 반이 배기가스의 운동에너지로 바뀜을 의미함)을 달성할 수 있다

고 믿었다. 고더드는 로켓 관련 연구를 계속하면서 그 결과를 특허로 내기 시작했으며, 1914년에는 로켓 개발사에 기념비적인 2개의 특허를 받는다. 하나는 다단 로켓 이론이었고, 또 다른 하나는 액체로켓 관련이었다. 전체적으로 고더드는 특허광이라 할 만큼 연구결과를 열심히 특허 출원해서 평생 214건의 특허를 받아내었다고 알려졌다. 고더드가 21세기 대한민국에 살았다면 아마 최고의 연구비 지원을 받았을 것이다.

### 역사적 로켓 기술개발 연구보고서 출간

그러나 당시의 미국 상황은 그렇지 않았다. 클라크대학에서 지속적으로 연구를 거의 자비로 수행하던 고더드는 실험 규모가 커지면서 비용을 감당할 수 없어 미국 내의 여러 기관에 연구비 지원을 신청한다. 스미소니언 연구원이 고더드의 연구에 관심을 보여 그는 준비해 놓았던 그간의 연구실험 결과를 〈초고고도에 도달하는 방법 A Method of Reaching Extreme Altitudes〉이라는 제목으로 제출했다. 높은 수준의 연구 결과에 고무된 스미소니언 측에서 1917년에 5년 계약으로 연구비를 지원한다. 클라크대학의 물리학과장으로 세계적으로도 유명 물리학자였던 웹스터Webster 교수는 대학 당국으로부터도 상당한 수준의 매칭펀드도 끌어내주면서 스미소니언에 제출했던 보고서를 책으로 출판할 것을 적극 권했다. 내용이 아직 미흡하다고 생각한 고더드가 처음에는 머뭇거렸으나 웹스터 교수의 독촉으로 결국 1919년에《초고고도에 도달하는 방법》이라는 같은 제목의 책을 스미소니언 이름으로 출간하게 된다. 그런데 이 일이 고더드의 남은 일생 연구를 힘들게 만드는 사건이 된다.

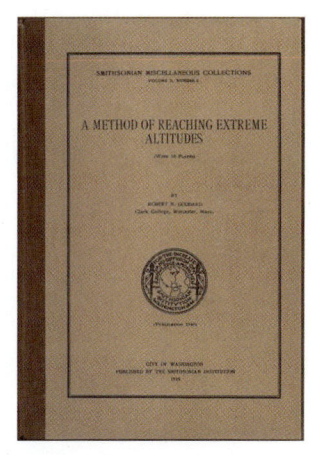

로버트 고더드의 보고서

### 《뉴욕타임스》 등 언론의 로켓과학자 죽이기

69페이지 분량의 이 작은 책자에 고더드는 본인이 그간 해왔던 이론 연구와 엄청나게 많은 실험결과를 실었다. 요약해보면, 스팀터빈의 노즐로 사용되기 위해 발명되었던 라발노즐Laval Nozzle을 로켓엔진에 사용하면 최고의 효율을 얻을 수 있다는 것이었다. 특히 초음속의 연소 후 배기속도를 얻을 수 있어 높은 고도에 도달할 수 있다고 주장했다.

고더드는 자신의 실험에서 노즐 효율을 2%에서 64%까지 획기적으로 높일 수 있었다. 이 정도 효율의 로켓이면 대기권의 상층부만이 아니라 지구의 중력을 벗어나 우주여행도 가능하다는 것도 계산으로 보여주었다. 실제로 고더드는 얼마의 연료를 쓰면 지구 중력을 벗어날 수 있을지도 구체적인 수치로 계산해보였다. 그는 이때 필요한 유효배기속도가 초속 약 2.2km 이상이라는 것까지 추산해 내었다.

그리고 이런 실험 결과를 고려할 때 로켓을 이용해 달 여행도 가능하다고 주장했다. 탐사선을 보내 달과 행성들의 사진도 찍을 수 있고 금속판에 메시지를 새겨 외계문명에 보내기, 우주에서의 태양에너지 사용, 고속 이온 추진기 구상, 그리고 대기권 재진입 시 높은 열을 차단할 수 있는 방법으로 단열 열차단막 ablative heat shield 사용에 대한 아이디어 등도 제시했다.

**발사대와 로켓과 함께 서 있는 고더드**

56  우주 기술의 파괴적 혁신

사실 69페이지 중 달 여행에 관한 내용은 68페이지에 언급한 단지 아홉 줄이었다. 그런데 이것이 미국 내에서 큰 화근이 된다. 출간한 그의 책은 전 세계적인 관심을 끌면서 1,750부가 배포되어 많은 사람으로부터 칭송받았지만, 미국 내에서는 유수의 전문가들이 그의 논문 내용을 비웃었으며 언론으로부터는 '달사람Moon Man'이라고 불리며 조롱당했다. 엔지니어가 달에 대한 인문적인 감상을 건드린 것일까?

그 대표 언론이 《뉴욕타임스New York Times》였다. 1920년 1월 12일자 《뉴욕타임스》에 1면 기사로 고더드의 로켓에 대한 이야기가 실렸다. 스미소니언의 보도자료를 인용한 내용이었다. 그런데 다음날 13일자 무기명 논설이 'Topics of the Times'라는 섹션에 〈믿음성에 대한 심각한 훼손A Severe Strain on Credulity〉이라는 제목으로 게재됐다. 처음에는 고더드 교수의 다단 로켓 기술에 대해 인정하는 듯하다가 로켓이 발사장소로 되돌아오는 것에 대해 강한 의문을 표시하기 시작한다. 그리고 급기야는 로켓으로 대기권 바깥 진공에서도 추력을 내면서 계속 비행해 달로 갈 수 있다는 고더드의 주장을 조롱하기 시작하며, 아인슈타인과 같은 세계적인 천재들이나 할 수 있는 동역학적 법칙을 부인하고 있다고 질타한 다음 개인적인 비난에 돌입한다.

"클라크대학의 교수자리를 꿰차고 앉아서 스미소니언으로부터 연구비를 지원받고 있는 고더드 교수는 작용, 반작용 원리도 제대로 알고 있는 것 같지 않다. 진공에서 추력을 내려고 할 게 아니라 추력이 생길 수 있는 더 적합한 방법을 찾는 것이 좋을 것이다. 고더드는 고등학생들도 알 수 있는 뉴턴의 운동 제3법칙도 제대로 이해하고 있지 못한 것처럼 보인다."라고 결론을 내린다.

왜 《뉴욕타임스》가 진공에서는 반작용에 의한 추력을 가질 수 없다고 결론을 내렸는지 모르겠지만(하긴 요즈음도 저자가 주위 사람들과 토론하다 보면 반작용 매질이 없는 우주공간에서 어떻게 반작용이 생기는지 의심하는 사람들이 있긴 하다) 잘못 이해한 과학 지식을 토대로 고더드를 고등학생만큼도 과학지식이 없는 교수라고 폄하해버린 것이다.

이 사설 게재 1주일 후에 고더드는 AP 통신과의 인터뷰를 통해 자기의 책 내용을 설명하면서 항변을 해보았지만 이미 상처를 입은 후였다. 연구비를 지원하던 스미소니언 측에서도 부정적 여론 때문에 고더드와 거리를 두려고 할 정도였다. 1924년에는 《파퓰러 사이언스Popular Science》 잡지에 〈나의 로켓이 어떻게 진공에서 추진될 수 있는가?〉

라는 논문을 써서 물리학적으로 진공에서의 추진이 가능함을 자세히 밝혔지만 아무리 잘 설명해도 이해하지 않는 분위기가 되어버렸다. 전체 책 내용에서 단 아홉 줄밖에 되지 않는 달 탐사에 관련된 의견 개진 때문에 책에 실린 수많은 중요한 유용한 시험 결과들이 묻혀버린 것이다.

> Episode

## 《뉴욕타임스》의 때늦은 사과

막강한 힘을 가진 언론 권력인 《뉴욕타임스》에도, 아폴로 달 착륙 계획이 착착 진행되어 유인 달 착륙이 가시화되면서, 내부적으로 예전의 고더드의 로켓 관련 사설을 기억하는 사람이 있었다. 아폴로 11호 달 유인 탐사선이 성공적으로 발사된 다음날인 1969년 7월 17일, 성공적인 달 착륙을 예감한 《뉴욕타임스》는 자기들의 무지몽매한 사설로 역사적인 로켓과학자를 매몰시킨 일을 상기하였다. 《뉴욕타임스》는 드디어 '정정Correction'난에 49년 전 사설에서 고더드 교수를 비웃었던 부분을 인용한 후 다음과 같이 사과를 한다.

"더 많은 연구조사와 실험이 17세기 뉴턴의 발견을 확인해주었다. 로켓이 대기권만이 아니라 진공에서도 작동한다는 것이 확연해졌다. 《뉴욕타임스》는 그 실수를 후회한다."

### A Correction

On Jan. 13, 1920, "Topics of The Times," an editorial-page feature of The New York Times, dismissed the notion that a rocket could function in a vacuum and commented on the ideas of Robert H. Goddard, the rocket pioneer, as follows:

"That Professor Goddard, with his 'chair' in Clark College and the countenancing of the Smithsonian Institution, does not know the relation of action to reaction, and of the need to have something better than a vacuum against which to react—to say that would be absurd. Of course he only seems to lack the knowledge ladled out daily in high schools."

Further investigation and experimentation have confirmed the findings of Isaac Newton in the 17th Century and it is now definitely established that a rocket can function in a vacuum as well as in an atmosphere. The Times regrets the error.

《뉴욕타임스》에 실린 사과문

고더드를 우롱하고 조롱하면서 모욕을 준 지 49년 후였다. 그러나 《뉴욕타임스》의 사설로 인해 큰 고통을 당한 고더드는 이미 이 세상 사람이 아니었다. 일부 과학자들은 아직도 《뉴욕타임스》가 이 일에 대해 후회한다는 언급이 고더드 개인에게 끼친 고통까지도 포함된 것인지 의문을 표하기도 한다. 동서양을 막론하고 언론은 때때로 중요한 일에 오판을 한다. 그러나 《뉴욕타임스》가 49년 전 일인데도 확실하게 사과한 것을 두고 《뉴욕타임스》이기에 가능한 것이 아니냐 하는 평가도 있다.

### 린드버그의 연구개발비용 지원

자신의 연구 결과를 책으로 내었다가 언론으로부터 조롱받은 이후 고더드는 연구 결과 공개를 꺼려하기 시작한다. 본인과 함께 꿈을 공유하는 극소수의 사람들하고만 터놓고 의논했다. 다행히 1929년에 대서양 횡단비행을 성공해서 유명해진 린드버그가 그의 로켓 발사 소식을 듣고 학교로 찾아와 의기투합한 후 남은 평생 중요한 후원자가 되면서 사정이 좀 나아지기는 했다.

언론의 이런 분위기는 정부, 연구기관, 학교에도 영향을 미쳐 결국 로켓 기술에 대한 얼마 되지 않았던 정부의 지원마저 끊어지는 계기가 되었다. 그 결과 미국인인 고더드가 로켓 기술의 아버지라 불리는 데도 정작 미국은 로켓 기술에서 뒤처지는 나라가 되었고 결국 나치독일이 최초로 제대로 작동하는 로켓을 만들게 되는 빌미를 제공했다고 볼 수 있다.

실제로도 실험자료 제공이나 공동 연구 제의를 통해 오히려 외국에서 고더드에게 훨씬 더 관심을 표했다. 고더드는 나치독일과 협력를 거부했지만 지속적으로 독일 연구자들로부터 연락이 왔다고 한다. 1945년 2차 세계대전이 끝난 후 미국으로 옮겨온 V2 로켓을 자세하게 살펴본 고더드 박사는 나치독일이 그의 로켓 기술을 '훔쳤다'는 결론을 내렸다고 한다.

세부 설계는 달라도 V2의 기본 설계는 고더드가 만들어왔던 로켓과 너무 흡사하다는 주장이었다. 그러나 로켓의 세부 기술 부분에서나 규모 면에서 볼 때 V2는 당대의 다른 로켓보다는 너무나 앞서 있었다는 것이 중론이다. 어떻게 보면 당연한 일일 것이

**NASA의 최대 연구소 고더드 우주비행센터**

다. 당시 독일은 히틀러가 직접 언급할 정도로 국가적인 연구비 지원과 엄청난 조직의 지원이 있었고, 고더드는 미국에서 거의 혼자서, 때때로는 자비를 들여, 연구 개발한 사실을 상기하면 충분히 이해가 되는 일이다.

고더드는 평생 58회 정도 로켓을 발사 시험했고 그 중 35회는 성공적이었다고 한다. 가장 높이 올라간 것은 1937년에 발사 시험한 L-13으로 22.3초간 2.7km 높이였다.

NASA 본부 산하에는 연구소와 시험 시설이 10개소가 있는데 연구원 수가 계약직 포함 10,000명에 이르는 최대 규모(인원으로)의 연구소가 메릴랜드주에 있는데 그 이름이 고더드 우주비행센터 Goddard Space Flight Center이다. 결국 미국이 고더드의 업적을 인정해준 것이다.

## 2.2.4 폰 브라운과 미·소 우주 패권 경쟁

### 폰 브라운의 어린 시절

나치독일의 V2 로켓 개발의 기술 총 책임자는 모두가 잘 알다시피 베르너 폰 브라운 Wernher von Braun, 1912~1977이다. 1912년 지금은 폴란드인 동프로이센 지역에서 태어난 폰 브라운은 미국의 로버트 고더드와 함께 현대 로켓 기술의 선구자 중 하나라고 일컬어지고 있다. 그는 독일 과학자 헤르만 오베르트가 쓴 《행성 공간으로 가는 로켓Die Rakete zu den Planetenräumen》이란 책을 읽고 크게 감명받고 로켓 과학자가 되기로 결심한다. 열여섯 살 때에는 집에서 직접 궤짝에 화약 추진체를 단 로켓 차량을 만들어 타다가 거의 죽을 뻔할 정도로 로켓 마니아가 되었다.

로켓 개발에 대한 꿈을 이루기 위해 폰 브라운은 1930년 베를린 공과대학에 입학하여 헤르만 오베르트의 제자가 되었다. 이 시절에 이미 폰 브라운은 달 탐사에 빠져들었다는 증거가 되는 일화가 있다.

당시 베를린 공대에 고고도 기구비행으로 유명한 피카르드Auguste Piccard가 방문해 세미나를 했는데 발표가 끝나자 폰 브라운은 연사에게 다가가서 "저기요, 폰 브라운인데요. 저는 언젠가는 달 여행을 계획하고 있어요!"라고 말해 피카르드에게 격려의 말을 들었을 정도로 우주탐사에 관심이 많았고 열성적이었다고 한다. 이런 폰 브라운의 열성적 성향이 아폴로 프로그램을 통해 8년이 채 안 되는 짧은 기간에 수많은 난관 속에서도 결국 성공적인 달 착륙을 이끄는 데 결정적인 역할을 하였다.

### 대학시절과 초기의 로켓 연구

폰 브라운은 베를린 공과대학에서 우주비행 동호회Spaceflight Society에 가입하여 활발히 활동하며, 2년간 80여 차례나 로켓을 쏘아 올리는 일에 참여하였다. 폰 브라운은 동호회에서 독일 육군 포병대 장교 발터 도른베르거와 운명적인 만남을 가진다. 1932년 봄 폰 브라운은 기계공학 학사 학위를 받았고, 폰 브라운을 눈여겨보던 도른베르거는 그가 대학을 졸업하자마자 독일 육군 병기국 로켓 연구소에 취직시켰다. 이곳에서 폰 브라운은 두각을 나타내게 된다. 이때 비록 그는 주로 군사 로켓을 연구하였지만, 그의 꿈은 여전히 우주여행이었다.

폰 브라운은 우주탐사에 대한 지식을 더 공고히 하기 위해, 도른베르거 팀에서의 A1 로켓 개발 경험을 박사학위 논문으로 발전시켜 1934년에 베를린대 물리학 박사학위를 받았다. 그가 스무 살을 막 넘긴 때이었다. 그의 박사학위 논문 제목은 공식적으로 〈연소 시험에 대하여About Combustion Tests〉였다. 그러나 실제 논문 제목은 〈액체 추진제 로켓 문제에 대한 제작, 이론 및 실험적 해결책Construction, Theoretical, and Experimental Solution to the Problem of the Liquid Propellant Rocket〉(1934년 4월 16일)으로 나치 당국에 의해 액체로켓 기술 관련 중요한 자료로 간주되어 극비문서로 분류되면서 공개가 금지되었다. 전쟁 후에도 그의 논문은 미국 정부에 의해 비밀문서로 분류되었다가 1960년에야 풀렸다고 한다.

일반적으로 논문의 수월성은 다른 논문에 몇 번이나 인용되느냐에 달려 있는데, 최고 수준의 논문을 썼더라도 국가 기밀급 내용이면 비밀로 분류되어 인용 건수 제로가 되는 희한한 일도 생기는 것이다. 폰 브라운은 병기국에서 박사 학위 연구 성과를 반영하여 1934년 말 2.2~3.5km까지 올라가는 A2 로켓을 개발하는 데 성공했다. 그리고 동료들과 1935년부터 A3 로켓 개발에 착수했다.

그 무렵 나치정부는 민간기관에서의 로켓 개발을 금지하고, 모든 로켓 개발 관련 연구를 육군에서 주관하도록 했다. A3 로켓 개발 시험을 거치면서 여러 번의 실패를 했지만, 문제점들을 파악한 후 새로운 부품 설계를 통해 길이 5.8m, 직경 78cm, 무게 900kg의 A3보다 길이와 직경이 약간 큰 A5 로켓을 제작하여 1939년 10월 최초의 로켓 유도 비행에 성공한다. A5는 A3와 마찬가지로 알코올과 액체산소를 연료와 산화제로 사용했고, 안정적인 3축$^{pitch,\ yaw,\ roll}$ 자세제어를 위해 3기의 자이로스코프를 장착했으며, 로켓 뒷부분에 넓은 제어용 판$^{rudder}$을 설치해 유도 비행이 가능하게 했다. A5의 성공적인 발사로 자신감을 얻은 개발팀은 1톤의 탄두를 실을 수 있는 미사일 설계에 들어간다.

1936년부터 나치는 모든 로켓 개발을 국가 기밀로 다루었다. 1937년 발트해 연안에 있는 페네뮌데에 육군 포병 병과 소속으로 거대한 로켓 실험 단지를 만들어 모든 로켓 관련 시험을 이곳에서 진행하도록 했고 폰 브라운을 신임하여 발탁했던 발터 도른베르거를 지휘관으로 선임하고 A4 개발에 들어간다.

### V2 로켓 개발

전쟁 초창기부터 무기로써 로켓의 실용화 가능성이 제기되었지만 정작 아돌프 히틀러는 개발 중인 로켓에 그리 열광적이지 않았다고 한다. 일반 대포에 비해 멀리는 날아가지만 부정확하면서 가격만 비싼 물건이라고 인식하고 있었다. 그래서 A4 개발예산을 확보하는 것이 원활하지만은 않았다고 한다. 그러나 시험을 성공적으로 마치자 적극적인 예찬자가 되어 1942년 히틀러는 A4 로켓을 '보복용 무기$^{Vengeance\ Weapon}$'라는 뜻에서 V2로 이름이 바꾸고 양산 시작을 지시한다. 1943년에는 V2 로켓의 발사 장면을 폰 브라운의 설명과 함께 컬러 영상으로 시청한 히틀러는 엄청나게 좋아하면서 그에게 교수 직위를 부여했다고 한다. 그리고 본인이 로켓 개발 초기에 보인 비판적이었던 태도를 반성했다는 일화도 있다.

A4 로켓의 엔진에는 물 25%로 희석한 알코올을 사용했고 A5와 마찬가지로 액체산소를 산화제로 사용하였다. 물로 희석된 알코올을 사용함으로써 연소실 화염 온도를 낮출 수 있었다. 탑재된 알콜은 3.8톤이고 액체 산소는 4.9톤이었다. 연료와 산화제를 고압으로 연소실로 보내기 위해 터보펌프를 사용했고, 터보펌프를 구동하기 위해 과산화수소와 촉매제를 사용했다. 터보펌프는 분당 5,000회전 하면서 초당 125리터의 알코올과 산화제를 연소실로 밀어 넣을 수 있게 설계되었다. 터보펌프에는 2대의 원심압축기가 동축으로 연결되어 각각 알코올과 액체산소를 14.8기압 1.5Mpa 으로 가압하여 연소실의 인젝터로 송출하였다. 이렇게 하여 섭씨 2,800도의 연소된 가스를 초속 2km 속도로 분출할 수 있었다.

**V2 로켓 구조와 실물 크기 전시 모형**

놀라운 일은 이때에 벌써 연소실 온도를 낮추기 위해 재생 냉각과 필름 냉각을 동시에 사용하고 있었다는 사실이다. 현대 액체로켓 엔진의 냉각 기술과 별로 다를 바 없는 것이다. 또한 연료 탱크들에는 열차단층을 첨가해서 내부에 저장된 액체산소의 초저온에도 불구하고 기체 외부에 얼음이 맺히지 않게 하였다니 놀라울 뿐이다.

A4는 발사대에서 시동 초기에는 연료 자체 중력의 힘으로 연료와 산화제가 연소실로 분사되면서 8톤 추력으로 시작한다. 그 후 터보펌프가 작동하기 시작하면서 25톤으로 추력이 증가하여 발사대를 떠난 후, 고도가 높아지면 29톤까지 추력이 올라간다. A4는 대략 65초 정도 엔진 연소가 지속되고 이 기간에는 미리 정해진 경사각으로 동력 비행을 하고 엔진이 꺼진 후에는 무동력 탄도비행을 하게 된다. 이때 로켓 하부의 바깥에 장착된 4개의 러더rudder와 엔진 배기구 안쪽에 설치된 4개의 베인vane을 통해 로켓의 경로를 제어한다. 비행거리는 엔진을 멈춤으로써 조절했고 엔진을 멈출 때는 갑작스러운 연료 차단으로 인해 생기는 '수격water hammer' 현상을 방지하기 위해 초기 추력인 8톤으로 내린 다음 엔진을 멈추는 방법을 사용하였다. 엔진을 멈추는 적절한 타이밍을 위하여 속도 측정이 필요하였는데 지상에 설치된 도플러 시스템이나 로켓에 탑재된 자이로스코프와 결합된 가속도계들을 사용하였다. 후기 20% 정도의 V2 로켓은 비행경로를 정확하게 유지하기 위해 '유도 빔guide beam'을 사용했다. 유도 빔은 현대의 항공기가 공항 착륙 시 사용하는 글라이드 슬로프Glide Slope와 유사하게 지상으로부터의 전파신호에 의해 유도되었다. V2 로켓의 무게는 대략 12.5톤이고 직경 1.65m, 길이 14m이며 비행 중 최고 고도는 80km 정도이었고, 최고 속도는 시속 5,760km초속 1.6km, 마하 4.7이었으며 도달 거리는 320km 정도였다. 수직 방향으로 계속 비행하면 지상 206km까지 도달할 수 있었다고 한다. V2 로켓은 우주공간의 시작점이라고 인정되는 카르만선Karman Line, 지표면에서 100km 정도 상공을 최초로 도달한 로켓이 되는 것이다. 탑재하중은 약 1,000kg이었으며 폭약 무게는 910kg이었다.

**미국에 정착**

비록 V2 로켓이 영국에는 큰 위협을 주긴 했지만 미국과 소련 등의 연합군이 전방위로 조여 오는 전황을 타개할 방법은 없었다. 결국 나치 내부도 혼란스러워지면서 페네뮌데의 V2기지에도 서진하고 있는 소련군을 피해 남쪽으로 이동하라는 명령과 현지에서 목숨 걸고 사수하라는 모순된 명령이 전달되었다. 이렇게 양단간 결정을 해야 하는 시점이 오자 폰 브라운과 동료들은 상의 끝에 미국에 항복하기로 결정한다. 이들은 근처까지 진격한 소련군을 피해 SS 대원들을 속일 위조 통행증도 만들고 14톤에 달하는 V2 설계 자료들을 끌고 남부로 도피 이동한 후 진격해온 미군에 자발적으로 항복하게 된다.

사실 2차 세계대전 말 미국과 소련은 모두 V2 로켓 기술의 중요성을 인식하고 폰 브라운 개발 팀을 손에 넣기 위해 비밀리 활동하고 있었다. 그런데 폰 브라운이 측근과 함께 미국 쪽으로 투항해버린 것이다. 미국으로서는 큰 어려움 없이 중요한 설계 자료와 함께 일단의 최고 기술자들을 손에 쥐게 된 것이다. 그후 소련군은 거리상으로 인접해 있는 페네뮌데를 점령하기 위해 기갑부대를 보내 로켓 생산 공장에 급히 달려갔지만 이미 중요 기술자들은 대부분 떠나버린 것을 알고는 실망했다. 그러나 제조 중이던 수백 기 분량의 반제품과 부품을 대량 입수했다. 특히 V2 로켓의 제조시설을 손에 넣었고 이 시설을 해체하여 소련으로 옮겨 미사일 개발에 활용하였다. 당시 폰 브라운과 사이가 좋지 않아 페네뮌데를 떠나지 않았던 로켓 유도제어 기술 전문가인 그뢰트룹을 소련으로 데려갈 수 있었던 것도 후일 소련이 로켓 개발에서 미국을 앞서게 되는데 큰 도움이 되었다. 로켓 개발 초기 소련이 미국보다 앞선 또 하나의 이유가 V2 로켓을 양산할 수 있는 제조시설을 확보하여 이른 시일 안에 로켓 제작에 나설 수 있었다는 사실이다.

이때 폰 브라운이 함께 미국에 투항한 인원은 과학자 132명 그리고 그들의 가족 300여 명에 달했다. 투항 과정에서도 폰 브라운은 자신의 중요성을 스스로 잘 알고 있었는지 상당히 여유로운 자세로 협상했다고 한다. 폰 브라운의 요구 조건은 그의 팀 132명 전원과 그들의 가족을 한 명도 빠짐없이 모두 수용해 달라는 것이었다. 사실 미국은 처음에는 이렇게 많은 인원을 데려갈 생각은 없었고, 폰 브라운과 핵심 인물 몇 명 정도만 데려갈 생각을 하고 있었다. 하지만 폰 브라운은 132명 전원을 받아주지 않으면 차라리 소련 쪽으로 접촉해 보겠다고 으름장을 놓기도 했다고 한다. 결국 미국은 페이퍼클립 작전의 일환으로 132명 전원을 받아들이게 되었다. 페이퍼클립 작전으로 많은 과학자들을 미국으로 데려왔지만, 그 중에서도 폰 브라운과 그의 팀원 중 127명이

제1 선발대로 미국에 도착했다. 미국은 폰 브라운과 그 동료들을 멕시코와의 국경지대에 있는 텍사스사막의 포트 블리스 미군 기지로 데려와 그곳에 정착시켰다.

당시 미국은 독일인에 대한 감정이 나빴기 때문에 이들이 처음 뉴욕에 도착했을 땐 독일에서 온 교향악단 단원 행세를 해야 했고, 텍사스에 이주해서는 한동안 스위스인으로 행세하기도 하였다. 하지만 미국 정부가 독일 과학자들을 미국으로 몰래 데려왔다는 사실이 언론을 통해 미국 내에 퍼지기 시작하자 여론이 나빠지기 시작했다. 미 정부는 언론을 통해 이 사실을 인정할 수밖에 없었다. 그러면서 미 정부는 이 과학자들은 나치의 강압으로 어쩔 수 없이 협력한 것이라고 변호하면서 이들의 탈출 과정을 영웅적으로 묘사해서 미국인들의 여론이 호의적으로 바뀌도록 애썼다.

## 미국 로켓전문가들의 텃세

어렵게 미국에 정착하였지만 폰 브라운 팀은 1957년 스푸트니크 쇼크 때까지 미국의 로켓 및 인공위성 개발 계획에서 배제되거나 2선으로 밀리면서 한동안 기회를 잡지 못했다. 특히 1950년까지 5년간 폰 브라운과 그의 팀에는 거의 일이 주어지지 않았다. 미국 내의 기존 로켓 개발팀들이 일종의 텃세를 부렸다고 생각할 수 있겠다. 이 5년 동안 이들은 기껏해야 독일에서 만들었던 V2 로켓을 미국에서 다시 제작하여 미국에 자신들이 가짜는 아니라는 사실을 보여주는 수준의 일감만 주는 정도였다. 미국은 독일에서 가져온 열차 300량 분량의 V2 로켓 부품들을 각 군 연구소, 항공기 제작사, 대학 연구소 등 군/민간 연구소에 뿌리면서 연구 개발에 사용하도록 했고 폰 브라운 팀은 미국인들에게 V2의 설계도와 원리를 설명하고, 미국인들이 설계도를 바탕으로 V2를 제작하여 발사해보는 것을 도와주는 역할을 주로 했다. 1940년대 후반 미국의 각 연구소에서 쏘아 올린 V2만 70여 기쯤 되었다. 이후에도 미 당국은 폰 브라운 팀을 새로운 로켓 개발 사업에서 배제하고, 10여 개에 달하는 군/민간 우주항공 관련 연구소에서 미국인들 스스로 각자 로켓을 연구 개발하도록 독려하였던 것이다.

미국에서 주요한 임무가 주어지지 않은 채 지루한 시간을 보내던 폰 브라운은 미국 관계자에게 "소련은 지금 로켓 개발에 열심이라는데 이곳은 이렇게 한가하다. 이럴 줄 알았다면 소련으로 갈 걸 그랬다"고 항의성 발언을 해보았지만 별 소용이 없었다고 한다. 미국이 폰 브라운 팀을 미국으로 데려와 보호한 것이 그들을 활용하기보다는 소련에게 빼앗기지 않기 위한 목적이 더 컸음을 짐작할 수도 있다.

그런데 소련이 1949년 원자폭탄 실험에 성공하고, 1950년 한국 전쟁이 터지자 상황이 호전되기 시작했다. 로켓 기술의 중요성이 다시 주목받으면서 폰 브라운 팀에도 미사일 개발 프로젝트가 주어졌다. 소련과 중국이 개입한 한국 전쟁이 터지자 미국 정부도 소련의 위협에 대비하여 당장 미사일을 개발할 필요를 느꼈던 것이다. 이미 육해공군 연구소나 캘리포니아공과대학 등에서 폰 브라운의 V2를 바탕으로 로켓/미사일을 연구하고 있었지만 진척이 별로 없어 결국 미국인들의 힘만으로 로켓 기술을 개발하려 했던 계획을 바꾸어 폰 브라운 팀을 활용하기로 했던 것이다.

1950년 후반에 들어 미 육군은 폰 브라운 팀과 그들의 가족들을 메마른 포트 블리스에서 좀 더 쾌적한 자연을 가진 앨라배마주 헌츠빌로 이주시킨다. 이곳에는 미 육군 레드스톤 병기창이 있었는데, 이곳에 폰 브라운 팀을 위한 새로운 로켓 개발 연구소가 세워졌고, 폰 브라운 팀에게 레드스톤이라고 이름이 붙여진 단거리 탄도 미사일 개발 과제가 주어진다.

V2 로켓을 발전시킨 레드스톤 미사일 설계가 1952년에 완성되어 실물기 제작에 들어가 1953년 시험발사에 성공, 실전 배치가 시작되었다. 레드스톤 미사일은 미국 최초의 핵탄도 미사일이었다. 폰 브라운 팀이 이렇게 빨리 새로운 로켓을 개발할 수 있었던 것은 이미 그들의 머릿속에 어느 정도 선행 연구 개념이 들어 있어서라고 생각한다. 사실 폰 브라운은 나치독일 시절 대서양 넘어 미국까지 도달할 수 있는 로켓을 개발해 보라는 지시를 받고 이를 구상하고 있었다. V2의 사거리를 획기적으로 늘리기 위해 폰 브라운은 다단 로켓이라는 개념을 활용했고, 이를 가지고 페네뮌데 연구소는 실제로 개념 설계 단계까지 갔었던 것이다. 하지만 전쟁의 승패는 이미 기울었고 다단 로켓을 만들 예산과 시간이 주어지지 않아 이는 개념 구상 정도에 그쳤던 것이다. 미국에서 폰 브라운 팀이 레드스톤 미사일 개발을 3년이 채 안 되는 짧은 시간에 해낸 것은 그 덕분이라고 보는 것이 타당할 것이다.

**화성 탐사 소설을 쓰다**

미국에서 찬밥 신세이던 시기에도 폰 브라운은 허송세월로 시간을 보내지는 않았다. 비록 우주탐사 관련 연구개발 기회는 주어지지 않았지만 40년대 말부터 미래의 우주여행, 우주선, 로켓 등의 아이디어를 담은 대중 과학 서적들을 저술하여 출간 작업을 했다. 1949년에는 화성의 식민지화를 주제로 한 독일어로 된 소설 《화성 프로젝트Das Marsprojekt》를 집필했다. 이 소설을 독일어에 능통했던 미국 해군 조종사 화이트John J. White 중령이 영어로 번역해 출판을 시도했지만 너무 앞서가는 내용이었는지 18개 출판사 전부로부터 거절당했다고 한다. 이후 본문을 제외한 화성행 로켓의 기술적인 내용이 담긴 80여 쪽 분량의 부록만이 독일어와 영어로 출간되었다.

1952년부터 폰 브라운은 자신이 구상한 우주정거장, 우주왕복선, 달 탐사선 등을 대중들도 쉽게 이해할 수 있게 설명한 글을 과학 잡지에 발표하거나 책으로 출간했다. 특히 《콜리어Collier》라는 잡지에 실린 "인류는 곧 우주를 정복한다!Man Will Conquer Space Soon!"로 시작한 시리즈물은 독자들의 많은 관심을 끌었다. 폰 브라운은 대중들이 쉽게 이해할 수 있도록 컬러 그림들도 다수 삽입했다. 이에 대해 미국의 우주 전문가와 과학

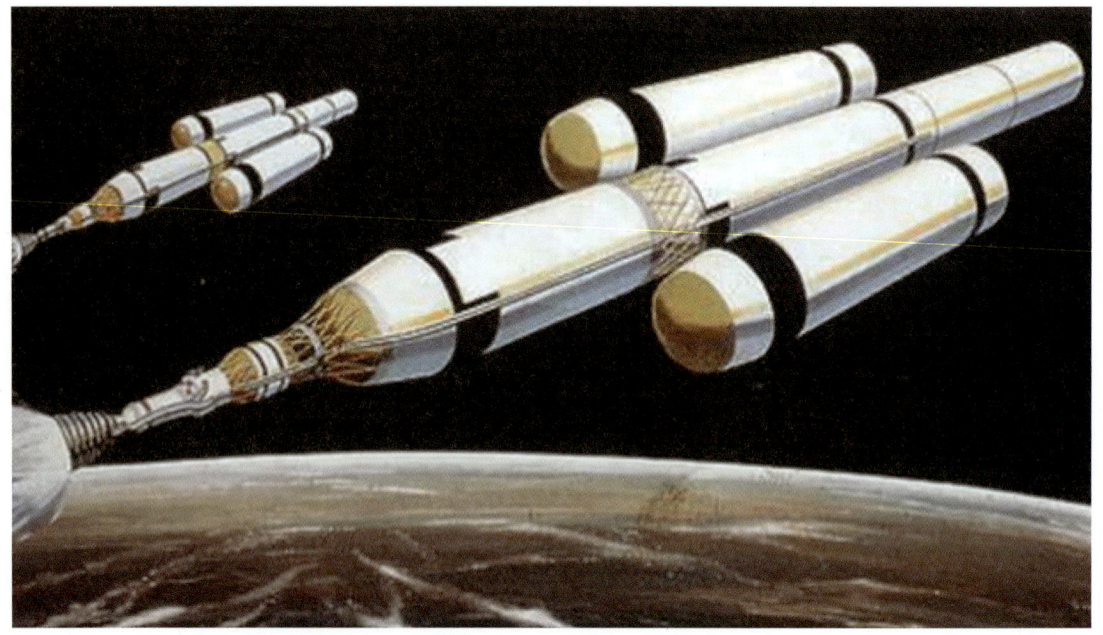

폰 브라운 소설에 나오는 화성탐사선

자들은 냉소적인 반응을 보였다. 하지만 미국 대중들에게는 의외로 큰 반향을 얻었다. 폰 브라운의 책에 매료된 사람 중에는 월트 디즈니도 있었다.

월트 디즈니는 폰 브라운에게 '디즈니랜드'라는 종합 TV 시리즈 제작에 기술적인 도움을 달라고 부탁했고 우주여행을 주제로 한 다큐멘터리 3편, '우주의 남자Man in Space, 1955년 3월 방송, season 1', '인류와 달Man and the Moon, 1955년 12월 방송, season 2', '화성과 그 너머 Mars and Beyond, 1957년 12월 방송, season 5'를 제작했다. 브라운은 프로그램 감수를 맡았고, 본인이 직접 프로그램 시리즈에 출연하여 설명하기도 했다. 그의 영어 악센트는 매우 딱딱했지만, 우주여행이라는 매혹적인 주제를 과학적 근거를 바탕으로 알기 쉽게 설명하여 '우주의 남자'의 경우 4,000만 명이 시청하는 인기도 얻었다. 나아가 월트 디즈니는 디즈니랜드에 우주여행으로 테마파크를 조성하면서 폰 브라운에게 자문을 구했고, 심지어 폰 브라운을 광고에 출연시키기도 했다. 책과 영상물을 통해 브라운은 자신이 그동안 구상해 왔던 다양한 우주여행 아이디어를 쏟아내었다.

'2001 스페이스 오디세이'를 비롯한 수십 년 후의 SF 영화에 등장하는 수많은 장면의 모티브들이 폰 브라운과 디즈니의 다큐멘터리에 이미 등장하였다. 1950년대 중반 이후 우주와 우주여행을 소재로 하는 SF소설들이 미국 등 서구에 쏟아져 나오기 시작하였는데, 여기에도 폰 브라운의 열정적이고 창의력 넘치는 저작물과 다큐멘터리가 큰 영향을 미쳤을 것으로 생각한다.

폰 브라운은 대중매체를 통한 일반인들과의 소통이 우주 개발에 관한 관심을 불러일으키고 더 나아가 거액의 우주 개발 예산 지원에 절대적으로 필요한 정치인들의 관심을 기대했던 것으로 생각한다.

2000년대 들어 미국의 부시 정부를 위시한 여러 나라에서 화성 탐사 계획을 발표하면서 일반의 관심이 커지면서 2006년 드디어 280쪽 소설 전체 내용이 캐나다의 아포지북스Apogee Books에서 《화성 프로젝트: 기술 이야기Project Mars: Technical Tale》란 제목으로 출간되었다. 소설 집필 후 57년만에 전체 내용이 햇빛을 보게 된 것이다.

## 화성 지도자의 이름이 일론(Elon)!

독일의 V2 로켓 개발과 아폴로 달 착륙 프로그램을 주도한 폰 브라운 박사가 1940년대 말에 쓴 소설에서 화성 거주민의 지도자 이름이 일론(Elon)이었다!

2020년 12월 30일, 일론 머스크가 트위터에 "운명이로다 운명. 난 벗어날 수가 없네.Destiny, destiny. No escaping that for me"라는 영화 '젊은 프랑켄슈타인Young Frankenstein'의 유명한 대사 한 줄을 트윗으로 날렸다. 미리 정해진 운명에 매여 있는 주인공의 심정을 표현한 것이었다. 그러자 토비 리Toby Li라는 트위터가 댓글로 "운명으로 말하자면, 1953년 폰 브라운이 쓴 소설《화성 프로젝트Mars Project》에 인류를 화성으로 데려가는 사람이 Elon으로 지칭되어 있는 것을 아시는지? 참 희한한 일이야!"라며 원작 소설의 해당 원문을 첨부했다.

이에 깜짝 놀란 일론 머스크가 "이거 사실이라고 믿어야 되나?"라고 되물으니 Pranay Pathole라는 또 다른 트위터가 연이은 댓글에서 "사실이에요. 여기 같은 책 영어본이 있지요. 근데 폰 브라운이 언급한 Elon은 개인 이름이 아니라 선출된 대통령과 같은 직책을 일컫는 것

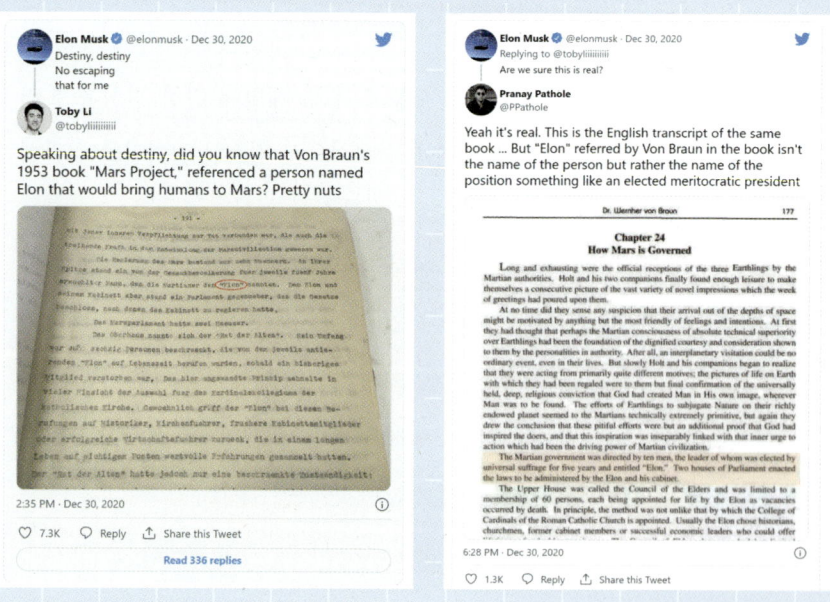

> 입니다."라며 1953년판 《화성 프로젝트》 영어본 원문을 실었다.
>
> 이 흥미로운 일화는 이후 지속적으로 여러 언론에 등장해 세상에 알려지게 되었다.
> 사실 폰 브라운이 1940년대 말 이미 21세기의 일론 머스크의 출현을 알고 있었던 것 같아 그의 예지력(?)에 뭔가 등골이 오싹한 느낌이 들 뿐만 아니라 이렇게 오래된 귀한 정보를 실시간으로 즉각 찾아내는 SNS 플랫폼의 대단한 힘에 다시 한번 놀랄 수밖에 없다.

**아이젠하워 당시 미국의 로켓 개발 현황**

헌츠빌에서 폰 브라운과 그의 팀은 개선된 조건에서 연구를 할 수 있게 되었으나 미국 군부 내에는 폭격기와 전투기 등의 항공전력을 옹호하면서 탄도 미사일의 효용성을 낮게 보는 분위기가 상당히 존재했다. 게다가 인공위성 개발에 탄도 미사일 기술이 사용되어서는 안 된다는 아이젠하워 대통령의 소신이 더해져 위성 발사용 로켓 기술 개발에 대한 국가의 지원은 여전히 충분하지 못했다.

당시 미국에는 폰 브라운 팀 이외에 각 군과 민간 연구소에서 독립적으로 로켓 개발을 진행하는 등 소련보다는 집중력이 결여되어 있었다. 육·해·공군, 해안경비대, 기상청, 대기업, 대학 등 독자적으로 로켓을 개발하는 기관이 20곳이 넘었다고 한다. 이들 사이에 협력이나 정보 공유는 별로 없고 경쟁만 있었다. 물론 미국 내 독일인에 대한 나쁜 감정이 브라운 팀을 은근히 견제한 면도 있었다. 이러한 한심한 상황은 결국 스푸트니크 쇼크로 이어진다.

당시 소련은 극비리에 집중적으로 장거리 미사일을 개발하고 있었다. 그러나 미국은 소련의 기술 수준을 한 수 아래로 보고 있어서인지 그들의 로켓 개발 진척에 대한 정보 획득도 활발하지 않았다. 미국은 자국의 강력한 항공전력에 대한 자부심으로 어느 정도 안심하고 있었던 것이다.

당연한 일이지만 미국도 로켓 개발에 완전히 손놓고 있었던 것은 아니었다. 1955년 지구물리학계 과학자들이 1957년 7월부터 1958년 12월까지 18개월 동안을 국제 지구물리관측의 해로 지정하고 각종 지구관측 행사들을 계획하기로 결정했다. 이에 발맞추어 미국 정부는 지구 상층 대기와 우주를 관측할 수 있는 인공위성을 발사하겠다고 발표했다.

곧 미국 정부는 이 인공위성 발사 계획에 참여할 팀을 공모했고 미국의 각 군 로켓 연구소들이 제안서를 제출했다. 폰 브라운 팀은 레드스톤 미사일을 개량한 주피터-C 로켓을 활용한 '오비터' 계획을 제안했고, 해군은 '뱅가드' 계획을, 공군은 '월드 시리즈' 계획을 내놓았다. 해군의 뱅가드나 공군의 월드 시리즈는 이제 막 설계를 시작했지만, 육군의 폰 브라운 팀은 이미 2년 전부터 시작한 1단 추력 36톤인 레드스톤 다단 미사일의 시험발사를 성공적으로 마쳐 인공위성 발사를 위한 약간의 성능 향상을 위한 개조만이 필요한 상태였다.

1957년까지 2년밖에 안 남은 상황에서 해군과 공군의 계획은 실패할 가능성이 매

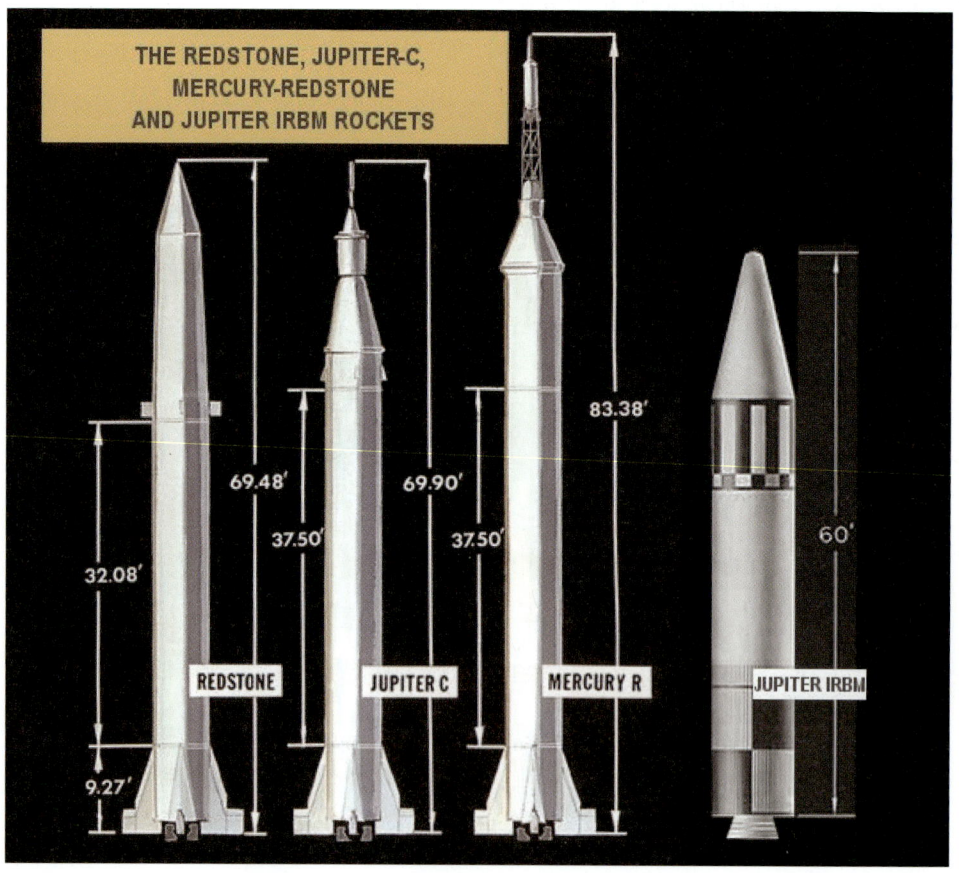

**레드스톤 계열의 미국 육군의 미사일**

우 커보여 육군의 폰 브라운 팀 제안이 당연히 채택될 것으로 예상했지만, 미국 정부의 최종 선택은 해군의 뱅가드 계획이었다.

사실 여기에는 앞에서 언급한 것처럼 아이젠하워 대통령의 국제정치적인 고려가 선정에 영향을 미쳤다. 아이젠하워는 미국이 미사일 기술을 인공위성을 띄우는 발사체 개발에 사용하는 것을 상당히 꺼렸다. 특히 군에서 원하는 정찰위성을 미사일로 우주궤도에 올렸을 때 인공위성이 지나가고 있는 나라들로부터 받을지도 모르는 비판 여론을 걱정했다. 이미 레드스톤 미사일 개발을 통해 기술이 검증된 폰 브라운 팀의 로켓을 제치고 처음부터 위성 발사체로 로켓을 개발하고 있던 해군의 뱅가드 로켓 팀에 기회를 준 것도 이런 맥락 때문이었다.

미 육군은 레드스톤 단거리 탄도 미사일을 실제로 생산하여 1956년부터 실전배치하기 시작한다. 폰 브라운이 이끌던 미 육군 로켓 개발팀Army's rocket development team은 확대 개편되어 미 육군 탄도 미사일청ABMA, Army Ballistic Missile Agency으로 발전되었고, 브라운은 이 기관의 개발 및 운영 총책임자가 되었다.

육군이 위성 발사를 위해 제안한 주피터-C 로켓은 미 정부의 인공위성 발사계획에 비록 낙점되지는 못했지만 레드스톤 미사일의 대기권 재진입 시험용으로 세 번의 발사를 거치면서 명맥만은 유지하고 있었다.

## 미국과 소련의 로켓 개발 경쟁

1950년대 초에 들어 소련의 원자폭탄 개발 소식을 접하자 미국은 소련의 핵공격에 대비하기 위해 대대적으로 공군을 강화했고, 소련과 미국의 공군 전력 격차는 갈수록 커졌다. 결국 소련 수뇌부는 소련의 국력으로는 미국의 공군력을 따라잡는 것이 불가능하다는 현실을 인정했고, 공군력의 불균형을 해결할 수 있는 대륙간 탄도미사일 개발에 착수하기로 결정했다. 1953년 소련 당국은 코롤료프가 책임자로 있는 OKB-1 로켓 연구소에 사거리 8,000km, 단두 중량 5,500kg의 탄도 미사일 개발을 지시한다. 8,000km는 시베리아에서 미 본토까지의 거리이며, 5,500kg은 1953년 10월 소련이 핵실험에 막 성공한 최신 건식 수소폭탄의 중량에 10% 정도 여유를 더한 것이었다.

소련의 토종 로켓 기술자 코롤료프, 글루시코, 그리고 독일 페네뮌데 점령시 데려온 그뢰트룹 등은 정부의 전폭적인 지원 속에 엄청난 속도로 로켓 기술개발을 진행했다. 그들은 초기에는 V2로부터 얻은 엔진기술을 적용해 성능을 더욱 향상시키는 데 성공한다. 특히 R-7 로켓에 사용된 RD-107 엔진은 4개의 연소기를 가진 독특한 형상이었다. 전체 추력이 지상에서 83톤, 진공 추력에서 102톤으로 1개 연소기당 추력은 바로 V2 엔진 추력과 비슷했고, 1기 엔진 성능은 스페이스X사의 팰컨 9 로켓에서 사용하는 멀린 엔진과 비슷할 정도이다. 이 엔진 모듈 4기를 부스터로 쓰고 코어에는 로켓의 방향제어를 위한 버니어 엔진을 4개 장착한 유사한 성능의 RD-108 엔진 1기를 붙여 발사 시 추력이 $83 \times 5 = 415$톤에 이르는 당시로서는 상상을 초월하는 추력을 가진 초 장거리 미사일을 완성시킨 것이다.

1957년 4월 마침내 소련이 세계 최초의 대륙간 탄도 미사일인 R-7 발사에 성공했다는 정보가 미국에 전해졌다. 당시 R-7은 발사에는 성공했지만 실제로 대륙 간을 날아가기에는 아직 사거리가 부족한 상태이긴 했다. 이러한 소련의 발표에 미국과 서방은 충격을 받았지만 일부에서는 소련의 발표를 곧이곧대로 믿을 수 없다는 반응도 적지 않아 심각하게 받아들이지 않았다. 실제로 소련은 이후에도 R-7 로켓을 안정화시키기 위한 추가적인 실험을 수차례 거치면서 기술적 개선을 거쳐서야 초기에 목표했던 성능을 달성할 수 있기는 했다.

ICBM 개발이 궤도에 오르자 코롤료프는 R-7을 발사체로 삼아 우주탐사를 위한 인공위성 개발을 시작하고 싶어 했다. 그런데 미국과 마찬가지로 소련 공산당 수뇌부도 인공위성 개발과 이를 위한 로켓 개발을 별로 탐탁하게 여기지 않았다. 코롤료프는 이미 1954년 5월 공산당 중앙위에 R-7을 이용한 인공위성 발사를 제안했지만 거절당했었다. 군사적인 효용성이 없다고 보았기 때문이다. 폰 브라운과 마찬가지로 우주탐사에 최종 목표가 있었던 코롤료프에게는 인공위성 발사는 꼭 시도해보고 싶은 일이었다.

마침 소련의 로켓 개발 진척에 관한 과장된 소련 언론기사들이 다수의 미국 언론에 인용 보도되어 미 정부와 국민들의 관심을 모으게 된다. 위성 개발에 소극적이었던 아이젠하워 정부도 여론에 밀려 1955년 7월, 앞에서 언급한 바와 같이, 지구물리관측의 해를 위한 인공위성 발사 계획을 발표하게 된다. 그런데 이 소식을 접한 코롤료프는 폰 브라운이 먼저 위성을 띄울까 봐 너무 초조해졌다. 직접 대면한 적은 없지만 두 로켓 고

수는 감각적으로 서로의 포스를 느꼈나 보다.

코롤료프는 다음 달인 8월 미국 언론 보도들을 첨부해 소련 수뇌부를 설득하기 위해, 전 세계에 소련 체제와 기술의 우월성을 보여주기에는 이것처럼 좋은 일이 없다며 다시 한번 인공위성 개발 제안서를 낸다. 소련 정부, 특히 흐루쇼프는 "미국이 한다면 우리가 먼저 해야지" 하면서 인공위성 개발을 허락한다. 코롤료프는 드디어 원하던 우주탐사 기술개발에 나설 수 있게 된 것이다.

### 스푸트니크 쇼크

1957년 4월 소련이 세계 최초의 대륙간탄도미사일 R-7의 발사에 성공했다는 정보가 미국에 전해졌다. 소련이 미 본토에 도달할 수 있는 미사일을 개발했다는 뉴스가 언론에 보도되면서 대다수 미국 국민은 불안해하기 시작했고, 적절한 대응이 없는 군과 정부에 대해 언론으로부터 강한 비판의 화살이 쏟아지기 시작했다. 그런데도 미국의 대표 로켓 개발 프로그램인 해군의 뱅가드 진행 상황은 답답하게도 지지부진하였다. 그러나 미국 정부는 국민들을 안심시키기 위해서는 무언가 극적인 상황 전환이 필요하다고 느끼면서, 뱅가드 개발 현황을 부풀려 연내에 발사하게 될 것이라고 언론에 공표하기로 결정했다.

반대로 소련은 미국이 1957년 말 뱅가드의 위성 발사 계획을 대대적으로 홍보하고 있는 모습을 보면서 초조해져 선수를 치기로 한다. 이미 코롤료프의 제안으로 소련도 1957년 7월부터 시작하는 지구물리관측의 해에 맞추어 인공위성 발사를 전 세계에 공언해 왔었기에 R-7 발사체 개발과 아울러 1.4톤 무게의 '오브젝트 D'로 명명된 탑재위성을 개발하고 있었다. 그런데 초기 계획된 1.4톤이라는 탑재위성의 무게는 실전 배치가 막 시작된 R-7 미사일의 능력을 초과할 뿐만이 아니라 위성에 실릴 과학 측정 장비들의 개발도 목표 시일을 맞출 수 없다는 것이 확실해져 갔다. 그래서 소련 정부는 오브젝트 D의 발사를 1958년으로 늦추기로 하고 미국에 앞서 발사할 수 있는 간단하고 작은 위성을 따로 개발하기로 한다. 이 오브젝트 D는 이후에 '스푸트니크 3'으로 명명되어 1958년에 발사된다.

1957년 2월 15일에 간단한 위성 개발에 대한 정부 허락이 떨어지면서 비교적 단순

한 라디오 송신기를 탑재한 100kg 정도 무게의 위성 설계 개발을 시작한다. 우선 로켓의 위성 발사 능력을 테스트하기 위해 1957년 5월부터 더미 위성을 얹어 발사시험을 했다. 3회에 걸쳐 실패했지만 8월의 네 번째 발사에서 드디어 성공한다. 매달 한 번씩 로켓을 발사하는 그야말로 실패를 통한 초스피드 기술개발 전략이었다.

9월의 다섯 번째 로켓 발사에서도 성공하면서 자신감이 붙어 2회의 인공위성 발사 계획을 세우고 정부 허락을 받아내었다. 이 위성 발사를 위해 소련 정부는 R-7 대륙간 탄도탄 배치를 좀 뒤로 미루면서 두 번의 R-7 로켓 사용을 허락해준 것이다.

결국 1957년 10월 4일 소련은 새로이 조성된 카자흐스탄의 발사장(현재의 바이코누

스푸트니크 발사 다음날 《뉴욕타임스》 기사

르)에서 세계 최초의 인공위성 스푸트니크 1호를 발사하는 데 성공한다. 실제로 스푸트니크 1호는 제작에 채 1개월도 걸리지 않은 짧은 기간에 급조한 위성이었다. 무게는 84kg, 직경 58cm의 구형으로 20Mhz, 40Mhz 두 대의 라디오 송신기와 외부에 4개의 긴 라디오 안테나를 달고 있었다.

스푸트니크 발사 성공은 전 세계에 엄청난 충격과 파장을 일으킨다. 그야말로 스푸트니크 쇼크였다.

위성의 성공적인 발사가 알려진 다음날 《뉴욕타임스》 1면에는 "소련이 우주로 지구 위성을 쏘아 올리다"라는 헤드라인에 이어 시속 1만 8천 마일(29,000km)로 96분에 한 번 지구 궤도를 돌고 있으며 하루에 네 번 미 대륙을 지나가고 있다는 내용 등이 실렸다. 그러자 소련 위성이 미국 대륙을 지나가면서 언제 폭탄을 떨어뜨릴지 모른다는 불안감이 일부 국민에게 엄습해왔다. 미국이 전 세계에서 상대가 없는 과학기술 초강대국인 줄 알았던 국민들은 혼란스러웠고 어떤 사람들은 미국이 폭격당할 것이라는 공포심 때문에 집에다 개인 방공호를 설치할 정도였다고 한다. 미국 국민들은 소련이 스푸트니크 인공위성을 발사하는 데 사용한 강력한 R-7 로켓이 바로 소련에서 미 대륙에 도달할 수 있는 탄도미사일ICBM이라는 사실을 체감하게 되었고, 미국을 포함한 서방 전역이 소련의 핵미사일 공격에 사실상 무방비로 노출되었음을 알아차렸던 것이다.

스푸트니크 1호로 인한 충격이 가시기도 전에 소련은 불과 한 달만인 11월 3일 러시

스푸트니크 2호 발사 성공 기념 우표(오른쪽: 우주에 간 개 라이카)

아 공산혁명 40주년 기념이라는 대대적인 홍보물로 라이카Laika란 이름의 개를 태운 스푸트니크 2호를 우주로 쏘아 올렸다. 스푸트니크 2호는 500kg이 넘는 원뿔형 위성으로 1호와 달리 1년 이상 궤도에 머물렀다. 이 위성도 단 4주일만에 완성하여 발사하였으니 전광석화와 같은 속도전이었다.

**미국 뱅가드 로켓 실패와 폰 브라운 등장**

소련의 잇따른 위성 발사 공세에 미 정부를 향한 비판 여론이 빗발치듯 일어났다. 이에 미국은 허둥지둥 해군이 개발 중인 뱅가드 로켓을 급히 마무리하여 1957년 12월 6일 발사를 계획한다. 스푸트니크 1호 발사로 인한 충격을 완화시키며 국민을 안심시킬 목적으로 뱅가드 발사 장면의 TV 생중계까지 시도했다. 그런데 뱅가드는 발사 2초 만에 폭발하며 세계적으로 대망신을 당하고 만다. 미국의 충격과 절망이 두 배로 커진 것이다. 연일 언론에서는 정부의 무능력한 대처를 맹비난해댔다. 미국의 경쟁자인 소련은 서기장 흐루쇼프까지 나서서 미국의 로켓을 뱅가드(전위부대)가 아니라 리어가드(후위부대)라고 부르자면서 조롱하기도 했으며, 소련의 유엔 대표는 미국 대표에게 "우리가 미

**뱅가드 로켓 발사 실패 장면**

국의 로켓 기술을 도와주겠소. 우리에게는 기술 후진국을 도와주는 프로그램이 있으니 신청하시오."라고 약올리기도 했다.

미국이 우주경쟁에서 소련에 크게 뒤지고 있다는 위기감이 정부 내에서도 퍼져 나갔다. 특단의 대책이 필요하다는 공감하에 소외시켰던 폰 브라운과 그의 독일 연구팀의 미사일 개발 경험을 궤도발사체 개발에 활용하기로 의견을 모은다.

이미 1954년에 브라운이 제안했지만 거절당했던 계획이 이번에는 제 발로 걸어 들어온 것이다. 사실 뱅가드 로켓을 발사하겠다는 소식을 들었을 때 폰 브라운은 크게 화를 내며 "뱅가드는 절대로 발사에 성공 못한다. 60일이면 인공위성 발사가 가능한 우리 로켓은 창고에서 잠자고 있다!"라고 한탄했다.

그동안 달 탐사는 물론이고 어떻게 하면 화성에 사람을 왕복시킬지까지 고민했지만 실제로는 작은 위성을 발사할 수 있는 로켓 개발 기회조차도 얻지 못하던 브라운은 그동안 우주탐사를 꿈꾸어 오면서 준비해온 실력을 발휘할 기회가 자신에게 왔음을 직감했다.

미 정부는 육군 미사일 개발팀에게 가능한 한 이른 시일 안에 위성 발사가 가능한지를 타진해왔다. 뱅가드의 위성 발사가 실패하면서 결국 폰 브라운에게 차례가 온 것이다. 폰 브라운 팀은 육군 병기창에 예비로 보관 중이던 주피터-C 로켓을 급히 개조하여 4단 로켓 주노-1$^{Juno-1}$을 준비한다. 그리고 칼텍의 제트추진연구소 연구진이 급히 개발하여 익스플로러 1호라고 명명한 14kg짜리의 자그마한 인공위성을 실어서 1958년 1월 31일 발사하는 데 성공했다. 이로써 미국은 간신히 체면치레는 하게 된 것이다. 급조한 위성이었지만 아이오와대학 밴 앨런$^{Van\ Allen}$ 교수팀이 제작해 탑재한 방사선 탐지기는 생각지도 않게 지구를 둘러싸고 있는 강력한 방사능 띠를 발견하여 과학 발전에 큰 기여를 하기도 했고, 이 업적을 기리기 위해 이 방사능 띠를 '밴앨런대'라고 이름 짓게 된다.

익스플로러 1은 무게가 84kg인 스푸트니크에 비해 아주 작고 가벼웠다. 500kg인 스푸트니크 3호에는 비교 자체가 되지 않았다. 주피터-C 로켓 자체가 대륙간 탄도탄인 R-7보다 아주 작은 규모였었기 때문이다. 당시의 소련 로켓 기술이 얼마나 미국을 앞서 있었는지를 웅변으로 보여준다. 사실 당시 R-7 로켓의 엔진인 RD-107은 약간의 성능

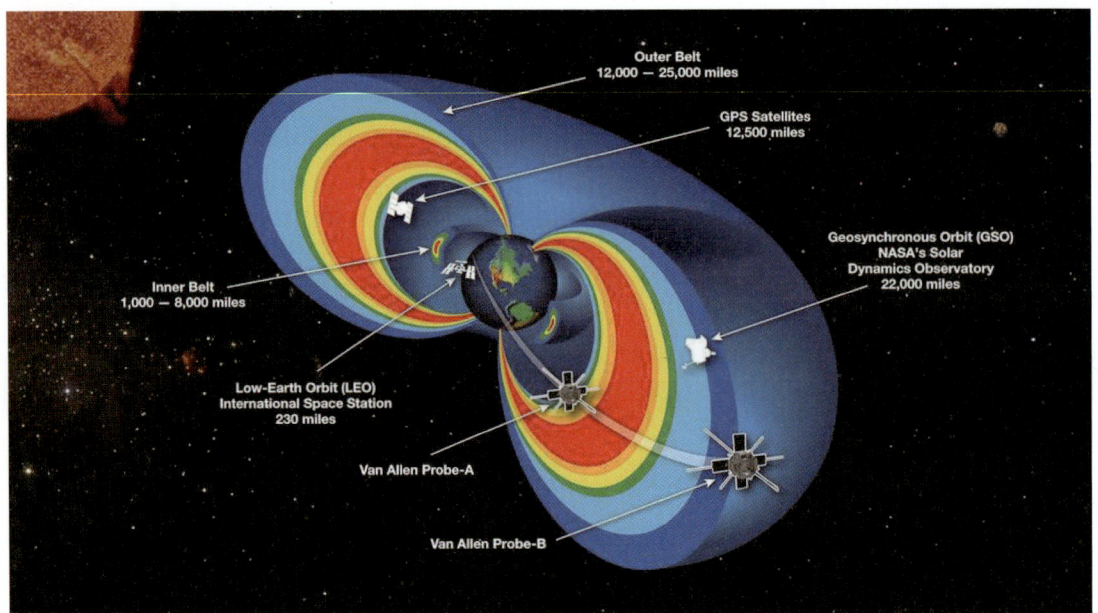

밴앨런대 구성도

개선은 했지만, 무려 65년 후인 현재의 소유즈 로켓에서도 사용하고 있는 것과 거의 같은 형태였다.

사실 미국이 진작에 폰 브라운 팀에게 기회를 줬다면 소련보다 먼저 인공위성을 쏘아 올릴 수 있었을지도 모른다. 역사에 만일은 의미가 없지만….

**새턴 로켓의 탄생**

달 탐험은 물론이고 어떻게 하면 화성에 갔다올 수 있을지를 연구하고 있던 폰 브라운은 익스플로러 1호 발사 성공 직후 미 국방성에 거대한 추력을 가진 엔진을 개발해 초대형로켓을 만들자는 제안서를 제출했다. 탐사선을 태양계의 다른 행성으로 보낼 수 있는 능력의 로켓이었다. 물론 폰 브라운이 펜타곤에 직접 언급하지는 않았지만, 이는 사람을 달까지 태워 보낼 수 있는 로켓이었다.

폰 브라운의 계획에 대해 펜타곤에서는 찬반이 엇갈렸다. 일단 군사적으로는 불필요한 로켓이라는 데 모두 동의했다. 하지만 스푸트니크 쇼크 직후에 미국 전체가 패닉에 빠져 있었고 미군 수뇌부 역시 뭔가를 하긴 해야 한다는 생각을 가지고 있었다. 그래서

1958년 국방부는 브라운이 제안한 초대형 로켓 개발 계획을 승인했다. 이것이 후에 주피터(목성) 로켓보다 한 단계 나아간 새턴(토성) 로켓이다. 물론 이 새턴 로켓 이름 자체도 브라운이 지었다. 새턴Saturn은 로마신화의 사투르누스Saturnus의 영어 발음으로 원래 농경, 시간, 자유, 부를 지배하는 신으로 강력한 성능의 로켓을 개발하자는 의미도 있었다.

## 미국 항공우주청 NASA의 탄생

1958년 7월 미국 정부 내에서는 그동안 육·해·공군과 항공자문위원회National Advisory Committee for Aeronautics, NACA 등 여러 기관이 독자적으로 진행하던 우주 개발을 통합하여 하나의 독립기구에 맡겨야 소련과의 우주경쟁에 대응할 수 있다는 의견이 강력히 대두되었다. 그래서 현재의 미국항공우주청National Aeronautics and Space Administration, NASA이 1958년에 설립된 것이다. 사실 이 설립 과정에도 해군과 육군, 공군의 알력 다툼으로 혼란이 있었지만, NACA를 중심으로 각 군의 로켓 관련 연구조직을 이관받는 것으로 일단락되었다. 적어도 새로 생기는 항공우주청이 다른 군 산하로 들어가지만 않는다면 용납하겠다는 상황이었다. NASA 설립 초안에는 약어의 마지막 A가 Agency를 의미하는 것이었는데 대통령 직속이 되는 Administration으로 변경하여 신설 기관에 더 힘을 실으려는 의지가 표명되었다. 당연히 기관장은 Director가 아니라 Administrator로 격상되었다. 이에 따라 현재에도 NASA 산하 10개 연구센터 소장들이 Director로 불리고 있다.

초대 청장으로는 케이스 공과대학 총장이었던 글래넌T. Keith Glennan이 지명되고 초기 청장 물망에 올랐던 NACA 수장인 드라이든Hugh Dryden이 부청장이 된다. 비군사적인 우주 개발은 NASA가 전담하기로 하는 한편 군사 목적용 우주 기술 개발을 담당할 기관으로는 이미 1958년 1월에 설립된 ARPAAdvanced Research Projects Agency, 현재는 앞에 Defence를 더해 DARPA로 불림에 맡기기로 했다. 역시 스푸트니크 쇼크 영향으로 이루어진 빠른 변화였다.

NASA의 핵심인 발사체(로켓) 개발 부문은 당연히 폰 브라운과 그의 팀이 맡게 되었다. 1959년 육군 소속인 브라운과 그의 팀이 NASA로 옮겨가는 것은 결정되었지만

**마셜우주비행센터**

한 가지 해결해야 할 문제가 있었다. 그것은 폰 브라운 팀이 익스플로러 1 성공 후 겨우 펜타곤으로부터 허락받아 육군에서 개발하고 있던 새턴 로켓 개발 사업이었다. 본인이 그냥 NASA로 옮겨가면 폐기될 가능성이 있었기 때문에 이 사업에 애착이 큰 폰 브라운은 군 수뇌부에 새턴 로켓 개발 허가 조건으로 NASA에 합류하겠다고 버텼다. 자신이 꿈꿔온 행성 탐사를 위한 거대 로켓 사업을 포기할 수는 없었기 때문이었다. 결국 1년이 넘는 끈질긴 설득과 상호 협의 끝에 1960년 7월 폰 브라운 그룹은 NASA에서 새턴 로켓 개발을 해도 좋다는 허가를 받고, 브라운 팀은 NASA 이적을 완료한다. 브라운 팀이 일하고 있는 헌츠빌 레드스톤 병기창Redstone Arsenal의 육군 탄도 미사일 개발청도 NASA 산하 마셜우주비행센터Marshall Space Flight Center로 개칭되었다.

    NASA가 설립되기 오래전부터 이미 달 착륙은 물론이고 화성 탐사 과정을 소설로 쓰면서까지 수없이 많은 아이디어를 펼쳐왔던 폰 브라운은 마셜우주비행센터가 출범하자 자신의 꿈을 구현하기 위해 바삐 움직이기 시작했다.

### NASA에서의 폰 브라운

폰 브라운이 비록 명목상 NASA의 총책임자가 되진 못했지만, 그 자신이 꿈꿔왔던 달(그리고 화성) 여행과 이를 구현하기 위한 거대 로켓을 개발할 수 있으면 그것만으로도 충분했다. 그래서 그는 초대형 로켓인 새턴 로켓의 개발 여부를 재승인받는데 사활을 걸었던 것이다.

그의 책임 범위는 발사체 개발이었지만, 실제 아폴로 계획이 진행될 때도 모든 중요 단계에서 사실상 최종 결정권자나 마찬가지 역할을 했다. NASA 초기의 발사체 개발 총책임자였던 브레이너드 홈스는 폰 브라운의 권위를 상당히 존중하였으며, 모든 의사 결정 과정에서 폰 브라운의 동의와 지지를 얻어내려고 노력했다. 대부분의 중요한 회의에는 마지막에 폰 브라운에게 결론을 내릴 수 있도록 기회를 주었다. 폰 브라운의 결정이 NASA의 결정이 되었고, 따라서 회의에서 폰 브라운은 실질적으로 NASA의 최종 의사 결정권자와 같은 역할을 했다고 한다.

한편 당시 모든 분야에서 소련과 경쟁하던 미국은 대부분의 기술 분야에서 우세를 보였지만 유독 우주 개발 경쟁에서만은 열세에 몰렸다. 소련을 추월하는 것이 무엇보다도 시급한 상황이었지만 미국 정치 지도자들은 어떻게 우주 개발을 진행해야 할지도 모르는 듯 오락가락하고 있었다.

NASA 설립 초창기, 아이젠하워 대통령은 재선 임기가 얼마 남지 않았고, 다음 대통령 후보로 뚜렷한 사람이 없었다. 명확한 우주 개발 계획도 없이 1959년과 대통령 선거의 해인 1960년이 흘러갔고, 1960년 말 대통령 선거에서 40대의 젊은 존 F. 케네디가 대통령에 당선되었다. 다음해 1월 미국 역사상 최연소 나이로 미국 대통령이 된 케네디는 의욕이 충만했지만 아직은 경험이 부족한 데다 취임하자마자 쿠바 침공 실패를 겪는 등 어려움에 처해 있었다.

**케네디 대통령과 우주 개발**

민주국가의 최대 약점인 대통령 선거라는 혼돈스러운 시기를 지나 겨우 미국의 새 정권이 자리를 잡으려는 때에 소련이 최초의 유인 우주선으로 유리 가가린를 태워 올리는 데 성공하면서 전 세계를 다시 한번 충격에 빠뜨렸다. 1961년 4월 12일이었다. 특히 미국인들은 또다시 큰 충격을 받았다. 도대체 모든 분야에서 세계 최강의 국가라더니 이게 무슨 꼴이냐며 자조하는 사람들도 많았다. 우리가 결국 공산주의에 패배하는 것 아니냐는 두려움에 쌓인 사람들도 있었다. 이에 케네디 대통령은 국가 우주 프로그램을 지휘하는 린든 존슨 부통령과 이 문제를 깊게 의논했고, 소련을 확실히 이기기 위해서는 무엇을 어떻게 해야 할지부터 알아야 하는 것이 가장 중요하다는 결론을 내리게 되었다.

이때 미국에서 장기적으로 우주 개발이 어떻게 계획되고 추진되어야 할지에 대해 명쾌한 비전을 가지고 있던 사람은 폰 브라운뿐이라고 해도 과언이 아니었다. 당시 우주 개발 경쟁을 벌이고 있던 소련과 미국은 인공 위성 발사, 동물 발사, 유인 우주선 발사, 다인승 우주선 발사, 여성 우주인 발사, 우주 유영 등 그때그때 상황에 따라 새로운 과제를 만들면서 상대를 앞서 가려고 애쓰고 있었다. 하지만 폰 브라운은 상대방을 확실하게 앞서기 위해서는 이런 작은 단계들을 뛰어넘어 훨씬 담대하고 장기적인 계획이 있어야 한다고 믿고 있었다. 그래서 그 큰 목표로 유인 달 탐사를 큰 비전으로 잡고 이를 위해 필요한 연구 개발 과정과 우주선의 스펙, 구조, 디자인 등도 명확히 머릿속에 넣고 있었다. 1948년에 이미 화성유인 탐사 과정과 우주선의 구체적인 설계를 소설로 쓴 사람이니까!

유리 가가린의 지구 궤도 진입 쇼크 직후, 존슨 부통령이 소련을 확실하게 앞설 수 있는 방법이 무엇인지 NASA에 문의해오자 폰 브라운은 존슨 부통령에게 자세한 계획이 담긴 편지를 보냈다. 이 편지에서 브라운은 미국 우주 개발의 최종 목표로 달에 갔다오는 것을 제의했다. 그리고 왜 그 방법이어야 하는지도 상세하게 편지에 담았다. 폰 브라운은 무인 탐사 등 다른 방법은 소련에게 확실한 승리를 장담할 수 없지만, 인간을 달에 보냈다가 귀환시키는 데는 초대형 로켓이 필요한데 미국은 이미 상당한 준비가 되어 있으며, 또한 이러한 대형 우주 개발에 요구되는 광범위한 기술 부문에서는 미국이 확실한 우위에 있기에 승리할 수 확신할 수 있다고 장담하였다.

실제로 아폴로 우주발사로켓인 새턴에 사용되었던 800톤급 추력의 F-1 엔진은 이미 미 공군 프로그램으로 상당히 진척되어, 1957년에는 F-1 엔진 부품의 연소시험이 이루어졌고, 1959년에는 100회 이상의 최대 출력 연소 분사시험이 이루어지고 있었다. 하지만 이 어마어마한 추력을 가진 엔진의 명확한 용도가 없어 F-1 사업 진행이 잠시 중지되어 있는 상황이었다. 이를 잘 알고 있는 폰 브라운은 미국이 대형로켓 개발에서 확실한 기술 우위를 가지고 있으므로 무인 탐사가 아닌 유인 달 탐사에서는 반드시

**거대한 F-1 엔진**

미국이 승리할 것이라고 장담하면서 1967년에서 68년 사이에 유인 달 탐사 실현이 가능할 것이라고 답장했던 것이다. 사실 아폴로 11호는 1969년 7월에 달 탐사에 성공했지만, 중간에 아폴로 1호 화재 사고로 우주선 방재시설 재설계로 인한 1년의 계획 지연이 없었다면 폰 브라운 예견대로 1968년에 달에 갔다올 수 있었을 것이라고 생각한다.

브라운의 답장을 받은 존슨 부통령과 케네디 대통령이 이에 대해 논의하는 사이 1961년 5월 5일 미국도 프리덤 7호로 앨런 셰퍼드 Alan Shepard를 우주로 보내는 데 성공했다. 이때 미국인들이 보인 열광적인 응원과 환호를 확인한 케네디 대통령은 며칠 후 곧바로 헌츠빌의 마셜우주비행센터를 방문했다.

케네디 대통령의 방문을 맞아 폰 브라운은 마셜우주비행센터에 새턴 및 아폴로 모형을 만들어놓고 케네디 대통령 앞에서 멋진 프레젠테이션을 하면서 현재까지 진행된 대형 로켓엔진, 즉 F-1 엔진의 개발 상황을 상세히 설명했다. 케네디 대통령은 폰 브라운의 발표에 큰 감동을 받고서는 달 탐사 계획에 자신감이 생겼다. 1961년 5월 25일, 케네디 대통령은 마침내 의회 연설에서 60년대 이내에 미국 우주인이 달에 갔다올 것이라는 계획을 발표하여 전 세계 특히, 소련을 놀라게 했다. 바로 '인간을 달로Man on the Moon' 의회 연설이었다. 이로써 미국 우주 개발의 목표는 유인 달 탐사로 확정되었다.

이렇게 케네디 대통령이 60년대에 소련보다 먼저 우주인을 달에 보냈다가 귀환시키려는 목표를 발표하자 폰 브라운은 평생의 꿈을 실현할 기회를 얻게 되었다는 것에 환호했다. 폰 브라운은 케네디 대통령의 유인 달 탐사 계획 발표가 있은 후 즉시 F-1 엔진을 토대로 달까지 인간을 보낼 거대한 추력을 가진 로켓을 구상하기 시작했다. 1962년 1월 10일, NASA는 1단부에 F-1 엔진 5개를 클러스터링한 새턴 V 로켓 개발 계획을 발표했다. 사실 폰 브라운은 오래 전부터 화성 탐험을 꿈꿔왔기에 상당히 구체적인 거대 발사체의 개발 계획이 그의 머릿속에 들어 있었던 것이다. 그리고 폰 브라운은 로켓 개발 관련 주요 진척 사항을 지속적으로 케네디 대통령에게 직접 서면으로 알렸다. 그에 맞추어 케네디 대통령과 존슨 부통령은 헌츠빌의 마셜우주비행센터를 주기적으로 방문하여 진척 상황을 살폈다.

1962년 9월 12일 케네디 대통령은 미국 휴스턴의 라이스Rice 대학 축구장에서 행한 그 유명한 '우리는 달로 간다!We choose to go to the Moon'라는 연설을 통해 다시 한번 달 유인탐사에 대한 의지를 재표명하였다.

이 연설에서 케네디 대통령은 거대한 F-1 로켓 다섯 개를 합친 새턴 로켓을 개발하여 60년대 안으로 달에 갔다올 것이라고 상당히 구체적인 계획을 직접 말한다.

이 연설문은 지금 우리에게도 무척이나 시사적이다.

우리는 달에 가기로 했습니다. 이 60년대에 갈 것입니다. 이것은 쉬워서가 아니라 어려운 일이기 때문에 선택한 것입니다. 우리의 목표는 우리 최고의 열정과 능력을 한데 모으고 이를 가늠해보는 데 큰 도움이 될 것이기 때문입니다. 그리고 이러한 도전을 우리는 기꺼이 받아들이려는 것이며 미루고 싶지 않은 일이기 때문입니다….

(We choose to go to the Moon... We choose to go to the Moon in this decade and do the other things, not because they are easy, but because they are hard; because that goal will serve to organize and measure the best of our energies and skills, because that challenge is one that we are willing to accept, one we are unwilling to postpone…)

## 아폴로 계획

케네디 대통령의 라이스대 연설이 있은 지 수개월 후 F-1 엔진의 테스트가 성공 단계에 이르렀다. 사실 폰 브라운 팀이 개발한 F-1 엔진과 이를 탑재한 새턴 V 로켓은 인간을 달에 보내고도 남을 정도의 추진력을 가지고 있었는데, 이는 궁극적으로 인간을 화성까지 보내고자 했던 폰 브라운의 기대가 일부 반영되었다고 볼 수 있다.

F-1 엔진이 성공적으로 개발되자 곧바로 F-1 엔진을 클러스터링한 새턴 V 로켓의 본격 개발에 착수했다. 그 사이에 제미니 계획Project Gemimi이 성공적으로 끝나고 인간을 달로 보내기 위한 비행기술이 차곡차곡 습득되고 있었다. 또한 제미니 계획을 통해 닐 암스트롱Neil Armstrong이라는 뛰어난 우주비행사를 발견하기도 했다.

달 착륙을 성공시키기 위해서는 중요한 과제가 세 가지 있었다. 거대한 발사체를 개발하는 것, 우주인 3인을 안전하게 태우고 달에 내린 다음 다시 지구로 귀환시킬 우주선(궤도선과 착륙선)을 개발하는 일, 그리고 달 착륙을 위한 랑데부 및 도킹 등 우주비행기술 습득이었다. 폰 브라운은 이를 위해 2트랙 전략을 사용하였다. 발사체 개발과 비행기술 습득을 위한 개발 계획을 병행한 것이다. 그리하여 새턴 로켓 개발 계획과 제미니 계획을 동시에 진행하였다. 그 다음으로 중요한 과제였던 달 착륙선과 아폴로 사령선 본체 개발도 병행해 나가게 된다.

무엇보다도 중요한 과제는 3인의 우주인과 달 착륙선을 달까지 보내기 위해 엄청난 추진력을 가진 로켓의 개발이 가장 중요하였다고 볼 수 있다.

## 아폴로 1호 인명사고와 초대형 엔진 F-1의 완성

아폴로 계획이 계속 순항한 것은 아니었다. 새로 설계된 아폴로 사령선의 발사 리허설 테스트 중 화재사고가 발생해 우주인 3명이 숨지는 참사가 일어났다. 이 사건으로 그 동안 숨죽이고 있던 유인 달 탐사 반대 여론이 다시 살아나기 시작했다. 우주가 아니라 미국 내 문제 해결에 국가 예산을 먼저 사용해야 한다는 논리였다. 당시 상원의원이었던 먼데일Walter F. Mondale은 아폴로 계획을 폐기하고 다른 정치적 반향이 큰 사업을 구상하면서 대통령의 꿈을 그리고 있었다. 아폴로 1호 사고 진상 조사 의회 청문회에서 먼데일은 아폴로 사업의 개발 진행 과정을 날카롭게 파헤치면서 문제점을 찾아내어 제임스 웹 당시 NASA 청장을 궁지로 몰아넣었다. 그런데 목숨을 잃은 우주비행사의 동료인 보먼Frank Borman 대령이 청문회에 증인으로 나서 감동적인 의견을 피력하면서 분위기를 완전히 역전시켰다.

앤더슨Clinton Anderson 상원의원(이하 위원장): 왜 화재가 일어나게 되었지요?

보먼 대령: 화재 사고를 전혀 예측하지 못해서입니다. 우주선에 화재가 일어나면 위험하다는 것은 모두 알고 있습니다. 그런데 우주에서 일어날 화재만을 걱정했지 지상에 있는 우주선에 불이 날 것이라고는 상상조차 못했습니다. 관련된 모든 사람의 잘못이지요. 그리고 우주인의 일원인 나의 잘못이기도 하고요. 저도 위험하다고 생각하지 않았으니까요.

위원장: 회의를 끝내기 전에 증인이 개인적으로 하고 싶은 말이 있습니까?

보먼 대령: 모든 우주비행사를 대표해서 한 말씀드립니다. 우리는 NASA 운영자들을 신뢰합니다. 그리고 우리의 훈련 담당자들을 신뢰합니다. 그리고 우리 엔지니어들을 신뢰하고 우리 우주인 스스로도 신뢰합니다. 그러나 진짜 문제는 여러분이 우리를 신뢰하느냐 하는 것입니다.

위원장: 그러면 우리가 어떻게 해야 한다고 봅니까?

보먼 대령: 지금 이 마녀사냥을 멈추고 우리가 달에 가려는 노력을 계속할 수 있게 해주십시오.

이 감정 어린 호소에 위원회에 참석한 여럿이 박수를 치면서 환호하였다. 갑자기 돌변한 분위기를 감지한 먼데일 상원의원이 더 이상의 적대적 심문을 포기하면서 아폴로 사업은 중단 위기를 모면하게 되었다. 물론 NASA와 아폴로 사업에 대해 호의적이었던 존슨 대통령이 이 청문회 후 정치적으로 잘 정리를 해준 덕분에 아폴로 사업을 재개할 수 있게 된 것 또한 틀림없다. 그러나 아폴로 계획 전체가 1년 이상 늦춰지는 차질은 피할 수가 없었다.

그 외에도 F-1 엔진 개발 마지막 단계에서 포고 진동Pogo Oscillation이라고 불리는 연소 불안전성 현상이 나타나 이를 해결하기 위해 상당히 고생했고, 포고 현상은 예전부터 미국, 소련을 막론하고 로켓엔진을 개발할 때 공통적으로 나타나는 현상이었지만 그동안 개발된 엔진들은 F-1에 비하면 매우 작았기 때문에 해결하는 데 큰 어려움은 없었다고 본다. 하지만 이전 엔진과는 다른 거대한 연소실을 가진 F-1 엔진에서의 포고 문제는 해결이 쉽지 않았다. 엔진을 재설계하는 것은 시간상 불가능했고, 4Khz에서 24Khz 진동대역에서 일어나는 예측 불허의 포고 현상을 제한된 조건에서 연료 비율, 압력, 분사량 등을 바꿔가면서 이를 해결해 보려고 최대의 노력을 기울였다. 조그만 폭발물을 외부에서 터트려가면서 연소시 반응을 살펴보면서 완화할 수 있는 실마리를 잡아 나갔다. 결국 포고를 완전히 잡지는 못했지만 엔진을 사용하는 데는 전혀 무리 없는 수준으로 낮출 수는 있었다. 이 과정에서 기존의 비행 계획이 계속 틀어지게 되었지만, 폰 브라운과 NASA는 무난히 극복해 나갔다. 사실 단일 터보펌프 엔진으로 F-1보다 더 큰 추력을 낼 수 있었던 소련의 RD-170엔진이 4개의 연소실을 가지는 특이한 설계를 채택하게 된 이유도 대형 연소실에서의 포고 현상을 해결하지 못해서였다.

**유인 달 착륙 성공**

이렇게 몇몇의 장애물이 있었지만 그때마다 대단한 카리스마를 가진 폰 브라운 추진력으로 어려움을 돌파해 나갔다. 아폴로 사령선 재설계 문제 외에도 착륙선 개발이 계획보다 약간 늦어지면서 일정에 차질이 생기자 폰 브라운은 사령선 없이 무인으로 새턴 V 로켓을 테스트한 후 다른 중간 테스트를 생략하고 1968년 겨울 곧바로 인간을 달까지 선회시키는 아폴로 8호 계획을 과감하게 밀어붙였다.

비록 처음에는 미친 짓이라는 소리를 듣긴 했지만 그동안 지구 궤도를 벗어나본 적이 없었던 인간이 처음으로 지구를 떠나 달을 돌고 오자 엄청난 칭송을 받으며 이후 계획은 일사천리로 진행되어 마침내 1969년 아폴로 11호를 달에 안착시켰다. 닐 암스트롱의 명언처럼 "한 인간에게는 작은 발걸음이지만 인류에게는 위대한 도약이 된 발자국"을 남기는 데 혁혁한 공헌을 한 것이다. 전 세계인에게 감동을 준 아폴로 유인 달 착

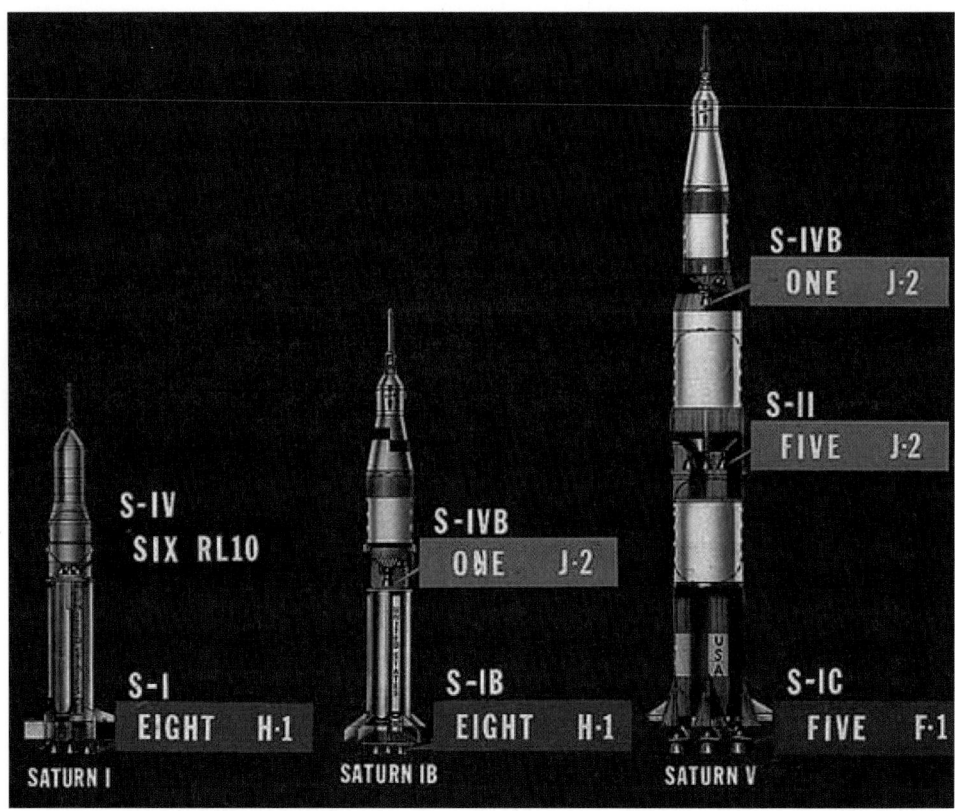

새턴 V로켓과 그 이전의 새턴 I과 새턴 IB

류 성공은 인류가 우주 탐사에 대한 가능성을 확인하게 한 쾌거였고, 미국으로서는 당시 적성국 및 경쟁자였던 소련으로부터 받은 연이은 수모를 갚아주는 사건이었다. 스푸트니크 1호의 발사에서부터 가가린이 지구 궤도에 올라 세계 최초 우주인의 영예를 넘겨주는 순간들로 인해 떨어졌던 미국의 자존심을 다시 세우게 되었다. 아마도 이 순간이 폰 브라운 생애에서 최고의 순간이었을 것이다.

아폴로 달 탐사선 11호부터 17호까지 일곱 번의 발사에 모두 새턴 5 로켓을 사용했다. 그리고 폰 브라운 팀이 자랑스럽게 여겼던 것처럼 놀랍게도 새턴 5 로켓에 의한 일련의 우주 발사에서 인명 손실 사고가 한 번도 없었다는 사실이다. 아폴로 1호의 사고는 지상 시험에서의 실패였고 로켓이 관여된 사고는 아니었다.

폰 브라운은 독일에서 역사상 최초의 현대 로켓 개발자로 소련과 미국 로켓 개발의 기반을 제공했다. 그리고 미국에 정착한 후에는 역사상 가장 강력하면서도 발사 실패가

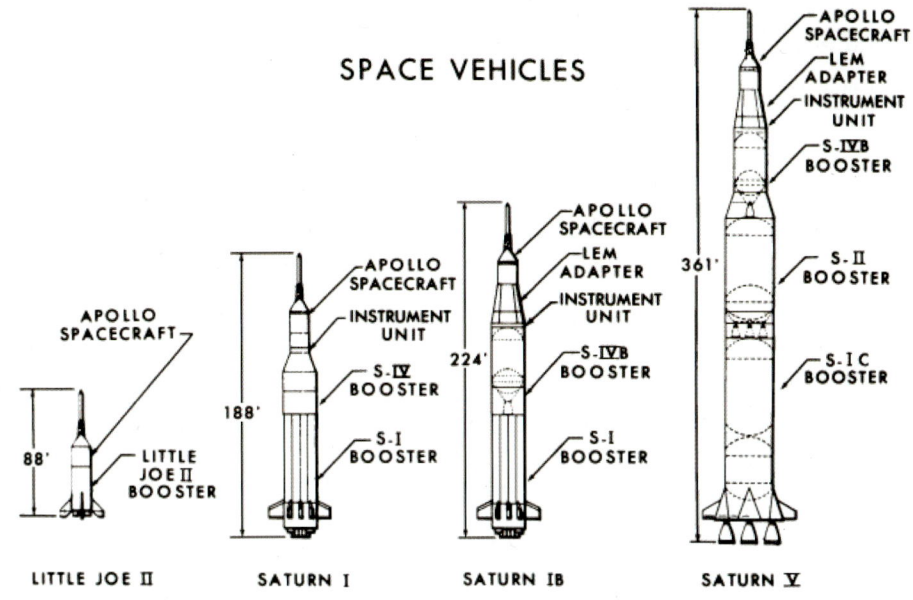

새턴 5 로켓 발전 과정

없었던 새턴 5 로켓을 탄생시킨 그야말로 로켓 역사에 길이 기억될 최고의 기술자였다는 점에는 의심할 여지가 없다.

### 2.2.5 소련의 로켓 영웅 코롤료프와 우주 개발

러시아의 현대적 로켓 기술발전은 1903년에 발표한 콘스탄틴 치올콥스키의 액체추진로켓 관련 논문 〈로켓 기구로 외계공간 탐사 Exploration of Outer Space by Means of Rocket Devices〉에서 시작한다. 앞에서 언급한 대로 치올콥스키의 연구 결과는 러시아만이 아니라 전 세계의 액체로켓 개발에 중요한 초석이 되었고, 미국의 고더드, 독일의 오베르트와 함께 액체로켓 기술발전의 아버지라고 불린다. 치올콥스키의 선구적인 액체로켓 연구 결과라는 자양분을 토대로 소련을 세계 최고 수준의 로켓 국가로 만든 최고의 공헌자는 바로 세르게이 코롤료프 Sergey Korolev이다.

현재에는 코롤료프를 미국의 폰 브라운에 비견되는 소련 로켓 개발의 영웅으로 로켓 전문가들에게 잘 알려져 있지만 당시에는 코롤료프라는 이름은 외부 세계에 전혀 알려져 있지 않았다. 소련 정부가 극비의 미사일 개발을 책임지고 있는 코롤료프를 서방 국가가 암살을 시도할지 모른다는 생각에 본명을 비밀에 부치고 수석설계자Chief Designer로 부르게 했다. 당연히 소련 국민들도 코롤료프라는 이름의 로켓과학자의 업적은 모르고 있었다. 1966년 1월 대장 출혈을 치료하기 위해 시행한 간단한 수술이 잘못되어 사망하고 나서야 소련 정부는 처음으로 코롤료프의 이름을 공개하면서 성대한 장례 행사를 치러주었다.

**항공우주기술에 매료된 젊은 시절**

코롤료프는 제정 러시아 시절인 1907년 지금의 우크라이나에 위치한 도시 지토미르에서 태어났다. 중고등학교 시절부터 항공기에 큰 관심을 가져 1924년 우크라이나 키이우 공과대학교에 입학하면서 본격적으로 항공공학을 공부하게 된다. 2학년을 마치고 바우만 모스크바 국립공과대학교로 옮겨, 1929년 항공기 설계공학으로 학위를 받았다. 그의 지도교수는 그 유명한 투폴레프 항공기의 설계자 안드레이 투폴레프Andrei Tupolev였다. 졸업 후 OPO-4 설계국에서 항공기 설계 일을 담당했고 1930년에는 비행사 자격증도 획득했다. 이 무렵부터 그는 액체연료 로켓엔진에 관심을 가지고, 곧 로켓 연구 그룹GRID에 합류해 액체로켓 개발 업무에 참여한다.

그런데 코롤료프는 국가 자원을 낭비하면서 의도적으로 연구업무를 태만하게 한다는 혐의로 1938년 소련 내무부 요원에게 체포된다. 이때 소련 로켓엔진 개발의 영웅 발렌틴 글루시코도 이미 체포되어 심문 중이었다. 소위 '37년 대숙청' 시기여서 그랬는지 코롤료프는 고문을 이기지 못하고 거짓으로 자백한 후 10년형 선고를 받고 감옥에 갇힌다. 하지만 코롤료프는 스탈린을 포함한 여기저기에 억울함을 호소하는 편지를 보내 1939년에 8년으로 감형 선고를 받는다. 그런데 이미 모스크바 감옥에서 시베리아의 코르마 금광 강제노역수용소로 이감 중이어서 몇 달간 시베리아에서 복역할 수밖에 없었다. 그해 말 복역 조건이 훨씬 좋은 모스크바 소재 강제수용소 내의 특별 연구소에 옮겨졌을 때 코롤료프는 괴혈병에 걸려 치아 손실, 턱 골절, 심장병 등 건강이 크게 악화되었다. 후에 소련 로켓 개발에 최고의 업적을 남기게 되는 두 사람, 코롤료프와 글루시코는 대숙청 광풍 속에서 운 좋게도 살아남았지만, 로켓 기술자들에 대한 정치적 숙청 작업은 소련의 로켓 개발이 나치독일에 뒤처지는 원인이 되었다. 코롤료프는 1944년 사면되었다. 그러나 후에 코롤료프는 글루시코의 허위 고발로 인해 자신이 수용소로 가게 된 것을 알게 되면서 죽을 때까지 글루시코를 불신하게 되었다.

**소련의 초기 로켓 기술**

코롤료프는 강제수용소 부설 특별연구소에서 대학시절 지도교수였던 투폴레프 지휘 아래 폭격기 개발에 참여하면서 경력을 쌓고 1945년에는 소련 육군 대위로 임명되며 첫 번째 명예훈장을 받았다. 1945년 9월, 코롤료프는 동료들과 독일 페네뮌데로 가서 V2 로켓 기술 정보를 모으는 데 힘쓴다. 이때 소련은 독일 페네뮌데 로켓 기지를 점령하여 독일 V2 기술자들과 부품, 설비를 모두 뜯어 소련으로 가져갔다. 하지만 핵심 인력은 대체로 폰 브라운과 함께 미국에 투항하여 건너갔기 때문에 헬무트 그뢰트룹 등 소수만 소련으로 데려갔다. 이들 5천 명의 인력 대부분은 V2 제조 기능공들이었고 그 중에서 기술 개발 가능한 기술자가 약 170명이나 되었다. 소련은 이들 독일 과학자들에게 V2 설계도를 그리게 하고, V2 로켓의 세부 사항들을 소련 기술자들에게 설명하도록 했으며, 독일에서 뜯어온 V2 부품 및 생산설비를 이용해 제조 인력들에게 V2를 생산하도록 했다. 이렇게 해서 소련은 빠르게 V2를 복제 생산할 수 있게 되었다. 특히 당시 소련에는 유도제어기술이라는 개념 자체가 없어서 V2를 복제 생산하고도 로켓 발사가 어려울 수 있었는데 소련으로 데려간 독일 과학자 중에 V2의 유도제어장치 개발 총책임자인 헬무트 그뢰트룹이 있어 소련은 로켓의 유도제어장치 기술을 익힐 수 있었다. 그 후 그뢰트룹에게 유도제어기술을 배운 과학자들을 중심으로 1950년 유도제어기술 연구소를 만들었고, 이후 소련도 독자적으로 로켓 유도장치를 개발할 수 있는 능력을 갖추게 되었다. 당시 헬무트 그뢰트룹이 폰 브라운과 함께 떠나지 않고 페네뮌데 로켓 기지에 남아 있는 이유에 대해 소련도 상당히 의아해했다고 하는데, 폰 브라운과 사이가 무척 나빴기 때문이라는 것이 정설이다.

소련 당국은 1946년까지 2,000여 명의 독일인 기술자를 소련 국내로 이송시켰다. 이들 기술자의 도움을 받아 소련은 1948년에 V2의 개량형인 R-1 로켓의 시험발사에 성공하고, 1950년 말 270km 사거리의 단거리 미사일로 실전 배치하였다. 한편 코롤료프는 독일 로켓 기술자들을 통해 폰 브라운이 독일에서 연구 개발하고 있던 다단 로켓에 대해서도 자세히 알게 되었고, 이 기술을 바탕으로 코롤료프가 설계한 R-2 로켓이 1949년에 시험발사된다. 사거리 600km 수준으로 R-1에 비해 2배 이상으로 성능이 개선된 R-2는 1953년에 실전 배치된다. 이 R-2에서 소련은 세계 최초로 미사일이 재진입할 때 탄두 부분을 분리하여 V2가 가졌던 동체 강도 취약성을 해결했다.

**본격적인 미사일 기술 개발과 인공위성 발사**

일정 수준의 로켓 기술을 확보했다고 생각한 소련은 독일인 기술자들을 1954년부터 1956년에 걸쳐 동독으로 귀국을 허락했다. 그 후 독자적인 연구개발에 나섰지만 쉽게 진행되지는 않았다. 글루시코가 지휘하고 있던 OKB-456에서 설계한 엔진은 초기에는 신뢰성 확보에 어려움을 겪었지만, 곧 성공을 향해 나아갔다. R-2 로켓에 사용된 35톤 추력의 RD-101(알콜, 액체산소 조합), R-3에 사용된 케로신 액체산소 조합인 120톤 추력의 RD-110 등이 성공적으로 개발되면서 자체 기술에 의한 엔진 개발이 궤도에 오

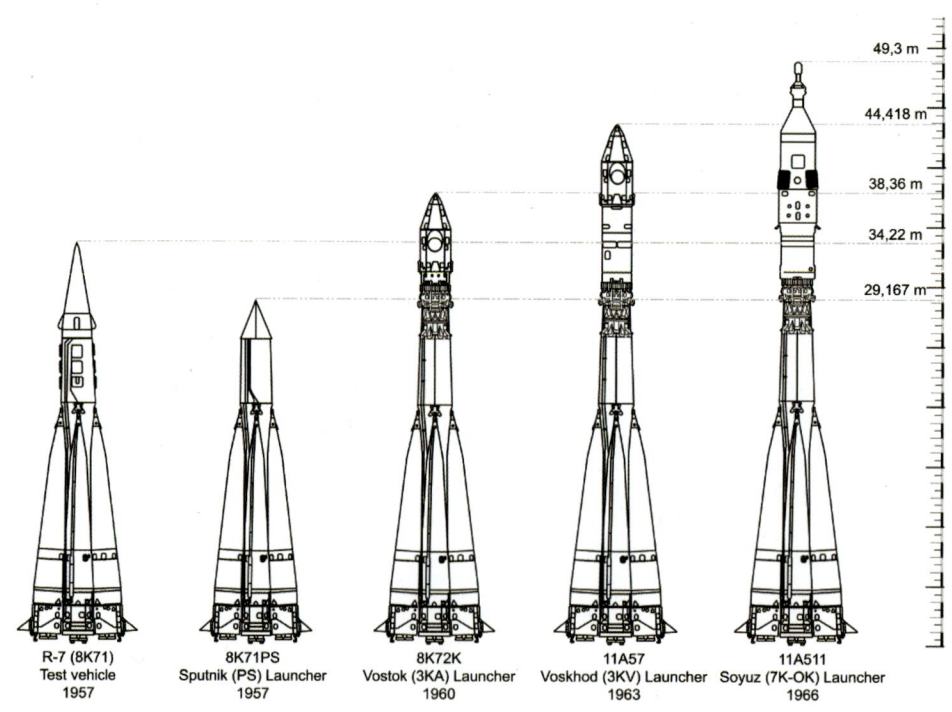

세계 최초의 대륙간 탄도미사일과 스푸트니크 위성을 발사한 R-7 로켓과 그 변종들

르게 된다.

글루시코의 엔진 개발 성과에 힘입어 코롤료프는 장거리 로켓 개발에 박차를 가한다. 1950년 4월 코롤료프는 칼리닌그라드의 제88연구소<sup>NII-88</sup>에 설치된 제1설계국 OKB-1의 주임 설계자로 임명되었다. 1953년에는 사정거리 1,200km의 중거리 탄도미사일, R-5의 개발에 성공했고, 추진제 양을 증가시켜 핵탄두를 실을 수 있는 R-5M을 개발하여 1956년 실전 배치하게 된다. 그리고 1957년 4월에는 1938년의 소련 정부가 코롤료프의 체포와 이후 재판이 부당했다고 인정하면서 그는 완전한 명예 회복에 성공했다. 1957년 8월에는 글루시코의 RD-107 엔진을 토대로 해서 R-7 로켓을 개발하여 모의 탄두를 장착한 대륙간 탄도미사일을 카자흐스탄의 바이코누르에서 극동의 캄차카반도까지 성공적으로 도달시켰다. 이로써 소련은 세계 최초로 태평양을 넘어 7,000km 떨어진 미국 본토를 직접 공격할 수 있는 능력을 갖춘 대륙간 탄도미사일을 보유한 국가가 되었다. ICBM의 발사시험에 성공한 후 코롤료프는 이 로켓을 우주발사체로 변환해 스푸트니크 인공위성을 발사하면서 우주 개발에 있어 새로운 역사를 써나가게 된다. 이 무렵의 미국 소련 간의 숨막히는 우주 경쟁은 앞 절에 자세히 언급했기에 여기서는 이 정도로 그친다.

**달 탐사와 행성 탐사**

코롤료프는 R-7의 대대적인 성공 이후에 즉시 유인 달 착륙 프로그램에 착수했다. R-7 성공 이전에도 당연히 유인 달 착륙에 관심이 있었지만 엄청난 비용을 수반하는 이 거대한 프로젝트 추진을 설득할 수 있는 상황이 아니었다. 그러나 R-7의 연속되는 대대적인 성공이 상황을 확 바꾸게 된다. 1958년 그는 소련 당국에 현재의 기술을 조금만 발전시키면 달도 갈 수 있다고 정부에 제안서를 제출했다. 소련 당국은 즉시 승인해주었다. 소련 당국은 달 착륙선 이름을 루나<sup>Luna</sup>로 정하였다.

1959년 4월부터 3번에 걸쳐 달 탐사선을 발사했지만 실패했다. 새로운 하드웨어를 개발할 수 있는 충분한 예산도 주지 않으면서 발사시험을 앞당기라는, 정치권의 압박 속에서 서두르다가 실패한 것이다. 주위 사람들에게 코롤료프는 "미국 로켓만 폭발할 것 같으냐?"라고 외치면서 탄식했다고 한다. 1959년 1월, 달 충돌선 루나 1호가 달에서 6,000km쯤 빗나가버렸다. 그러나 곧 이어 9월에 루나 2호를 발사하여 다행히 성공적으로 달에 충돌시켰다. 이것도 또한 세계 최초였다. 루나 3호는 1959년 10월에 발사되어 달의 지구 반대쪽 사진을 찍는 등의 대성공을 거둔다. 코롤료프와 관련자들은

유리 가가린을 태운 보스토크 1의 발사 장면(1961년 4월)

계속되는 정치권의 성화 속에 힘들어 했지만 미국과의 우주경쟁에서 승리를 위해 필요한 엄청난 속도전의 성과물이었다. 그러나 연이어 1965년까지 시도한 5회에 걸친 루나 4~8호의 달 연착륙 시도는 계속 실패하게 된다. 사실 1966년 2월 루나 9호가 드디어 달 연착륙에 성공하지만, 코롤료프는 이미 사망한 후였다. 코롤료프는 1960년대 초부터 화성과 금성 탐사도 시도했다. 그는 1961년과 1962년 간에 2번의 화성 탐사와 5번의 금성 탐사를 시도했지만 모두 실패한다. 그러나 1962년 11월에 발사된 마스Mars 1호는 화성으로 가는 중 지구를 향한 안테나의 방향이 틀어지면서 통신이 끊기었지만 1963년 6월경에 화성 주위를 스쳐 지나갔을 것으로 추정되었다. 1965년 11월에는 화성 대기로 들어가 낙하산으로 내리게끔 설계된 금성 탐사선 베네라Venera 3호가 발사되었고, 1966년 3월 금성에 충돌하면서 세계 최초로 지구 이외의 행성에 충돌한 탐사선이 되었다.

그러나 1961년 4월 12일 발사된 유인 우주선 보스토크Vostok 1호의 성공이 코롤료프 인생에 있어 클라이맥스였다. 우주비행사 유리 가가린을 태운 4,725kg의 보스토크 1호는 근지점 181km, 원지점 327km의 경사각 65도 궤도면에 올라갔다. 발사통제실에 있던 코롤료프는 발사를 선언하면서 가가린에게 "좋은 비행 바란다. 모든 것이 정상이다"라고 하자 가가린은 "출발Off we go! 곧 돌아올 때까지 안녕, 친구들."이라고 답했다. 가가린은 지구 저궤도를 한 바퀴 돌면서 지구 궤도에 오른 최초 인류라는 기록을 세운 후 7km 고도에서 우주선에서 사출되어 낙하산을 타고 지구로 무사히 귀환하였다. 가가린은 요즈음은 상상하기 힘든 우주선으로부터 튕겨져 나와 착륙한 최초의 인간이기도 하다. 발사에서부터 귀환할 때까지 걸린 시간은 108분으로 길지 않았지만, 세계 역사의 한 페이지를 차지하기에는 충분한 쾌거였다.

**유인 지구궤도비행**

이후에도 소련은 최장 우주비행 기록, 최초 여성 우주비행사 등 기록을 세우지만 이미 너무나 높아진 상부 권력층의 기대와 그에 못 미치는 예산 지원으로 인해 답답한 세월을 보내게 된다. 1965년 3월에는 미국이 제미니 3호 우주선을 타고 2명의 우주인이 동시에 궤도에 올랐다. 드디어 소련이 세계 최초 타이틀을 놓치게 되었다. 초조해진 흐루쇼프 서기장은 코롤료프에게 빠른 시간 내에 소련도 3명의 우주인을 태울 수 있게 하라고 다그쳤다. 그러면서 만일 수행할 자신이 없으면 코롤료프의 경쟁자 블라디미르 첼로메이에게 프로그램을 맡기겠다고 전했다.

소련은 당시 1인승 우주선 보스토크Vostok, 동쪽 후속으로 다인승 보스호트Voskhod, 일출를 개발 중이었는데 점진적으로 2인승을 거쳐 3인승으로 가려 했던 코롤료프는 압력에 못 이겨 명령에 따르기로 한다. 이렇게 함으로써 개발 중인 달 탐사용 로켓 N-1에 좀 더 적극적인 지원이 따르기를 기대하였다. 초기 몇 번의 실패를 거친 후 우주선 시험이 안정화되자 1964년 10월 보스호트 1에 3명의 우주인을 태워 성공적으로 발사한 후 궤도를 16회 돌고 성공적으로 착지한다. 그러자 자신감이 붙어 급히 보스호트 2호로 우주 유영Spacewalk을 시도하기로 한다. 미국이 제미니 프로그램에서 선외 활동EVA, Extra-Vehicular Activity으로 불리는 우주 유영을 계획하고 있다는 보도에 조바심이 나서 권력 상층부에서 개발진을 재촉한 것이다.

드디어 1965년 3월 18일 성공적인 발사를 거쳐 우주인 알렉세이 레오노프Alexei Leonov가 우주선에서 나가 12분 9초간 세계 최초의 우주 유영에 성공한다. 레오노프는 45분간 숨쉴 수 있는 산소통을 메고 15m 길이의 구명줄을 사용해 선외 활동을 제어했다. 그가 입은 우주복은 내부와 진공의 압력 차이로 단단하게 부풀어 올라 가슴에 설치한 카메라 셔터를 누를 수도 없는 정도였다. 그러나 유영이 끝나고 우주선으로 다시 들어가려 할 때, 이 부풀어 오른 우주복이 문제를 일으켰다. 기내에서 공기가 새어 나가는 것을 막아주는 에어록에 부풀어 오른 우주복이 끼어 큰 사고로 이어질 뻔했지만, 구사일생으로 지구로 무사 귀환하였다. 세계 최초에 집착하면서 서두른 탓에 생긴 일이었다. 미국은 2.5개월 늦은 6월 3일 제미니 4호를 타고 에드 화이트Ed White가 21분간 우주 유영하는 데 성공한다. 화이트가 입은 우주복은 산소가 구명줄을 통해 공급되었으며, 세계 최초로 손에 든 제어기로 20초 정도로 짧은 시간이지만 추력기를 작동해 움직임을 조절했다. 하지만 소련과 유사하게 캡슐 해치의 작동 불량으로 어려움을 겪었으며 두 우주인의 생환이 한때 기로에 서기도 했다.

참고로 중국은 40여 년 뒤진 2008년 2월 7일에 최초로 우주 유영에 성공한다.

## 유인 달 착륙 프로그램의 실패

1964년 10월 14일, 우주경쟁을 과격하게 밀어붙이던 흐루쇼프가 실각하고 새로 브레즈네프 정권이 들어서면서 코롤료프는 정치적 압박에서 벗어나 N1 달 로켓 개발에 집중할 수 있게 되었다.

    N1 로켓은 미국의 아폴로 프로그램과 경쟁하기 위해 진행된 달 유인 착륙용 우주선을 보낼 거대한 로켓이었다. 달 유인 착륙을 위한 기본계획은 1959년부터 구상되었지만 소련 정부로부터 공식 허가는 1964년에 나왔다. N-1 로켓은 새턴 5와 마찬가지로

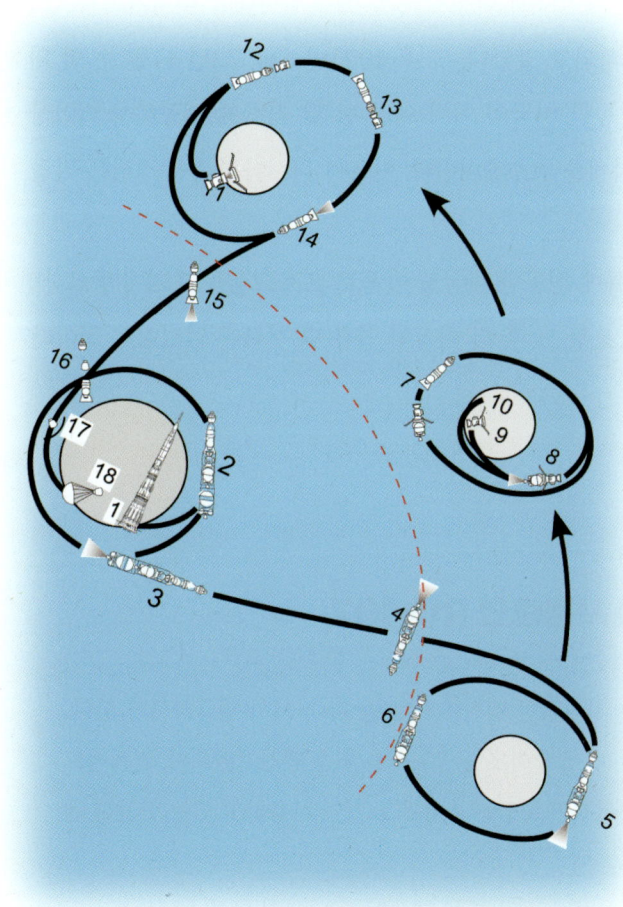

1. N-1 rocket liftoff.
2. LRS Earth orbit insertion.
3. LRS translunar injection using Block G rocket stage. Block G separates.
4. Midcourse correction using Block D rocket stage.
5. Lunar orbital insertion using Block D rocket stage.
6. Single cosmonaut transfers from L2 to L3 by EVA.
7. L3 lunar lander and Block D rocket stage separate from L2 Lunar Orbit Module.
8. Deorbit burn and powered descent using Block D rocket stage. Expended Block D rocket stage separates from the L3 1 to 3 km above the lunar surface. L3 continues powered descentusing its own main or backup rocket motor.
9. L3 touchdown on Moon.
10. Expended Block D rocket stage crashes onMoon.
11. L3 liftoff using same engines used for final descent. Legs are left on Moon.
12. L2 rendezvous and dockingwith L3.
13. Cosmonaut transfers from L3 to L2 by EVA. L3 discarded.
14. Trans-Earth insertion burn using L2 mainengine.
15. Midcourse correction using L2 main engine.
16. Orbital module and service module discarded.
17. Descent module reentry.
18. Parachute descent and touchdown on land.

N-1/L3 lunar mission profile.

**소련의 달 탐사로켓 N-1/L3의 비행 예상경로**

3단이었으며 1단에 NK-15 엔진 30기, 2단에 진공용 엔진 NK-15V 8기, 3단에 소형 NK-21 4기가 배치되었다.

그러나 1966년 코롤료프가 수술 중 갑자기 사망하면서 달로 가는 여정에 이상이 생긴다. 코롤료프는 젊은 시절의 혹독한 수용소 강제노동 여파 때문인지 1960년대 들어와 심장마비 증세, 내장출혈, 동맥이상, 심장질환 등 다양한 병치레를 하고 있었고 결국 1965년 말 대장 종양을 제거하러 입원했는데 수술 후 회복하지 못하고 결국 사망하면서 소련 우주 개발의 영광스러움이 막을 내리게 된다.

N-1 로켓은 여러 이유로 시험발사가 지연되다가 1969년 2월 1차 시험발사를 시도했지만 실패하고 같은 해 7월 재발사에 나섰지만 로켓이 발사대를 떠나자마자 섬광과 함께 폭발하면서 발사대도 완파되고 말았다. 그 후 1971년 6월, 72년 11월 두 번 더 발사해보지만 실패를 거듭하는 동안 미국이 이미 여러 번 달 착륙에 성공하자 더이상 지속할 의미가 없어 프로그램 자체를 취소해버린다. 이로써 러시아의 우주경쟁은 막을 내리게 된다.

씁쓸한 사실은 유인 달 착륙에 성공한 미국도 아폴로 프로그램을 조기에 종료하면서 성공한 쪽이나 실패한 쪽이나 모두 그 후 더 이상의 인류 달 정복은 없었다는 점이다.

## Episode

### 로켓엔진 역사상 가장 오래 사용중인 RD-107

RD-107 엔진은 소련으로는 여러 모로 획기적인 엔진이기에 좀 더 자세히 언급하고자 한다. RD-107은 세계 최초 ICBM의 엔진이었고, 세계 최초 인공위성을 띄운 엔진이었으며, 현재에도 국제우주정거장에 화물과 우주인을 왕복시키고 있는 소유즈 로켓이 사용하고 있는 안전한 엔진의 원형이기 때문이다.

세계 로켓 역사상 가장 장기간 사용되면서 가장 많이 생산된 RD-107은 OKB-456 설계국장, 발렌틴 글루시코의 지휘하에 1954년부터 1957년 사이에 개발된 엔진이다. R-5 미사일에 사용된 RD-103M 엔진까지는 V2 로켓과 동일한 알코올과 액체산소의 추진제 조합을 사용했는데, RD-105, 106에서부터는 V2 기술에서 탈피해 케로신과 액체산소를 사용하는 엔진을 개발하기 시작한다.

그러나 커진 연소기 때문에 연소 불안정성이 심각해지자 이들 개발을 중지하고 4개의 작은 연소기를 가진 RD-107의 개발에 나섰다. RD-107의 터빈은 V2 로켓처럼 촉매제에 의한 과산화수소의 분해로 얻어지는 수증기의 힘으로 구동된다. 1개의 축을 가진 터보펌프 유닛에 스팀구동 터빈, 산화제펌프, 케로신펌프, 탱크 가압을 위한 질소 발생기가 한 덩어리로 묶여 있다. 이 터보펌프 유닛에는 4개의 주연소기와 2개의 버니어 연소기가 붙어 있다.

전시된 RD-107 엔진

다음의 R-7 사진에서 볼 수 있듯이 중앙에 있는 코어 엔진은 4개의 버니어 연소기가 장착되어 있다. R-7의 발사 초기에는 주변 4기의 엔진은 부스터 역할을 하면서 각각에 배치된 8기의 버니어 연소기가 로켓 움직임을 제어하고 부스터가 떨어져 나간 후에는 중앙코어 엔진, RD-108의 4개 버니어 연소기가 기체 움직임을 제어한다. 마찬가지로 2단 엔진으로도 사용되는 고공용 RD-108의 4기의 버니어 연소기가 1단이 떨어져 나간 후의 기체 움직임을 제어한다. 오픈 형태의 가스 발생기 사이클을 채택하고 있으며 연료를 미리 노즐 외부로 흘려 온도를 낮추는 재생냉각 방법을 쓰고 있다. 이들 엔진이 대단한 것은 재생 냉각을 위해 하나의 터보펌프 유닛으로부터 이들 6 내지 8개의 연소기 노즐 모두에 케로신연료가 고압으로 공급되고 있다는 것이다.

1980년대 중반에 글루시코 팀에 의해 개발된 엔진 1기당 추력으로는 세계 최고인 RD-170, 171 엔진도 4기의 연소기 노즐이 붙어 있고, 추력을 반으로 줄인 같은 계열로 미국 록히드마틴이 아틀라스Atlas 5 로켓 1단 엔진으로 현재에도 사용 중인 RD-180 엔진도 2개의 노즐이 붙어 있다.

　하나의 터보펌프에 여러 기의 연소기 노즐을 붙이는 것에는 장단점이 있다. 우선 연소 시 추진제의 양이 4곳으로 분산되어 나가므로 노즐 크기가 상당히 작아져 대형 노즐에서 심하게 나타나는 연소 불안전성이 크게 줄어든다. 앞의 폰 브라운 항목에서 언급한 대로 미국의 새턴 로켓에서 사용한 F-1 엔진 개발 시에 엔진의 거대한 노즐 크기 때문에 연소 불안전 현상을 잡는 데 상당히 애먹었다. 또한 노즐 크기가 작아져 엔진 높이가 줄어들면서 전체 로켓 길이가 줄어드는 장점도 있었다. 그러나 다수의 연소기 노즐을 냉각시키는 데 필요한 복잡한 연결 배관으로 인한 어려움이 생기고, 또한 엔진의 길이는 줄어들었지만, 다수의 연소기 노즐이 차지하는 지름 증가로 인해 로켓 하부의 둘레가 커지는 단점이 있었다. 그래서인지 러시아의 최신 로켓인 앙가라에서는 단일 엔진인 RD-191에 연료, 산화제 탱크를 통합 모듈화하여 여러 개의 모듈을 묶어 사용하고 있다. 대한민국의 나로호 1단도 이 모듈을 구매해 사용했다. 나로호에 사용한 엔진을 공식적으로는 RD-151이라고 불렸지만 사실 RD-191이었고, 단지 우리 나로호 목적으로는 추력이 너무 커서 스로틀링을 통해 출력을 줄여 사용했다.

**R-7 로켓 뒷부분, 4기의 RD-107과 1기의 RD-108 중앙 코어 엔진**

## 2.2.6 이토카와 교수와 일본의 로켓

**펜슬 로켓**

일본의 로켓 개발은 도쿄대 항공우주학과 이토카와 교수의 펜슬 로켓에서 시작되었다. 일본은 제2차 세계대전 패전국으로 1952년 해금될 때까지 항공기에 대한 기술 개발이 금지되었다. 그 영향으로 국가 차원에서의 로켓 개발 계획은 없었고 학문적인 관심으로 대학교수가 1954년부터 개인적으로 시도한 연구가 그 시발점이 된 것이다. 그러다 보니 그야말로 연필 크기 정도의 고체연료인 화약 장전 로켓(직경 1.8cm, 길이 23cm, 무게 200g)을 손바닥 위에서 발사하는 촌극으로 시작해 점차 크기

펜슬 로켓을 조립중인 이토카와 교수

를 키우면서 발전해 나갔다. 이토카와 교수의 지도 아래 도쿄대 로켓 개발은 급속히 진화하게 된다.

1955년 8월, 아키다현의 미치카와 해안에 로켓 시험장을 설치하고 직경 8cm, 전장 1m의 '베이비' 로켓에 대한 실험이 시작되었다.

다음 해인 1956년 9월, 직경 12.8cm, 전장 2.5m의 '카파' 로켓의 실험이 시작되었고, 1958년 6월 30일, 최대 직경 24.5cm, 전장 5.5m의 '카파 6형' 로켓으로 고도 40km를 달성하였다. 1960년 7월 11일, 전장 11m의 '카파 8형' 로켓으로 고도 150km에 도달하였으며, 이로써 국제적으로 대기권과 우주의 경계로 삼는 고도 100km를 넘어 우주 공간의 초입에 도달하게 된 것이다.

불과 5년 사이에 세계적인 수준의 관측 로켓을 개발한 것이다.

이 무렵 미국은 아폴로 달 탐사계획을 시작하였고 인공위성 발사가 잇달아 세간의 관심을 끌었다. 1963년의 신콤Syncom 2호, 1964년 신콤 3호 등을 정지궤도에 올려 국제 통화를 가능케 한 것이 그 사례이다. 이에 자극받은 일본의 과학기술청이 우주 개발 추진본부를 설치해 실용위성 발사를 위한 로켓과 위성 개발을 담당하기로 한다. 이미 도쿄대학의 로켓 개발 사업을 지원해오던 문부성은 로켓 개발의 기득권이 다른 부처로

부터 도전을 받는다고 느끼고 도쿄대학 항공우주학과 내의 로켓연구팀과 항공연구팀을 합쳐 우주항공연구소ISAS, Institute of Space and Astronautical Science로 확대하면서 독자적인 로켓 개발에 매진한다.

그런데 초기에는 아주 작은 장난감 같은 로켓 개발에 일본 일부 언론들은 이토카와 교수의 펜슬 로켓을 좀 우스꽝스럽게 보고 비판하기도 했다. 특히 《아사히신문》의 과학부 기자 키무라 시게루는 우주항공연구소의 부실한 예산 집행에 대해 비판을 하다가 급기야는 이토카와 개인의 예산 오용을 공격하면서 지속적으로 기사화했다. 결국 이토카와 교수는 더 이상 버티지 못하고 1967년 3월 급기야 도쿄대 교수직을 사임해버린다. 이토카와 교수는 그후 다시는 로켓 개발에 참여하지 않고 다방면에서 특유의 재능을 발휘해서 여러 권의 베스트셀러를 내면서 저명인사가 되었다. 후에 일본의 로켓 기술이 세계수준에 도달했을 때 이토카와 박사는 일본 로켓의 아버지로 불리면서 사실상 명예를 회복하게 된다.

이토카와의 펜슬 로켓은 베이비 로켓, 27종류의 카파 로켓 시리즈, 9종류의 람다 로켓 시리즈, 8종류의 뮤 로켓 시리즈로 대형화해갔다. 도쿄대학의 펜슬 로켓으로부터 시작된 고체연료 로켓의 기술은 1970년에 람다 4S로 처음으로 인공위성을 쏘아 올리게 되고 ISAS로 확대 개편되면서 더욱 발전한 후, 지금은 JAXAJapan Aerospace Exploration Agency로 계승된다. 이렇게 고체연료 로켓이나 우주탐사선과 인공위성은 일본의 국산기술로 발전해 나아갔다. 2006년까지 운용된 뮤-VM-V로켓은 당시 세계 최대의 고체로켓이었다. 2013년부터는 제작비가 높은 뮤-V 로켓을 좀 더 작으면서 작동을 편하게 개선하여 상대적으로 저렴해진 엡실론 로켓의 운용을 시작하였다.

한편, 액체연료 로켓은 1970년대의 일본 자체 기술로는 시험 로켓 정도의 개발은 가능하였지만 실용적인 대형의 인공위성 발사용 로켓을 개발하는 것은 불가능하였다. 그래서 NASDA는 액체로켓 엔진 기술을 미국으로부터 라이선스 생산으로 도입하여 사용하게 된다. 한편 일본이 자력으로 고체연료 로켓을 개발하여 인공위성의 궤도 투입에 성공한 것에 놀란 미국은 차라리 일본에 일부 로켓 기술을 이전해주어 자국의 통제하에 두는 게 좋겠다는 생각으로 액체연료 로켓 기술을 일본에 제공한다. 이때 미국은 로켓의 핵심 기술은 비밀로 분류하면서 블랙박스화하여 들여다볼 수 없게 하는 조건으

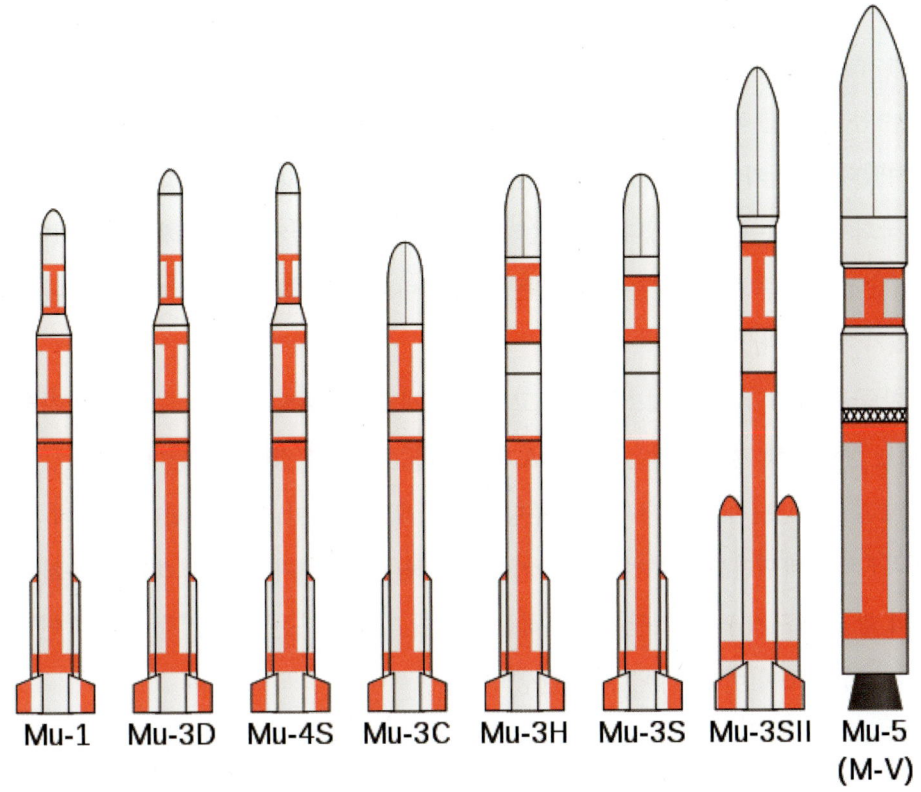

일본의 고체로켓 뮤(M) 시리즈

로 일본의 라이선스 생산을 허용했다. 이렇게 해서 1975년에 N-I 로켓이 개발되어 성공적으로 발사되었다. 2단에는 연료로 에어로진-50, 산화제로 사산화이질소(NTO)를 사용한 일본 자체 개발의 상온 액체로켓 엔진 LE-3이 사용되었다. 그런데 1980년에 N-I 6호기의 발사가 실패하면서 일본은 실패 원인을 알아내기 위해 미국에 기술 정보의 공개를 요구했지만 거절당하면서 액체연료 로켓엔진도 완전히 자력으로 개발할 방침을 결정하게 된다.

## H-II 로켓과 고다이 박사

한때 일본의 우주 기술 개발은 3개의 연구기관이 약간은 경쟁도 하면서 분산되어 담당하고 있었다. 제일 먼저 생긴 기관은 도쿄대학 항공우주학과 내의 로켓연구팀과 항공연구팀을 합쳐 탄생한 ISAS로 도쿄대학 부설로 성장하여 문부성 산하에 있었고,

NAL<sup>National Aerospace Laboratory</sup>은 1955년 과학기술청 산하 연구기관으로 설립되어 항공과 우주 분야의 기초 기반기술을 연구하고 있었으며, NASDA<sup>National Space Development Agency</sup>는 1969년 과학기술청 산하로 평화적인 우주 기술 개발을 담당하는 기관으로 발족하였다. 한 국가에 우주 개발을 추진하는 3개의 기관이 생기게 된 것이다. 당연히 일본 국회에서도 논란이 생겼다. 당시 총리였던 나카소네가 결자해지로 해결에 나섰다. 과학기술청에 우주 개발추진본부를 만든 사람이 바로 과학기술청 장관 재직시의 나카소네였기 때문이다.

항공우주 과학 관련 기초연구와 고체로켓 개발은 ISAS, 항공과 우주 기반기술은 NAL, 상용 로켓 기술 개발은 NASDA가 수행하는 것으로 정리하게 된다.

그 후 2003년까지 이 3개의 우주항공 연구개발 기관이 공존을 한다. 그런데 일본 정부조직이 바뀌면서 문부성과 과학기술청이 하나의 부처가 되었다. 하나의 부처에 3개의 항공우주 기술개발기관이 존재하는 형국이 되자 정부는 세 조직을 하나의 연구기관으로 통합하여 현재의 JAXA가 탄생하였다.

N-I 실패 후에도 N-I을 약간 개선한 N-II 로켓을 라이선스로 개발하여 계속 사용하긴 했지만 NASDA는 자체 기술의 H 시리즈 로켓 개발에 박차를 가하기 시작한다.

**일본의 H-IIA 로켓 발사 장면**

H-I 로켓에도 1단에는 라이선스 받은 엔진을 사용했지만 2단 엔진으로 액체수소 엔진 LE-5과 고체 연료 3단 엔진 UM-129A을 자체 개발하여 사용하기 시작하였다. 그리고 1994년 발사에 성공한 H-II 로켓에서는 1단 엔진 LE-7과 고체로켓 부스터의 개발에도 성공하여 전체 로켓시스템의 완전한 국산화를 달성했다. 미국제의 1단 엔진 MB-3-3을 사용한 H-I에 비해 발사 능력을 비약적으로 향상시키기 위해 H-II에서는 당시 세계 최고 기술로 인정받았던 액체수소와 액체산소를 사용하는 LE-7을 개발하면서 기술적인 난도는 매우 높지만 비추력을 최대화할 수 있는 다단계식 연소 사이클을 적용하게 된다. LE-7 엔진은 LE-5에 비해 더 크고 추력이 100톤에 가까운 데다 다단계식 연소 사이클과 절대 0도에 가까운 액체수소를 연료로 채용했기 때문에 터보 펌프

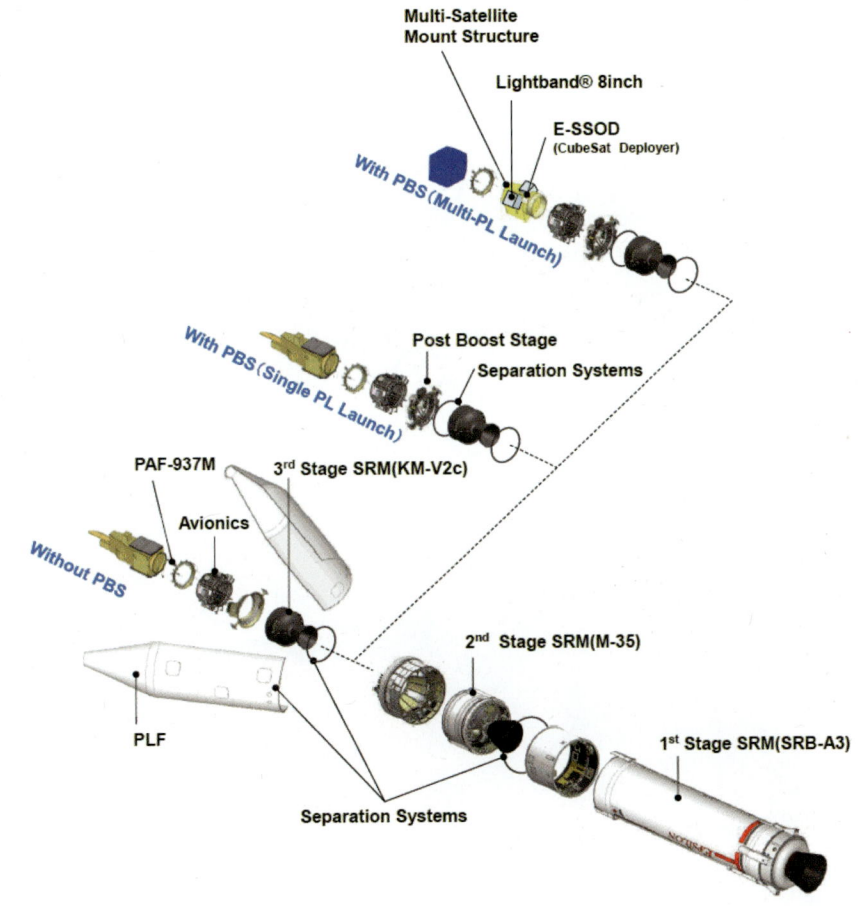

엡실론 로켓 내부구조 분해도

의 개발이 매우 어려워 많은 어려움을 겪었다. 고다이 박사와 개발팀은 이를 극복하고, 10년이 걸렸지만 마침내 세계 최고 수준의 액체수소 로켓엔진 개발에 성공하게 되었다. 그간 ISAS를 통해 축적해온 고체로켓 기술은 H-II 로켓의 고체연료 부스터SRB, Soild Rocket Booster에 반영되었다.

그러나 너무 어려운 기술을 적용하는 바람에 개발한 로켓의 제작비가 너무 높아 H-IIA를 통해 저렴화했지만 여전히 높은 가격으로 세계 상용시장 진출에는 성공하지 못했다고 생각된다.

일본의 발사체 개발에서의 특징적인 면은 완전한 국산기술(고체연료 로켓의 시리즈)로 시작되었다는 것과 2차 세계대전 패전 이후 오랫동안 자주 의사로 군사 목적의 이용을 금지해온 것을 들 수 있다. 특히 로켓 개발이 시작될 당시의 일본에는 반전 여론이 매우 강하였고, 로켓 개발은 우주과학 목적의 이용만으로 엄격하게 제한되어서 21세기에 들어갈 때까지 정찰 위성의 발사 등 군사적 이용은 엄중하게 금지되었다. 물론 ISAS가 군

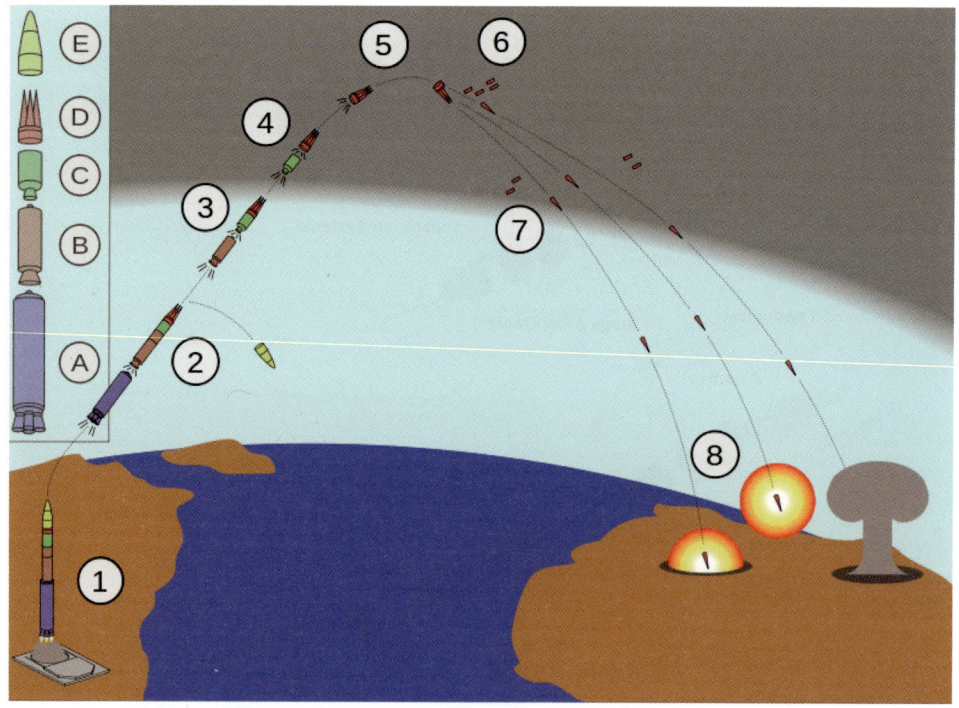

**미니트맨 3의 발사 및 비행 과정:** 1. 사일로에서 발사; 2. 60초 후 1단과 페어링 분리, 2단 점화; 3. 120초 후 2단 분리, 3단 점화; 4. 상단추진부 분리; 5. 상단추진부 기동 후 재진입부 낙하 준비; 6. 탄두와 기만탄 분리; 7. 3기의 탄두 재진입, 개별 목표로 낙하; 8. 탄두 각자의 목표 상공 혹은 지상에서 폭발

사적 이용이 용이한 고체연료로 로켓 개발을 시작하긴 했지만 소형로켓으로 시작하기가 용이해서였고 지속적으로 개발하다 보니 커진 것이다.

그러나 사실상 발사 능력으로 보면 은퇴시킨 뮤-5$^{Mu-5}$ 중형 로켓은 1단 고체 엔진 추력이 400톤에 가까워 소련의 가장 강력했던 SS-18, 사탄$^{Satan, 소련명 S-36}$ 미사일에 맞먹었고 고체연료를 사용하기 때문에 발사 즉시성까지 갖추었다. 또한 뮤-5는 4단까지 갖추고 있어 만약 ICBM으로 사용하려 했다면 세계 최강의 미사일이 되었을 것이라고 생각한다. 일각에서는 2003년 뮤-5로 하야부사$^{Hayabusa}$ 소행성 탐사선을 발사하고 탐사 후 우주선을 지구로 재진입 귀환하는 일련의 과정은 ICBM의 시험과정과 유사하다고 경계하기도 했다. 그 이후에 소형화한 엡실론$^{Epsilon}$ 고체로켓도 1단 추력이 230톤으로 강력한 ICBM 후보가 될 수 있다. 특히 정밀 궤도 진입을 위해 옵션으로 4단까지 장착할 수 있고, 각종 제어 장치에다 최소의 인원으로 발사할 수 있는 능력까지 갖추고 있어 마음만 먹으면 군사 목적으로의 사용이 용이할 것이라고 본다. 참고로 1970년에 배치가 시작된 미국의 현역 ICBM, 미니트맨 3$^{Minuteman 3}$(LGM-30)는 총 무게 36톤에 4단 미사일로 92톤의 1단 추력이지만 1만 km 이상의 도달거리에 히로시마 원폭 30배 성능의 핵탄두 3기를 개별 목표를 향해 날릴 수 있다.

엡실론이 로켓으로는 소형이지만 ICBM으로서는 대형이 될 수 있는 능력을 갖추고 있다는 얘기이다. 2013년 첫 발사 성공 후 2022년 여섯 번째 발사(실패)로 거의 활용도가 없는 데도 계속 유지하고 있는 이유 중 하나일 수도 있겠다.

## 2.3 세계 발사체 현황

### 2.3.1 2022년 로켓 발사 현황

현재 우주궤도에 위성을 올릴 수 있는 로켓을 보유한 나라는 미국(아틀라스 5, 델타 4, 델타 헤비, 팰컨 9, 팰컨 헤비, 안타레스 등), 러시아(소유즈, 프로톤, 제니트, 드네프르), 유럽(아리안, 베가), 일본(H-IIA, 엡실론), 중국(창정 시리즈 로켓), 인도(PSLV, GSLV) 등 6개국이다.

최근에 대한민국이 누리호 발사에 성공해 일곱 번째가 된 셈이다. 이란과 이스라엘 등 다른 나라도 발사체를 개발하고 있지만 의미 있는 크기의 물체를 우주궤도에 위성을 올릴 수 있는 수준은 아니다.

지난 2022년에는 전 세계적으로 총 186회의 궤도 발사가 이루어졌으며 총 8회의 발사 실패(1회 부분실패 포함)를 경험했다. 날씨가 좋은 때여서인지 10월에는 23회의 발사(1회 실패와 1회 부분실패 포함)가 이루어져 월간 발사 기록을 세우기도 했다. 역사상 최대 횟수의 발사를 기록한 2021년의 135회 발사 기록을 간단히 뛰어넘은 한해였다.

미국은 87회 발사(본사가 미국에 있는 로켓랩의 뉴질랜드에서의 9회 발사 포함)를 기록해 세계 1위의 발사 빈도를 보였다. 스페이스X의 61회 발사와 ULA 8회(아틀라스-5 7회, 델타-4 헤비 1회), 신생기업 아스트라 Astra, 2016년 창업의 3회(1회 성공, 2회 실패), 안타레스 Antares 2회, 런처원 LauncherOne 2회, 신생기업 파이어플라이 Firefly, 2016년 창업 1회(부분실패, 위성들이 약간 낮은 궤도로 투입됨) 등으로 미국 역사상 최고 횟수의 발사가 있었다.

2위는 중국으로 64회 발사를 수행했다. 2021년에는 미국의 총 51회 발사를 넘어 56회로 세계 1위였으나 2022년에는 스페이스X의 분전으로 미국에 밀려 2위로 내려 앉았으나 중국 역사상 최대 횟수의 발사를 이룬 해였다. 창정 Long March, LM 53회(LM2 24회, LM3 4회, LM4 11회, LM5 2회, LM6 4회, LM7 3회, LM8 1회, LM11 4회), 중국 국영기업 CASIC의 콰이초우 Kuaizhou 5회(중국 미사일을 개조해 만든 로켓), 중국민간기업 (2018년 창업) 갤러틱 에너지 Galatic Energy 2회(고체엔진과 상온액체엔진 사용) 등의 발사가 있었다.

3위는 러시아로 22회의 발사가 있었다. 소유즈 19회, 앙가라 2회, 프로톤 1회로 모두 발사에 성공했다. 우크라이나와의 전쟁으로 유럽의 아리안사를 통한 대리발사가 중지되어 2021년의 25회에 비해 발사 횟수가 줄어들었다.

4위는 유럽으로 총 5회의 발사가 있었다. 아리안 5가 3회, 베가 C가 2회(1회 성공 1회 실패)를 기록했다. 개발중인 아리안 6의 발사가 지연되었고 믿었던 베가 C의 발사가 실패하면서 수년 전만 해도 최고의 상용 발사 실적을 보였던 유럽으로는 아쉬운 한해였다. 인도도 5회 발사에 1회 실패가 있었다.

## 2.3.2 전세계 주요 상업 발사체 개요

스페이스X의 로켓들은 이미 여러 번 소개했기에 이를 제외한, 상용 발사 능력을 가진 발사체 업체들과 그 로켓들을 간단히 살펴보도록 하자.

우선 미국 정부 발사 업무를 주로 담당하는 발사체 기업 ULA사부터 살펴보자. ULA사는 아틀라스 5를 제작해 발사하던 록히드마틴사와 델타 4를 제작해 발사하던 보잉사의 로켓 부분이 통합하여 탄생한 회사이다.

아틀라스 5 로켓은 러시아의 RD-180을 1단 엔진으로 사용하고 있다. RD-180은, 소련 시절 개발된 노즐이 4개 달린 RD-170을 축소해, 노즐을 2개만 살린 석유와 액체산소를 추진제로 사용하는 세계 최고 수준의 대형 액체 로켓엔진이다. 아틀라스 5에는 170톤 추력의 고체 부스터를 5기까지 장착할 수 있고 1단 RD-180의 추력은 390톤에 이른다. 부스터 장착 수효에 따라 저궤도에 8톤에서 18톤, 정지천이궤도에는 4.7톤에서 8.9톤의 위성을 올릴 수 있다. 2002년 처음 발사에 성공한 이후 현재까지 아틀라스 5의 발사 성공율은 100%로 아직까지 한 번의 실패도 없이 97회를 발사하였다.

또 하나의 ULA사 로켓인 델타 4는 액체수소와 액체산소를 추진제로 사용하는 액체수소엔진 RS-68A를 기반으로 하는 로켓이다. 필요 추력에 따라 83톤의 고체부스터를 2개에서 4개까지 부착할 수 있다. RS-68A 엔진은 320톤 해상 추력을 가진 역사상 최고 출력을 낼 수 있는 액체수소엔진이다. 그리고 RS-64A 엔진 2기를 부스터로 추가 활용해 거의 1,000톤에 가까운 발사시 추력을 가진 델타 4 헤비(Delta 4 Heavy)는 대형로켓이다. 델타 4는 부스터 종류에 따라 저궤도에 11.5톤에서 28.8톤까지, 정지천이궤도에는 4.5톤에서 14톤의 위성을 올릴 수 있으며, 2단 엔진도 액체수소를 연료로 사용하는 최고급 로켓이나 1회 사용 후 버리는 형태라 가격이 비싸다. 미국 국가정찰국(NRO)이 델타 4 헤비 로켓을 이용하여 대형 스파이 위성을 발사할 때는 1회 발사비로 4억 4천만 달러까지 지불하고 있는 것으로 알려져 있다. 2002년에 처음 발사에 성공한 이후로 현재까지 델타 4 계열 로켓은 42회의 발사 성공에 한 번의 부분 실패로 거의 퍼펙트 발사 실적을 보이고 있다.

미국의 기존 로켓 발사업체로 오비탈 사이언스(Obital Sciences)사도 있다. 현재는 노스롭그루먼사의 산하 발사체 회사로 안타레스 로켓을 제작 발사하고 있다. 안타레스 로켓은 2013년 처음 발사에 성공할 때는 1단로켓 엔진으로 소련의 달 탐사 로켓 N-1의 메인 엔진이었던 NK-33을 사용했으나 발사 중 폭발사고가 있고 나서 점진적으로 은퇴시키고 현재의 안타레스 200 시리즈에는 러시아의 RD-181 엔진을 1단 로켓에 사용하고 있다. RD-181 엔진은 RD-180의 1개 연소실 버전인 RD-191을 기반으로 안타레스 로켓에 맞춰 약간의 구조변경을 한 것이다. 안타레스 로켓에는 1단에 2기의 RD-181 엔진이 장착되어 약 390톤의 추력을 낸다. 안타레스는 지구 저궤도에 8톤 정도를 올릴 수 있는 로켓으로 오비탈 사이언스의 우주정거장 화물 수송선 시그너스$^{Cygnus}$를 운반하는 역할을 하고 있다. 2013년 첫 발사 이후 17회 발사에 한 번의 실패를 기록하고 있다.

유럽의 대표로켓 아리안$^{Ariane}$ 5는 액체수소와 액체산소를 추진제로 사용하고 있는 벌컨$^{Vulcain}$ 엔진을 1단에 1기 장착하고 있다. 현재 운용중인 아리안 5 ECA 버전에는 성능이 향상된 벌컨 2 엔진이 사용되고 있으며, 2단에도 6.8톤 추력의 액체 수소엔진이 운용되고 있다. 벌컨 2 엔진은 중대형 로켓용 주엔진으로는 상당히 적은 98톤(해상추력) 정도의 추력을 낸다. 이 적은 추력을 보완하기 위해 해상추력 550톤의 고체부스터를 2기 붙여 1,100톤의 총 추력을 낸다. 이 경우 발사시 추력의 92%가 고체부스터에서 나온다. 아리안 5를 액체수소 로켓이라고 홍보하고 있지만 사실은 고체로켓에 궤도 투입을 위해 작은 액체엔진이 1단과 2단에 달려 있는 형상이라고 볼 수 있다. 아리안 5 로켓은 부착하는 부스터의 종류에 따라 저궤도에 16톤에서 20톤, 그리고 정지천이궤도에는 7톤에서 10.8톤 무게의 위성까지 올릴 수 있다. 1996년 6월 첫 발사에 성공한 아리안 5는 총 117회의 발사가 있었고 2회의 발사 실패, 그리고 3회의 부분 실패를 겪었다.

일본이 자랑하는 H-IIA 로켓에는 액체수소 연료를 사용하는 LE-7A 엔진을 1단에 장착하고 있다. 2단에는 14톤 추력의 액체수소엔진이 달려 있다. LE-7A 엔진은 86톤의 해상 추력(진공추력 110톤)을 가지고 있다. 아리안 5와 마찬가지로 주엔진의 작은 추력을 보완하기 위해 고체 부스터 SRB-A를 붙인다. H-IIA에는 2기와 4기의 부스터를 붙일 수 있다. 1기 부스터의 해상추력이 185톤 정도이므로 2기이면 370톤, 4기이면 740톤의 부스터 추력을 가질 수 있다. 2기의 고체 부스터를 붙이면 발사시 총 추력의 80%가 고체연료 부스터에서 나오고, 4기를 부착하면 90% 정도의 추력이 고체연료 부스터에서 제공되어 아리안 5와 마찬가지로 H-IIA도 사실상 고체로켓인 셈이다. H-IIA는 부착 부스터 수에 따라 저궤도에 10~15톤, 정지궤도에 4.1~6톤의 물체를 올릴 수 있다. 2001년에 첫 발사에 성공한 H-IIA는 총 46회 발사에 45회의 성공을 기록하였고 1회의 실패를 경험하였다.

### 2.3.3 신생 발사체 기업

제1장에서 언급한 대로 스페이스X사의 성공에 고무되어 전 세계적으로 우후죽순격으로 새로운 로켓 개발사들이 등장하였다. 뉴스페이스 New Space로 지칭되는 벤처 스타트업 중 1백여 개 이상의 로켓 개발 스타트업이 저마다의 부푼 꿈을 이루기 위해 노력하고 있는 중이다. 이들 대부분은 저가의 소형로켓 개발을 목표로 하고 있고, 일부는 재사용 가능한 발사체 개발도 계획하고 있다. 이들이 원하는 로켓 개발에 성공하게 되면 인공물체의 궤도 발사 비용은 더욱 낮아질 것이다. 그러나 이 많은 발사체 업체들이 모두 살아남기는 힘들 것이라고 본다. 잘 해야 10개 이내가 생존할 것이다. 로켓 기술의 파괴적 혁신과 저가화에 발 빠르게 대응하지 못하는 회사는 벤처 투자금이나 국가의 세금 지원이 끊어지는 순간 결국 낙오되는 수순을 밟게 될 것이다.

우리의 누리호 후속 개발 사업이 눈여겨보아야 할 사항이라고 본다. 여기에서는 몇 개의 주요 스타트업만 언급하고자 한다. 현재로서는 1장에서 이미 소개한 로켓랩사가 신생 발사체 회사로서는 여러 번의 발사 성공 실적을 보유한 유일한 회사이다. 다른 발사체 스타트업들은 대부분 아직 안정적인 상업발사가 가능하지 않다.

아래에 이미 앞에서 자세히 소개한 로켓랩 이외의 몇몇의 앞서 가고 있는 발사체 스타트업을 살펴보기로 한다.

- 렐리티비티스페이스 Relativity Space: 팀 엘리스 Tim Ellis와 조던 눈 Jordan Noone에 의해 2015년 설립된 발사체 스타트업으로 캘리포니아주 롱비치에 본사를 둔 기업이다. 3D 프린터를 최대한으로 이용해 발사체를 저렴하게 제작하겠다는 목표로 사업을 시

작해 지금은 대형 금속 3D 프린터를 자체 제작하여 판매할 수 있는 수준으로 발전하였다. 지구 저궤도에 900Kg 위성을 올릴 수 있는 테런Terran 1을 개발하여 2023년 3월 첫 발사에 나섰으나 상단 엔진에서 문제가 발생하여 발사에 실패하였다. 테런 1 로켓의 1단에는 액체 메탄과 액체산소를 사용하는 10톤 추력의 이온Aeon 1 엔진 9기와 2단에는 이온 1 진공 버전 엔진 1기가 장착되었다. 만약 발사에 성공했더라면 세계 최초로 액체 메탄을 연료로 사용하는 엔진으로 궤도에 위성을 올린 회사가 될 수 있었다. 그러나 발사 실패 이후 렐리티비티사는 테런 1은 은퇴시키고 저궤도에 33톤 수준의 우주물체를 올릴 수 있는 테런 R의 개발을 시작했다. 테런 R 로켓에는 현재 개발중인 이온 R 엔진을 13기 배치하여 1,500톤의 1단 추력을 가진 대형 로켓을 목표로 하고 있다. 팰컨Falcon 9 로켓과 마찬가지로 재사용 가능한 로켓 개발을 꿈꾸고 있는 것이다.

- 파이어플라이 에어로스페이스Firefly Aerospace사는 2017년에 설립한 텍사스 오스틴 소재 우주 기술 벤처기업으로, 2014년 톰 마쿠식Tom Markusic 등에 의해 설립된 파이어플라이 스페이스 시스템스가 파산한 후 회생한 기업이다. 소형로켓 파이어플라이 알파Firefly Alpha를 개발하고 있으며 LEO에 1톤, SSO에 600kg 무게의 위성을 투입할 수 있는 능력으로 인도의 PSLV와 유사한 성능의 로켓이 되겠다. 2022년 10월 시험발사가 있었으며 부분적인 성공을 거뒀다고 발표하였다. 발사 가격은 1,500만 달러(165억 원 정도)를 예상하고 있다. 파이어플라이사는 연소실에 구멍tap을 내어 고온의 연소가스를 뽑아내 터보 펌프를 구동하는 탭오프tap-off 사이클이라는 독특한 오픈사이클open-cycle 엔진, 리버reaver를 개발하여 사용하고 있으며, 연료로는 로켓용 석유를 사용하고 있다.

파이어플라이사는 발사체 개발 이외에도 우주선 개발에 참여하여 NASA로부터 1억 달러에 가까운 달 착륙선 과제를 수주했다. 아르테미스 프로그램의 일환으로 10종류의 과학 탐사와 기술 시험을 위한 장비들을 달 표면에 내려 놓는 과업이다. 이를 위해 파이어플라이사는 장비운반용 달 착륙선 블루고스트Blue Ghost를 개발하고 있다.

- 아스트라스페이스Astra Space사는 2016년 캘리포니아 앨러미다에 설립된 발사체 개발회사이다. 크리스 켐프Chris Kemp와 아담 런던Adam London이 창업했으며, 2018년 7월에는 로켓Rocket 1이라 이름 붙인 로켓의 시험비행을 시도했지만 발사 27초 후에 추락했다. 아스트라는 특이하게 알래스카 코디액Aaska Kodiak 섬에 있는 발사장을 사용하고 있다. 그후 로켓 2 역시 같은 해 10월에 발사했지만 추락으로 실패했지만 이로부터 얻은 경험을 토대로 곧 로켓 3을 준비하였다. 2020년 로켓 3.0, 3.1의 발사를 시도했으나 이런저런 문제로 실패한 후 로켓 3.2는 거의 궤도에 올리면서 시험발사로서는 부분 성공을 하였다. 2021년 2월에 일부 문제점들을 개선한 로켓 3.3의 발사에 실패하였으나 11월에 다시 시도하여 처음으로 궤도에 올리는데 성공했다.

  아스트라스페이스사는 2021년 11월 발사 성공은 회사 창립 후 5년 1개월만에 이룬 것으로 스페이스X의 첫 발사 성공보다 빠르다고 자랑하기도 했다. 그 후 로켓 3의 실패와 성공을 반복한 후 더 이상의 로켓 3 발사는 중지하고 좀더 진보한 로켓 4를 개발하기로 하였다. 로켓 4는 저궤도에 600Kg의 위성을 올릴 수 있을 것이라고 하며, 1단에는 델핀Delphin으로 불리는 소형 엔진을 클러스터링하여 장착하게 된다.

- 로켓 발사에 전혀 관심이 없어 보이던 영국 정부도 최근에 소형로켓용 상업발사장 인프라 구축을 위한 초기자금으로 3,000만 달러를 마련하고 록히드마틴과 스코틀랜드의 멜니스Melness에 우주발사장을 구축하는 계약을 체결했다. 영국 정부는 우주 산업의 미래가 대단히 밝다는 판단하에 선진국으로서는 뒤늦은 2010년 4월 영국우주청UK Space Agency을 창설하고 우주 기술 개발을 위한 국가적인 지원에 나서기로 한 것이다. 사실 이미 영국은 전세계 소형위성 시장의 44%를 장악하고 있는 우주 산업 국가 중 하나였다. 이제는 이들 소형위성의 자국 발사를 위한 인프라를 갖추기 위해 록히드마틴과 영국 발사장에서의 발사를 조율하고 있는 것이다. 또한, 미국 롱비치에 본사를 두고 있는 버진오빗Virgin Orbit의 설립자인 유명한 영국인 억만장자 기업가 브랜슨Richard Branson이 소형위성용 공중발사 로켓 런처원LauncherOne의 영국 상공 시범발사를 위해 영국 남서쪽 콘월의 뉴키Newquay 공항을 그들의 발사용 B747의 이착륙 장소로 사용하면서 영국 정부의 적극적인 지원을 받았다. 그러나 6번의 발사 시

도에 2회의 실패를 겪으면서 회사 운영자금이 바닥나고 추가 자금 지원을 받지 못해 2023년 1월 파산선고하여 회생절차를 밟고 있다.

- 벡터론치Vector Launch사는 짐 칸트렐Jim Cantrell 등이 2016년에 창업한 로켓 개발업체이다. 초소형 위성 발사와 준궤도suborbital 비행을 목적으로 하고 있으며, 2019년에 파산선고 후 20201년 10월에 회생한 기업이다. 5톤 무게의 벡터-RVector-R 로켓을 개발중이며 저궤도LEO에 65kg, 태양동기궤도SSO에 25kg 정도를 궤도에 올리고자 시험발사 중이고, 추후에는 헤비 버전Heavy version 벡터-HVector-H도 개발할 예정이며, 미국 알래스카 발사장 사용을 계획하고 있다. 1회 발사비로 200~300만 달러를 목표로 하고 있다.

이렇듯 미래의 우주 산업 발전의 필수 요소인 발사체 시장에 참여하기 위하여 정부들뿐만 아니라 많은 기업가나 벤처투자가들이 소형 우주발사체 개발사업에 뛰어들고 있다. 현재 전 세계적으로 약 100여 개의 소형발사체 개발 그룹들이 이 시장에 눈독 들이면서 투자금을 모으거나 자비를 들여 로켓 개발에 총력을 기울이고 있는 것이다.

일본은 이미 2013년 개발에 성공한 소형고체로켓 엡실론을 이용해서 SSO에 600kg 정도의 위성을 궤도에 올리고 있으며, 중국에서도 최근 몇 년 사이에, 스페이스X의 일론 머스크의 성공에 감명받은 탓인지, 원스페이스OneSpace, 엑스페이스ExPace, 랜드스페이스LandSpace, 링크스페이스LinkSpace, 아이스페이스i-Space 등 10개에 가까운 민간 소형로켓업체들이 창업해 경쟁적으로 소형로켓 개발에 나서고 있다. 당연히 이들은 모두 소형발사체 시장에서 자기들이 개발한 발사체가 수익을 올릴 수 있을 것으로 믿고 창업한 것이다. 가히 소형발사체 춘추전국시대가 된 것이다.

## 2.3.4 누리호 기술로 소형발사체 개발

대한민국도 과학로켓 1, 2, 3호를 시작으로 나로호 개발과 발사장 건설 그리고 한국형 발사체 개발사업을 통해 우주 발사체 기술개발을 이어오고 있다. 그간 로켓 개발에 필요한 주요부품 및 엔진, 로켓용 시험 인프라, 로켓 설계 개발 및 관련 장비 구축, 우주 핵심기술과 인력 양성 사업 등을 통해 약 3조 원 가까이 투자해 오고 있다. 거의 30억 달러의 관련 투자를 해온 것이다. 이제 그 결실이 한국형 발사체 누리호의 성공적인 개발로 현실화된 것이다.

그러면 우리도 누리호 2, 3단 부분의 성능을 개선해서 전 세계가 집중하는 소형위성 발사 사업에 나설 수 없을까?

그 가능성을 기술적으로 살펴보자. 로켓이 위성을 궤도에 올리려면 적절한 속도 증분(델타 V라고 한다)을 제공할 수 있어야 한다. 위성에 필요로 하는 속도 증분을 제공하는 것이 바로 로켓의 알파요 오메가이기 때문이다.

먼저 현재의 알려진 누리호의 제원으로 델타 V를 계산해보자. 각 궤도별로 요구되는 델타 V는 다음과 같다.

LEO : 9.3~10km/s (대략 160~2,000km 고도)
SSO : 9.6km/s (800km 극궤도로 가정, 궤도속도 7.4522m/s)
GEO : 약 13km/s (35,786km/s 고도, 궤도속도 3.075m/s)

실제로 위성을 궤도에 올리기 위해 필요한 델타 V는 지구의 중력영향(중력저항이라고 부른다)과 공기저항 등을 고려하면 1.3~1.8km/s쯤 더 필요하다고 알려져 있다. 따라서 LEO에 위성을 올리기 위해서는 대략 11km/s 이상의 델타 V가 필요하다 볼 수 있다.

참고로 지구 자전 효과를 무시한 지표면에서는 지구중력 탈출속도가 11.186km/s이고 적도에서는 지구자전속도 465m/s를 감안하여 줄어들게 된다.

또한 LEO에서 위성이 원 궤도를 유지하기 위한 궤도 속도는 200km 고도의 7.784km/s에서 시작해서 1,500km 고도에서는 7.113km/s이다. GEO에서는 3.075km/s이고 여기에서의 지구중력 탈출속도는 4.348km/s이다. 앞으로 우주탐사나 소행성으로부터 귀금속 캐오기Space Mining, 우주 태양광 발전 등을 위해서 중간 기지가 필요하다면 바로 탈출 속도가 낮은 정지궤도가 제일 좋을 것이라는 생각이 든다.

우선 3단 누리호의 델타 V를 기존에 나와 있는 데이터를 토대로 계산해보자.

| 작용하는 형체 | 1단 | 2단 | 3단 | 페어링 | 위성 | | 전체 |
|---|---|---|---|---|---|---|---|
| 단총중량(kg) | 143,100 | 41,900 | 12,600 | 900 | 1,500 | (SSO) | 200,000 |
| | | | | | 2,000 | (LEO) | 200,500 |
| 추진제중량(kg) | 130,000 | 36,900 | 11,000 | | | | 177,900 |
| 구조중량(kg) | 13,100 | 5,000 | 1,600 | | | | 19,700 |
| 구조비 | 0.092 | 0.119 | 0.127 | | | | |
| 진공추력(ton) | 304.12 | 80.44 | 7.00 | | | | |
| 지상추력(ton) | 266.88 | | | | | | |
| 비추력(sec) | 298.10 | 315.40 | 325.10 | | | | |
| 연소시간(sec) | 125.70 | 143.60 | 501.60 | | | | |
| 시작중량(kg)(SSO) | 200,000 | 56,000 | 14,100 | | | | |
| 시작중량(kg)(LEO) | 200,500 | 56,500 | 14,600 | | | | |
| 종료중량(kg)(SSO) | 70,000 | 19,100 | 3,100 | | | | |
| 종료중량(kg)(LEO) | 70,500 | 19,600 | 3,600 | | | | |
| 중량비 | | | | | | | |
| DV(SSO) | 3.069 | 3.327 | 4.829 | | | | 11.225 |
| DV(LEO) | 3.056 | 3.275 | 4.464 | | | | 10.794 |
| 초기가속도(g) | 1.33440 | 1.43643 | 0.49645 | | | | |
| 종료가속도(g) | 4.345 | 4.212 | 2.258 | | | | |

당연히 800km SSO에 1.5톤, 300km LEO에 2톤 정도도 무리 없이 올릴 수 있는 것으로 나온다.

그러면 이번에는 누리호의 2단과 3단을 소형로켓 발사체의 1단과 2단으로 보고 계산해 보자.

이때 엔진은 75톤급 1단용을 사용해야 해서 지상추력을 계상해 엔진 출력을 67톤으로 바꾼다.

| 작용하는 형체 | 1단 | 2단 | 페어링 | 위성 | | 전체 |
|---|---|---|---|---|---|---|
| 단총중량(kg) | 41,900 | 12,600 | 900 | 200 | (SSO) | 55,600 |
| | | | | 300 | (LEO) | 55,700 |
| 추진제중량(kg) | 36,900 | 11,000 | | | | |
| 구조중량(kg) | 5,000 | 1,600 | | | | |
| 구조비 | 0.119 | 0.127 | | | | |
| 진공추력(ton) | 80.44 | 7.00 | | | | |
| 지상추력(ton) | 67.00 | | | | | |
| 비추력(sec) | 298.10 | 325.10 | | | | |
| 연소시간(sec) | 143.60 | 501.60 | | | | |
| 시작중량(kg)(SSO) | 55,600 | 12,800 | | | | |
| 시작중량(kg)(LEO) | 54,800 | 12,900 | | | | |
| 종료중량(kg)(SSO) | 18,700 | 1,800 | | | | |
| 종료중량(kg)(LEO) | 17,900 | 1,900 | | | | |
| 중량비 | | | | | | |
| DV(SSO) | 3.185 | 6.254 | | | | 9.440 |
| DV(LEO) | 3.271 | 6.106 | | | | 9.377 |
| 초기가속도(g) | 1.44676 | 0.54688 | | | | |
| 종료가속도(g) | 4.302 | 3.889 | | | | |

예상대로 현재의 설계치로는 구조물의 무게가 너무 무거워 필요한 델타 V, 11km/s 가 나오지 않는다.

이번에는 국내 연구진이 무게 절감 설계를 했다 치고 다시 계산해보자. 로켓 구조물 무게가 전 세계에서 가장 최적화된 스페이스X 팰컨 로켓 경우에는 1단 구조비가 약 4%, 2단은 5.1% 정도로 알려져 있다. 그러나 우리 개발팀이 경험이 적은 상태에서 스페이스X 수준의 구조비 달성은 힘들다고 보고, 현재 누리호 구조비와 팰컨 9 구조비의 중간값 정도를 취해 계산해보자. 줄어든 구조 무게는 연료를 더 넣는 것으로 가정하고 페어링 무게도 소형위성용이므로 가볍게 한다.

대기중인 누리호 2단+3단의 시험발사 준비 광경

| 작용하는 형체 | 1단 | 2단 | 페어링 | 위성 | | 전체 |
|---|---|---|---|---|---|---|
| 단총중량(kg) | 41,900 | 12,600 | 300 | 200 | (SSO) | 55,000 |
| | | | | 300 | (LEO) | 55,100 |
| 추진제중량(kg) | 38,900 | 11,600 | | | | |
| 구조중량(kg) | 3,000 | 1,000 | | | | |
| 구조비 | 0.072 | 0.079 | | | | |
| 진공추력(ton) | 80.44 | 7.00 | | | | |
| 지상추력(ton) | 67.00 | | | | | |
| 비추력(sec) | 298.10 | 325.10 | | | | |
| 연소시간(sec) | 143.60 | 501.60 | | | | |
| 시작중량(kg)(SSO) | 55,000 | 12,800 | | | | |
| 시작중량(kg)(LEO) | 54,800 | 12,900 | | | | |
| 종료중량(kg)(SSO) | 16,100 | 1,200 | | | | |
| 종료중량(kg)(LEO) | 15,900 | 1,300 | | | | |

| 작용하는 형체 | 1단 | 2단 | 페어링 | 위성 | 전체 |
|---|---|---|---|---|---|
| 중량비 | | | | | |
| DV(SSO) | 3,591 | 7,547 | | | 11,138 |
| DV(LEO) | 3,617 | 7,316 | | | 10,934 |
| 초기가속도(g) | 1.46255 | 0.54688 | | | |
| 종료가속도(g) | 4,996 | 5,833 | | | |

계산 결과 대략 200kg 정도는 궤도에 올릴 수 있는 것으로 나왔다. 그런데 2단 최종 가속도가 탑재위성에 무리를 줄 수도 있는 수치가 나왔다. 우리 엔진의 추력이 가변적이 아니라 연료가 소모되면서 무게가 줄면 가속도가 너무 높아지는 문제가 있는 것이다.

이 문제를 해결하려면, 후에 다시 언급하겠지만, 우리 엔진에 추력조절throttling이라는 기능이 들어가야 한다. 무엇보다도 시급하게 설계 개선이 필요한 부분이 바로 이것이라는 생각이다. 추력조절이 가능해지면 유연한 단설계를 할 수 있어 더 효율적인

| 작용하는 형체 | 1단 | 2단 | 페어링 | 위성 | | 전체 |
|---|---|---|---|---|---|---|
| 단총중량(kg) | 41,900 | 12,600 | 300 | 500 | (SSO) | 55,300 |
| | | | | 700 | (LEO) | 55,500 |
| 추진제중량(kg) | 39,900 | 11,900 | | | | |
| 구조중량(kg) | 2,000 | 700 | | | | |
| 구조비 | 0.048 | 0.056 | | | | |
| 진공추력(ton) | 80.44 | 7.00 | | | | |
| 지상추력(ton) | 67.00 | | | | | |
| 비추력(sec) | 298.10 | 325.10 | | | | |
| 연소시간(sec) | 143.60 | 501.60 | | | | |
| 시작중량(kg)(SSO) | 55,300 | 13,300 | | | | |
| 시작중량(kg)(LEO) | 55,500 | 13,300 | | | | |
| 종료중량(kg)(SSO) | 15,400 | 1,200 | | | | |

| 작용하는 형체 | 1단 | 2단 | 페어링 | 위성 | 전체 |
|---|---|---|---|---|---|
| 종료중량(kg)(LEO) | 15,600 | 1,400 | | | |
| 중량비 | | | | | |
| DV(SSO) | 3,737 | 7,621 | | | 11,358 |
| DV(LEO) | 3,710 | 7,177 | | | 10,888 |
| 초기가속도(g) | 1.45461 | 0.53435 | | | |
| 종료가속도(g) | 5.223 | 5.833 | | | |

로켓이 되는 것이다.

그러면 스페이스X 수준의 극한 설계를 가정해보면 어떨까? 1단 구조비를 4.8%, 2단 구조비를 5.6% 정도로 가정해서 계산해본다.

극한으로 무게를 줄이니까 500kg 정도의 위성도 저궤도에 올릴 수 있다는 계산이 나왔다. 항공기, 위성의 설계 개발 시 무게 절감을 이루기 위해 관련 엔지니어들이 사투를 벌이는데 발사체의 설계 개발에서도 자체 무게 절감이 얼마나 중요한지를 웅변으로 말해주고 있다. 설계 개선을 통해 성능을 개선하면 우리 시험발사용 로켓 크기로도 소형위성은 충분히 궤도에 올릴 수 있다는 결론이 나온 것이다.

그런데 3단짜리 한국형 발사체 누리호는 현재의 제원으로는 상업성이 없다. 앞의 계산에서 살펴본 바와 같이 엔진과 동체구조물들이 너무 무거워 효율적인 성능이 나오질 않는 것이다. 현재로서는 예술품과 같이 만들었기 때문에 제작비 또한 비싸다. 유사한 성능을 가진 아리안의 베가, 러시아, 인도 등의 저렴한 중형급 로켓들과 효율이나 가격 면에서 경쟁이 되지 않는 것이다. 게다가 스페이스X의 팰컨 9와 같은 대형로켓들이 한꺼번에 여러 대의 위성을 궤도에 올리는 방법을 통해 더욱 저렴한 발사비로 경쟁에 나설 수 있기 때문이다.

현재 전 세계 100여 개의 소형로켓 개발자들은 본격적인 경쟁에 들어서게 되면 연구개발자금, 시험 시설, 발사장 등에 있어 많은 어려움을 겪을 것이다. 아마 몇 개 회사만 살아남을지 모른다. 그러나 대한민국은 이미 각종 중요부품 시험장치에서부터 엔진 시험, 단 시험 시설 등이 완벽히 갖춰져 있고 발사장도 구비되어 있어 다른 소형발사체 스타트업에 비해 경쟁력에 있어 절대적 우위에 설 수 있다. 대한민국이 조금만 열정을 쏟으면 몇 년 내에 소형로켓 발사시장의 주요 선수가 될 수 있다는 생각이다. 미래 우주산업을 선점하고 수출산업으로 키워나가기 위해 우리도 이제는 뛰어야 할 때라고 보는 것이다.

## 2.4 인공위성과 우주선

### 2.4.1 인공으로 올린 우주물체

인공위성Artificial Satellite은 행성 주위를 지속적으로 공전하도록 쏘아 올린 인공 물체이다. 달과 같은 자연 위성에 대비해 붙인 이름이다. 좁은 의미로는 지구의 주위를 돌기 위해 쏘아 올린 인공의 물체이며, 넓게는 화성, 목성 등의 태양계 내의 다른 행성들을 도는 우주 탐사선도 모두 인공위성의 범주에 속한다고 볼 수도 있다.

인공위성은 지상의 관측자의 관점에서 항상 정지한 위치에 있으면 정지위성, 그리고 항상 움직이고 있으면 이동위성으로 불린다. 사용 목적에 따라서는 통신위성, 방송위성, 기상위성, 과학위성, 측위GNSS위성, 지구관측위성, 기술개발위성, 군사위성 등으로 구분될 수 있겠다.

인공위성은 로켓(발사체)에 의해 지구 궤도에 올려져 지구중력과 동일한 크기의 원심력을 발생하는 속도로 궤도를 따라 움직인다. 대기권 밖은 공기저항이 없기에 관성의 법칙에 의해 에너지 공급 없이도 지속적으로 궤도를 돌게 된다. 물론 아주 낮은 궤도에는 희박한 공기가 있어 약간씩 속도가 줄어들기도 하고, 지구 이외의 달, 태양 및 다른 행성으로부터의 중력 영향으로 궤도가 틀어져 수시로 인공위성에 탑재한 소형 추력기를 통해 미세한 추진력을 분사해 궤도와 자세를 유지하게 된다. 이런 이유로 대부분의 인공위성들은 탑재한 로켓 연료가 소진되면 위성의 수명이 끝나게 되는 것이다.

발사체는 수직 발사되지만 발사 즉시 중력 선회를 통해 자세를 수평에 가깝게 바꾸어서 고도와 수평속도를 높여 궤도에 진입하게 된다. 올라간 궤도에서 속도를 더 크게 하면 더 높은 궤도로 옮겨갈 수 있다.

국제우주정거장으로 향하는 러시아 소유즈 TMA-7 우주선

미국 GPS(Global Positioning System) 블록 II-F 위성

**2013년 발사된 화성탐사선 MAVEN**

이론상으로 지상의 물체가 지구의 인력으로부터 자유로워지기 위해서는 중력 $9.8km/s^2$인 지표면에서 약 11.186km/s(시속 40,270km)의 '탈출 속도' 이상의 속도를 가져야 한다. 이는 단지 지표면에서 중력을 이기기 위해 필요한 원심력을 수학적으로 계산해낸 것으로 공기의 저항은 전혀 고려하지 않은 값이다.

실제로 로켓은 지속적인 로켓 분사를 통해 속도를 붙여 궤도에 오르고 궤도 높이에 따라 실제적인 지구 탈출 속도는 다르다. 일반적인 달 천이궤도에서의 탈출 속도는 아폴로의 경우 천이궤도에서의 속도 10.4km/s에 3단 엔진 추가 분사로 얻은 3.25km/s를 더하여 지구중력을 벗어나 3일만에 달 궤도에 들어갔다. 우리 다누리 달 궤도선은 1990년 일본의 히텐Hiten, 飛天 달 탐사선과 유사하게 에너지를 최소화할 수 있는 중력 도움을 받는 경로를 채택해, 달 궤도에 들어가는데 4개월 정도가 걸렸다.

## 2.4.2 인공위성 기술의 개념

인공위성의 초기 개념은 뉴턴Isaac Newton의 저서인 《자연철학의 수학적 원리Mathematical Principles of Natural Philosophy》에서 자연 위성의 운동을 기술하면서 시작된다. 뉴턴은 1728년 전술한 책의 제3권 《세계 시스템De mundi systemate》에서 인공위성의 개념을 자세히 설명한다. 이 책에 실린 그림에서 사고실험Thought Experiment으로 일컫는 유명한 '뉴턴의 대포알Newton's Cannon' 설명으로 인공위성의 가능성을 수학적으로 설파했다. 높은 산에서 수평방향으로 대포를 발사할 때 속도를 점점 높여 어느 속도 이상이 되면 대포알이 지상으로 떨어지지 않고 지구를 완전하게 돌게 된다는 이론으로 궤도 운동을 설명하기 위해 만들어낸 사고실험이었다. 현재의 로켓 발사가 초기에 수직으로 시작하는 것은 어떻게 보면 높은 산의 위치를 확보하려는 것과 같다고 볼 수 있다. 사실 앞에서 언급한 브랜슨의 버진오빗사가 준비하고 있는 런처원은 747 점보기에 로켓을 싣고 올라가 일정 고도에서 수평에 가까운 방향으로 발사하는 개념이니 뉴턴의 사고실험을 그대로 수행하고 있는 셈이다.

 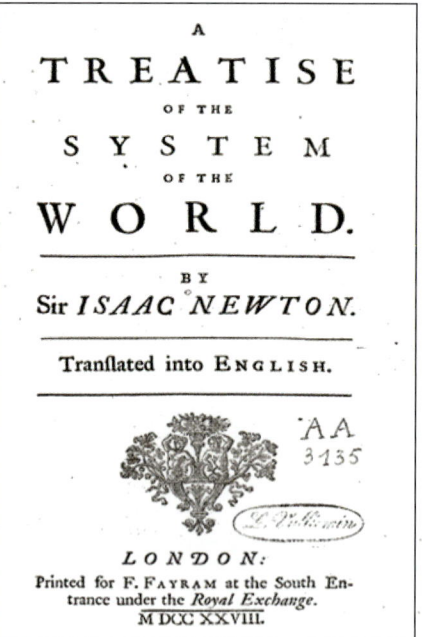

아이작 뉴턴과 《세계 시스템》 표제지

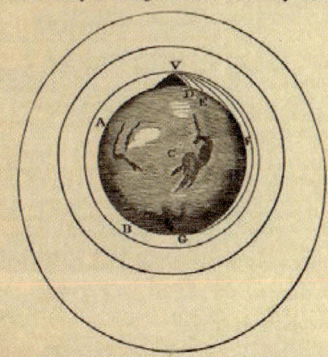

대포알도 빠르게 쏘면 지구 궤도에 오른다는 뉴턴의 이론

그러나 처음으로 인공위성에 대한 실제적인 개념이 언급된 책은 1869년에 출판된 미국 헤일Edward Everett Hale의 단편 소설 《벽돌 달The Brick Moon》이다. 이러한 개념은 1879년에 나온 프랑스 소설가 쥘 베른의 《인도 왕비의 유산The Begum's Fortune》에도 언급되어 있으며 베른이 《벽돌 달》의 영향을 받은 것이라는 주장도 있다.

1903년에는 러시아의 치올콥스키가 〈제트 추진 장치를 이용한 우주 탐험Exploring Space Using Jet Propulsion Devices〉이라는 제목으로 우주탐사에 관련된 최초의 학술논문을 저술하였다. 그는 지구 궤도를 돌기 위해 요구되는 최소 속도를 계산해서 밝혀내고, 액체연료로 구성된 다단계 로켓으로 이를 구현해낼 수 있음을 알아냈다. 그는 액체수소와 액체산소를 사용할 것을 제안하였다.

1928년에 포토치니크Herman Potočnik는 그의 저서 《우주여행의 문제: 로켓 모터The Problem of Space Travel: The Rocket Motor》에서 인간이 우주로 진출하여 영구히 거주하는 계획

**포토치니크와 클라크**

을 언급하였다. 그는 우주정거장에 대한 상세한 묘사와 정지궤도에 대한 계산을 하였다. 그는 저서에서 궤도에 올라간 우주선이 지표를 관측하여 군사적인 용도로 쓰일 수 있음을 묘사하고, 우주의 특수한 조건이 과학실험에 유용할 수 있음을 밝혔다. 정지궤도 위성을 묘사한 책에서는 라디오를 이용한 지표와 위성 사이의 통신 방법에 대해 논하였다. 그러나 이 생각이 현대와 같은 전자통신이나 위성방송의 개념으로 구상된 것은 아니었다.

1945년 《와이어리스 월드 Wireless World》 기사로 영국의 공상과학소설가인 클라크 Arthur C. Clarke는 방송 중계를 위해 위성통신 활용을 제안하였다. 그는 위성 발사계획, 위성을 궤도에 올릴 수 있는 가능성과 지구 주변을 공전하는 위성 사이의 네트워크 구성의 가능성을 조사하였고 고속 글로벌 통신의 이점에 대해 논하였다. 그는 또 3개의 정지궤도 위성이 지구 전역을 커버할 수 있다고 주장하였다. 미군은 1948년 12월 29일에 미 국방장관 포레스탈 James Forrestal의 공표로 지구 궤도를 도는 위성에 대한 아이디어 연구를 시작하였다.

### 2.4.3 최초 인공위성

앞에서 언급한 것처럼 세계 최초로 쏘아 올린 위성은 스푸트니크 1호였다. 스푸트니크 1호는 이온층의 라디오파 분석 데이터와 궤도 변화를 측정하여 고고도에서의 대기 밀도에 대해 규명하였다. 소련은 연이어 스푸트니크 2호를 1957년 11월 3일에 발사하였고, 라이카라는 개를 태워 보냄으로써 처음으로 지구 생명이 궤도도 올라가는 업적을 달성한다.

곧이어 미국도 익스플로러 위성을 올려 밴앨런 방사선 벨트를 발견해내는 등

 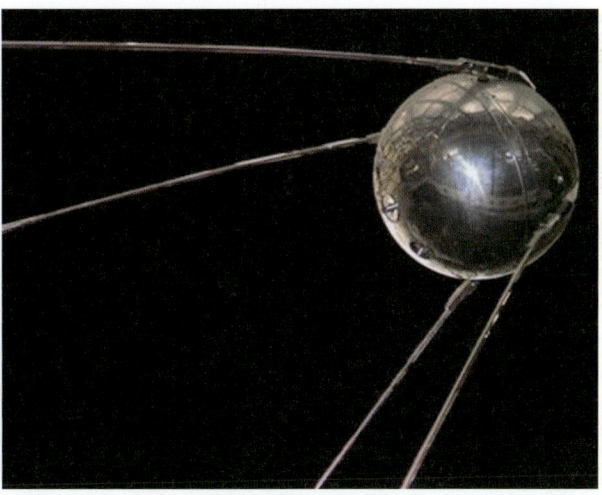

**코롤료프와 스푸트니크 1호**

미국과 소련은 경쟁적으로 인공위성을 쏘아 올려 위성 시대의 문을 활짝 열게 된다.

### 2.4.4 인공위성 기술의 발전

1946년에 RAND<sub>Research ANd Development</sub> 프로젝트에서 지구 주위를 공전하는 실험 우주선에 대한 개념 설계를 수행하였다. 여기서 "적합한 설비를 갖춘 인공위성은 20세기에 가장 강력한 과학 툴 중 하나가 될 것이라 기대된다."라고 언급하였다. 미 해군의 항공부서는 1945년부터 위성을 궤도로 발사하기 위한 준비를 해오고 있었다. 미 공군의 RAND 프로젝트는 결국 위의 보고서에서 공표되었으나, 이것이 군사무기로서의 잠재력이 있는지에 대한 믿음은 없었다. 오히려 그들은 과학이나 정치 선전의 도구로써 취급하였다. 1954년 미 국방장관은 "나는 미국의 위성 프로그램에 대해 알지 못한다"라고 진술하기도 했다. 1954년에 프로젝트 RAND는 칼하트<sub>R. R. Carhart</sub>가 쓴 '인공위성의 과학적 활용<sub>Scientific Uses for a Satellite Vehicle</sub>'에 발표되었다. 이는 위성의 과학적 쓰임의 잠재성을 확대시켰고 이어서 1955년에 칼만<sub>H. K. Kallmann</sub>과 켈로그<sub>W. W. Kellogg</sub>는 '인공 위성의 과학적 활용<sub>The Scientific Use of an Artificial Satellite</sub>'를 발표하게 된다.

국제우주정거장(ISS)

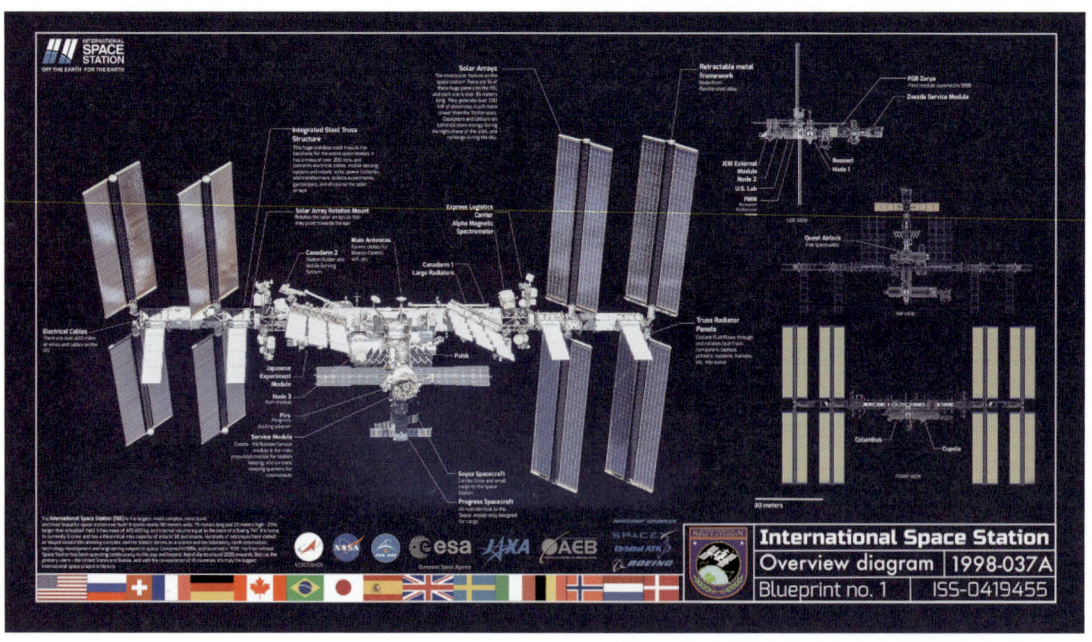

국제우주정거장 세부구조도

130　우주 기술의 파괴적 혁신

앞절에서 기술한 바와 같이 미국 정부는 1955년 7월 29일에 국제지구관측년(1957~1958) 기간에 계획된 활동의 일환으로, 1958년 봄에 인공위성을 발사할 것임을 공표하였다. 이는 프로젝트 뱅가드라고 명명되었으며, 이어 7월 31일에 소련은 1957년 가을에 위성을 발사할 것임을 발표한다.

스푸트니크 1호 발사 이후 3년 반 후인 1961년에 미 공군은 115개의 지구 궤도를 도는 위성을 미국 우주 감시망 United States Space Surveillance Network 을 통해 찾아내기도 하였다.

초기의 위성은 모두 1회성 디자인으로 개발되었다. 그 후 정지궤도 GEO 위성 통신이 성장하면서 한 플랫폼(위성버스)에서 여러 위성을 만들기 시작하였으며, 처음 발사된 표준화된 위성버스 디자인은 1972년에 발사된 HS-333 GEO Comsat이다.

현존하는 지구 궤도상의 가장 큰 인공위성은 국제우주정거장 International Space Station 으로 지상에서 맨눈으로도 볼 수 있다. 국제우주정거장은 러시아와 미국을 비롯한 세계 각국이 참여하여 1998년에 건설이 시작된, 다양한 연구시설을 갖춘 다국적 우주정거장이다. 2010년까지 지속적으로 확장되었으며 최근 NASA는 2031년까지 운영될 계획이라고 발표했다. ISS는 크게 러시아 궤도부 ROS 와 미국 궤도부 USOS 의 두 구역으로 나뉜다. ROS는 6개의 거주 모듈 module 로 이루어져 있으며 자체 모듈의 유지와 ISS 전체에 대한 유도, 항법, 통제, 메인 추진기관, 메인 생명유지장치를 담당한다. USOS는 가장 큰 실험실 모듈을 포함하여 7모듈로 구성되어 있으며, 일본의 키보, 유럽의 콜럼버스, 2500$m^2$ 면적의 태양전지판, 추가적인 생명유지장치(산소발생기), 두 번째 화장실 유지를 담당한다. ISS는 지구 저궤도에 속하는 350km 고도에 떠 있으며, 시속 27,743.8km의 속도로 매일 지구를 15.7바퀴 돌고 있다. 민간인 우주탐사 수요 증가에 따라 민간기업 액시엄스페이스 Axiom Space 사의 모듈 추가도 계획되어 있다. 최근 러시아가 우크라이나와의 전쟁으로 서방세계와 관계가 나빠지면서 ROS 가동을 회피할 듯한 태도를 보여 ISS의 유지에 적신호가 켜진 상황이다.

## 2.4.5 통신위성의 개발과 발전

인공위성을 이용한 통신과 방송의 연결은 인공위성 개발 초기부터 염두에 두어 왔다.

이론상 지구정지궤도에 3대의 위성을 올리면 전체 지구를 담당할 수 있다. 그러나 36,000km의 먼 거리에 위성이 위치해서 상대적으로 낮은 전파 대역폭으로 인해 한 대의 위성이 감당할 수 있는 정보의 양은 제한되고 신호 전달 또한 지연시간이 크다. 그래서 사용자가 많아지게 되면서 더 많은 정지궤도 위성이 필요하게 되었고, 현재 정지궤도 위성이 위치하는 적도 상공 35,786km 궤도에는 360도에 걸쳐 위성들이 빼곡히 들어차서 새 위성을 올릴 때 어려움을 겪을 정도이다.

통신위성의 발전은 1961년 8월에 발사한 신콤Syncom, Synchronous Communication Satellite 1에서 시작한다고 볼 수 있다. 궤도에 오르는 데 실패했지만 1963년 신콤 2를 정지궤도에 올리는데 성공하여 최초의 정지궤도 위성이 된다. 이 신콤 위성은 11kg 조금 넘는 초소형 위성이고 약간 기울어진 궤도에 있었지만 TV 신호를 중계하고 전화통화도 가능해서 케네디 대통령이 나이지리아 수상과 원격통화를 해서 유명세를 타기도 했다. 68kg의 신콤 3 위성은 1964년 8월 델타 D 로켓으로 발사된 후 역사상 최초로 정지궤도에 안착하게 된다. 국제날짜변경선 상공에 위치한 이 위성은 1964년 도쿄 올림픽을 미국으로 중계하는 쾌거를 이루었다. NASA 예산으로 개발된 이 위성은 1965년 미 국방부로 이전되어 베트남전에서 통신 중계에 활용되었다. 전 세계에는 현재 수많은 정지궤도 방송통신위성 회사들이 있고, 룩셈부르크의 SES사의 경우 정지궤도 위성 50여 기와 보완용 중궤도 위성 10여 기 등 70기 이상의 방송통신위성을 보유하고 있기도 하다.

정지궤도 위성은 방송 중계, 전화통화 중계 등에는 편리하게 사용되고 있지만 앞에서 언급한 대로 전파 왕복에만 0.24초가 걸려 신호 지연시간이 길기 때문에 빠른 반응이 필요한 데이터 소통에는 불편함이 있어 왔다. 이러한 불편을 해소하기 위해 많은 수의 중·저궤도 위성을 궤도에 올려 이를 활용하려는 시도가 있어 왔다. 그러나 저궤도 위성은 빠른 속도와 짧은 주기로 지구 궤도를 돌고 있어 지속적인 통신을 위해서는 많은 수의 위성을 올려 항상 사용자 상공 위로 위성이 지나가야 한다. 1990년대에 저궤도 위성망을 이용한 전지구 전화망 혹은 인터넷 연결을 위한 여러 계획들이 발표되었다. 셀레스트리Celestri(63대 위성), 텔레데식Teledesic(840대, 후에 288대 위성으로 축소), 오브콤Orbcomm, 이리듐Iridiumr(초기 계획 77대), 글로벌스타Globalstar(초기 계획 48대) 등이 사업에 나섰으나 2000년대 들어 이리듐과 글로벌스타는 자금조달에 어려움을 겪으면서 파산 신청하는 등 분위기가 좋지 않아 다른 두 사업계획은 흐지부지되어버렸다.

파산 후 되살아나 현재에도 운용중인 이리듐, 오브콤, 글로벌스타를 간단히 살펴보자.

### ■ 오브콤(ORBCOMM)

오브콤 저궤도 위성망 시스템은 1980년대 말 미국의 오비탈Orbital Sciences Corporation 사에 의해 구상되었다. 1990년 오비탈사는 미연방통신위원회Federal Communications Commission, FCC에 세계 최초로 소형 저궤도 위성 군집망 운용 허가를 신청했다. 그리고 1995년에는 ITUInternational Telecommunication Union 20만 대의 오브콤용 이동식 단말기 운용 허가도 받게 되고 시험용 위성 2기가 발사된다. 1997년에는 8기, 1998년 18기 위성, 1999년에는 7기를 궤도에 올리게 된다. 그러나 2000년에는 투자 자금 지원이 끊어지게 되면서 급기야 동년 9월에는 미국 법원에 파산신청하기에 이른다. 2001년에는 일단의 개인 투자자들이 새로이 투자하면서 파산한 회사를 계승하여 ORBCOMM LLC를 창립한다. 2006년에는 미국 나스닥 증권시장 상장에도 성공한다. 그 후 스페이스X의 저렴한 발사 서비스(18기 발사에 4,260만 달러) 계약에 성공하여 2세대 위성들을 지속적으로 궤도에 올리면서 안정적인 운영을 시작하게 된다. 2021년에는 개인 투자회사인 GI 파트너스가 100% 인수하면서 나스닥에서 철수하여 개인 기업이 되었다.

오브콤 위성망은 초기 신청 시에는 36기였는데 1998년 48기로 확장 허가를 받았고, 현재에는 1세대(24기), 2세대(12기) 위성을 합쳐 36기가 가동 중인 것으로 알려져 있다.

사용주파수는 하향 137~138Mhz, 상향 148~150.05Mhz이며, 무게 45kg의 1세대는 경사각 45도의 720km 원궤도, 무게 172kg의 2세대는 경사각 45도의 750km 원궤도에서 운용 중이다.

오브콤 위성망은 주로 적은 양의 데이터를 사용하는 데 최적화되어 있다. 산업체에서 사용하는 IoT Internet of Thing, M2M Machine to Machine용 하드웨어와 소프트웨어 솔루션을 제공하며 운송회사, 선박회사, 중장비 관리, 석유가스회사 등이 사용하고 있으며 각국 정부와 군에서도 활용하고 있다.

위성망의 제어센터는 미국을 위시해 브라질, 일본, 한국, 말레이시아 등에 설치되어 있고 전 세계적으로 160만 가입자가 있으며 1년 매출액은 2~3억 달러 수준으로 알려져 있다.

### ■ 이리듐(Iridium Communications)

이리듐 위성망 계획은 1987년 베티거 Bary Bertiger, 레오폴드 Raymond J. Leopold 그리고 패터슨 Ken Peterson에 의해 처음으로 구상되었다. 초기 계획으로는 7개 궤도면에 11대씩 77대의 위성을 올려야 지구 전체를 담당하는 것으로 계산되었고 원자번호가 77인 이리듐을 본떠서 위성망 이름을 짓게 된다. 그러나 후에 6개 궤도면으로도 전지구 커버가 가능한 것으로 확인되어 현재는 30도 간격의 6개 궤도면에 11기씩 66기의 위성이 운용되고 있다. 위성의 설계 제작은 모토로라사가 맡았으며 경사각 86.4도의 궤도면에 고도 781km 원 궤도로 돌고 있다.

이리듐 위성망은 핸드폰 크기의 수신기를 통해 L 밴드의 음성과 데이터 통신을 가능하게 설계되었다. 이 저궤도 위성은 약 100분에 한 번 지구를 돌고 있어 단말 수신기들은 약 7분 정도 통신하면 다른 위성으로 신호를 넘겨주어야 한다. 그래서 위성 간 통신 기능이 필수가 된다. 한편 86.4도의 극궤도를 돌고 있어 남북극 지역에서는 다수의 위성이 지나가게 되어 최고의 시야각과 통신 범위를 제공하지만 상향위성과 하향위성의 빠른 상대속도로 인해 주파수 변조가 심해져(도플러 효과) 통신 혼란을 피하기 위해서 같은 방향으로 움직이는 위성끼리만 위성 간 통신을 가지게 되어 있다.

1세대 이리듐 위성들은 1997~2002년 사이에 궤도에 올려졌다. 델타 2 로켓으로 5기씩 12회로 60기, 러시아 프로톤으로 7기씩 3회로 21기, 로콧 Rokot 로켓으로 1회 2기, 그리고 중국의 창정 Long March 2C로 2기씩 6회로 12기 등 총 95기의 위성을 발사했다. 제작된 4기의 위성은 예비용으로 지상에 보관되었다. 최초의 전화 송수신은 1998

년에 이루어졌고 전 지구를 커버하는 네트워크는 2002년에 완성되었다. 위성 제작과 발사 비용은 총 50억 달러를 쏟아부어 기술적으로는 설계목표대로 완성되었지만 시장에서의 반응은 좋지 않았다. 핸드셋은 무겁고 비쌌으며 당연하게도 실내에서는 통화가 원활하지 않았다. 특수한 환경을 제외하고는 가볍고 저렴한 지상 휴대폰 망과 경쟁이 되지 않았다. 시장 확보에 실패하다보니 투자금 회수는커녕 유지관리 비용도 맞출 수 없어 모회사인 모토로라가 손을 들면서 1999년 8월에 결국 파산선고에 이른다.

이리듐 사업의 파산은 당시로는 미국 역사상 가장 대형이었고 그 파장이 커서 동시에 진행 중이던 다른 저궤도 위성망 사업들도 파산선고를 하거나 아예 사업을 접어버리게 된다. 그래도 이리듐 위성들이 궤도에 있기 때문에 부채 탕감을 받은 인수업체가 회사 이름을 약간 바꾸어 지속적으로 서비스가 될 수 있었다. 점차 기존의 지상망이나 정지궤도 위성통신사들과 사업 분야가 겹치지 않는 틈새시장을 개발해 서서히 살아나기 시작하고 있다. 비용 문제로 2017년까지 새로운 위성 발사가 없었어도 여분으로 올라가 있는 설계 수명 8년인 록히드마틴사의 LM-700 위성체 덕분에 현상 유지는 되고 있다.

■ **글로벌스타(Globalstar)**

글로벌스타는 1991년 로럴Loral사와 퀄컴Qualcomm사의 합자 회사로 출발했다. 그 후 여러 회사들의 추가 투자를 받아 1998년 2월 처음 위성 발사에 성공했으나 9월 러시아에서의 로켓 발사 실패로 어려움을 겪었지만 1990년에 시험 운용을 거쳐 2000년에는 상업운용에 들어갔다. 그러나 2002년 계속되는 적자를 견디지 못하고 파산 신청 후 구조조정을 거쳐 새로운 2006년 글로벌스타Globalstar Inc.로 재탄생한다. 이후 추가 위성 발사로 위성군을 보강하였다. 글로벌스타 시스템은 고도 1414Km에 550Kg 무게의 위성 52기를 경사각 52도 올려 운용하고 있어 남·북극 지역을 제외한 전 지구를 커버할 수 있다. 글로벌스타의 24개소 지상국을 통해 전 세계 120여 개국 간의 통신이 가능한 상태이다.

글로벌스타는 음성과 데이터의 위성통신 서비스를 제공하고 있다.

## 2.4.6 GNSS 위치정보위성의 발전

사실 세계 최초의 1세대 위성항법시스템은 TRANSIT 혹은 NNSS<sup>Navy Navigation Satellite System</sup>이라고 불린 미국 해군용 저궤도 군집위성이었다. 미 해군은 잠수함 발사 탄도미사일<sup>SLBM</sup>, 폴라리스<sup>Polaris</sup>에 정확한 위치정보를 제공하고 운용 중인 선박들에도 위치정보를 제공하려는 의도로 이 프로그램을 만들었고, 위성시스템은 DARPA와 존스 홉킨스<sup>Johns Hopkins</sup>의 APL<sup>Applied Physics Laboratory</sup>이 공동으로 개발하였다.

역설적이게도 위성항법 개념은 1957년 10월 4일 소련의 인공위성 스푸트니크에서 시작되었다. 스푸트니크가 미국 상공을 지나가면서 보내는 모스 무선신호를 수신하던 APL의 과이어<sup>William Guier</sup>와 바이펜바흐<sup>George Weiffenbach</sup> 두 박사는 스푸트니크 위성이 하늘 위로 지나가면서 도플러 효과에 의해 다가올 때와 멀어질 때의 변화하는 주파수를 측정하게 되었고, 이 주파수 변화량을 분석한 결과 스푸트니크의 궤도를 알아낼 수 있었다. 당시 APL 연구센터 소장이었던 매클루어<sup>Frank McClure</sup> 박사는 이 보고를 듣고 여러 대의 위성 전파 주파수 변화를 반대로 응용하면 수신자의 위치를 알 수 있지 않을까 생각하고 위성항법 시스템을 제안하게 되었다.

트랜싯<sup>Transit</sup> 시스템은 1960년 시험에 성공하고 1964년경부터 해군에서 실전에 사용하게 된다. 이 위성들은 1,100km 극궤도에 올려져 106분에 한 번씩 지구를 돌았다. 5대 정도의 위성이면 전 지구를 덮을 것으로 예측되었으나 안정성을 위해 1기당 하나씩의 여분을 두어 10기의 위성으로 운용하였다. 성능 개선을 거쳐 위성 한 번 지나가는 Single Pass 동안 신호 수신을 통해 200미터 위치 정확도와 50 마이크로초의 시간 정확도를 확보할 수 있었다. 이들 항법신호는 1시간에 한 번 갱신되었다.

1967년 미 해군은 타이메이션<sup>Timation</sup> 위성을 이용해 정확한 시간 기준을 방송하는 시험을 하였고, 1960년대부터 미 공군도 MOSAIC<sup>MObile System for Accurate ICBM Control</sup>이라 부른 라디오항법체계를 연구했으며, 그리고 미 육군도 SECOR<sup>Sequential Collation of Range</sup>위성을 측지학적 측량에 이용하면서 관련 기술의 발전을 이끌었고 이들을 기반으로 GPS 위성군 체계가 결실을 맺었다.

현재 전 지구적으로 PNT<sup>Positioning, Navigation, and Timing, 위치, 항법, 시간</sup> 정보를 제공하는

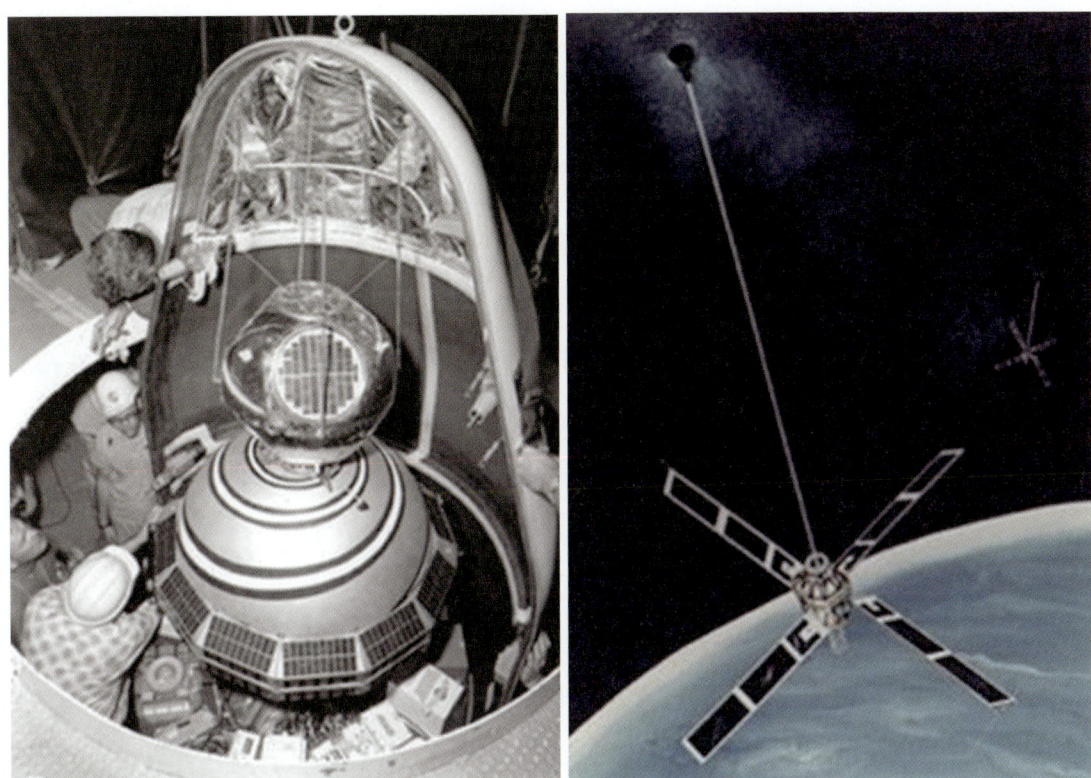

트랜싯 2A 위에 설치된 GRAB 1과 트랜싯 위성

GNSS<sup>Global Navigation Satellite System</sup>로는 미국의 GPS(30기), 러시아의 GLONASS(24기), 유럽의 갈릴레오(검증용 위성 포함 24기) 그리고 중국의 베이더우(44기) 등 네 종류의 시스템이 있다.

앞에서 설명한 것처럼 GPS는 미국 육해공군이 독자적으로 각각 연구 중이던 내용을 모아 통합 프로그램으로 시작했으며 당연히 군사 목적으로 개발하였다. 1978년 처음으로 시험용 GPS 위성<sup>Block-1</sup>을 쏘아 올린 후 지속적으로 위성을 궤도에 올렸으며 1994년 1월 기준으로 24기 위성(블록 2 위성 포함)들이 모두 발사되었고, 1995년 미국 정부는 GPS가 완전한 가동에 들어갔다고 선언했다. 소련 영공을 침범했다는 이유로 대한항공 007편기를 격추된 사건 이후, 레이건 행정부는 1983년부터 민간인들도 GPS 신호를 수신할 수 있게 하였다.

약 2만 km 중궤도<sup>Medium Earth Orbit, MEO</sup>고도에 위치한 6개의 궤도면에 각각 4기의 위

성으로 총 24기의 위성들이 배치되어 있으며, 하루에 지구를 2회전 한다. 최소 4기의 위성으로부터 정보를 받을 수 있으면 3차원 자기 위치를 계산해낼 수 있고 더 많은 위성으로부터 정보를 받게 되면 위치 정확도를 높일 수도 있다. 민간인 사용이 허용된 초기에는 민간인 신호의 경우 위치 정밀도를 낮추는 SA$^{Selective\ Availability}$ 기능을 사용했지만, DGPS$^{Differential\ GPS}$ 기술로 인해 SA의 의미가 희미해지고 또한 관련 산업 진흥을 위해 클린턴 행정부가 2000년 5월 1일부터 SA 제도를 철폐했다. 이에 따라 이후부터는 일반인들도 대략 5m 정도의 정밀도를 확보하게 된다. GPS 관련 기술 발전과 새로운 요구사항을 참작하여 블록-2, 2A, 2R, 2RM, 2F가 차례로 올라갔고 2018년부터는 블록-3A 5기가 이미 궤도에 올랐으며, 2023년까지 3A 위성 5기를 더 발사할 예정이다. 3A의 후속으로 더욱 발전된 블록-3F가 2026년부터 2034년까지 총 22기가 올라갈 예정이다.

현재 GPS 위성군에는 블록-2R이 7기, 블록-2RM이 7기, 블록-2F가 12기 그리고 블록-3A가 5기 총합 31기가 궤도에 올라 있고 이에 더하여 2R 2기와 2RM 1기는 예비위성으로 궤도에서 대기하고 있다.

최신 버전 위성들로 갈수록 향상된 성능과 새로운 기능이 탑재되어 있는데 가장 최근에 올린 3A의 경우 다음과 같은 기능을 가지고 있다.

- L1C 신호: 1575.42MHz
- L2C 신호: 1227.6MHz
- L5 신호: 1176.45MHz, 인명보호용, L1/L2보다 2배 더 강한 신호
- Military M-code: L1, L2 신호 대역 내의 군 전용 신호 광각 안테나를 사용한 전 지구용과 고이득 방향성 안테나를 사용한 스팟 이중신호 방사빔$^{Spot\ Beam}$. 광각보다 좁은 지역을 20dB 더 강한 신호(100배의 신호 강도)로 송신

새롭게 장착한 신호 강도가 향상된 L5 밴드를 사용하면 30cm 수준의 정밀도를 확보할 수 있고 여러 주파수 밴드를 섞어 사용하는 고급 사양 GPS 수신기들은 2cm 수준의 정밀도를 얻을 수도 있다. 현재 12기의 GPS IIF 위성과 5기의 GPS III 위성 등

17기의 GPS 위성들이 L5 밴드 송신기를 탑재하고 있다. 앞으로 4톤에 달하는 거대한 GPS III 위성 5기가 2023년까지 추가로 궤도에 투입되고 성능이 더욱 향상된 GPS IIIF 위성 22기가 2034년까지 궤도에 오르면 늘어난 송신기 밴드와 신호 강도가 커지게 되어 GPS 신호 재밍과 기만신호 방어력이 높아질 것이라고 한다.

미국의 GPS에 맞서 구소련도 1982년 첫 발사를 시작해 1995년 24개 위성을 전부 궤도에 올려 운용을 시작했으나 지속적인 정비와 보완이 이루어지지 않아 1990년대 말에는 성능이 크게 저하되었다가 2011년경부터 다시 24대의 위성을 확보하고 재가동에 들어갔다. 2023년부터 새로운 버전의 위성 GLONASS-K2가 발사에 들어간다. GLONASS 시스템은 GPS 궤도보다 약간 낮은 3개의 19,130km MEO 궤도면을 사용하고 있다.

중국의 베이더우 위성도 2000년에 첫 위성 발사가 있었고 2018년부터 전지구를 대상으로 하는 운영에 들어갔다. 초기에는 베이더우 시스템은 군사목적으로 사용하고 민수용으로의 수요는 유럽의 갈릴레오 프로젝트에 2억 3천만 유로의 투자를 통해 해결하려 했다. 그러나 초기 협력과정에서 갈릴레오 프로젝트에서의 중국 역할에 불만을 품고 갈릴레오에서 철수하고 베이더우를 민군 겸용으로 독자 개발하게 된다. 베이더우-1, 베이더우-2를 거쳐 2022년 1월 현재 베이더우-2 위성을 포함한 베이더우-3 시스템은

GPS 블록 2와 블록 3

44기의 위성으로 운용되고 있다. 27기의 위성이 GPS보다 약간 높은 21,500km 중궤도에 올려져 전지구 GNSS 기능을 제공하며 중국 근처에서의 위치정밀도를 높이기 위해 7기의 정지궤도 위성과 10기의 경사지구동기궤도(IGSO, Inclined GeoSynchronous Orbit) 위성 등 그리고 2기의 MEO 위성, 1기의 GEO 위성, 2기의 IGSO 위성이 시험운용중이다. 현재의 베이더우-3 시스템의 위치정밀도는 민간인용은 아시아 지역 2.6m, 여타 지구 지역 3.6m, 암호화한 군용은 10cm 수준으로 알려져 있다. 최근의 중국 GNSS 연구자들의 논문에 의하면 베이더우 시스템의 현재 위치정밀도는 GPS와 동급의 수준으로 보고되고 있다.

유럽도 독자적인 측위 위성시스템 개발을 2002년에 선언했지만 정밀도에 대해 미국과 마찰을 빚었고 또한 개발예산 분담에 대한 EU 각국의 이해 대립 등으로 2007년 거의 폐기될 뻔하다가 우여곡절 끝에 예산을 확보해 2011년 첫 위성 발사를 하면서 완료를 서둘렀다. 그러나 그 후에도 크게 초과된 개발비로 인한 예산 확보문제로 지연되면서 위성 발사가 늦어져 2020년에서야 제한된 운영에 들어갔고 2022년에 4월 현재 검증용 위성 2기 포함 24기가 GPS보다 약간 높은 23,222km 고도의 3개 궤도면에 위성이 배치되어 있다. 갈릴레오는 완전한 위성망을 구성하는데 오랜 시간이 걸렸지만 정밀도는 GPS 시스템에 비해 더 높다고 한다. 그러나 실제 탁 트인 넓은 공간에서 스마트폰 앱을 통해 각각의 전지구적 GNSS의 정밀도를 측정해보면 GPS, 베이더우 시스템과 큰 차이가 없는 것으로 판단된다.

인도는 1999년 파키스탄과 카슈미르 지역 영토분쟁시 미국이 인도 정부에 GPS 데이터 제공을 거부함으로써 독자 GNSS 시스템 확보의 필요성을 절감하고 독자적 운용이 가능한 지역 항법 시스템을 구상하게 되었다. NavIC(Navgation with Indian Constellation)로 명명된 이 항법시스템은 3기의 정지궤도(Geostationary, GEO) 위성과 5기의 경사지구동기궤도(Inclined Geo Synchronous Orbit, IGSO) 위성으로 구성되어 있다. 2013년에 정부 사업승인을 받고 첫 위성을 발사하였으며, 2018년에 아홉 번째 위성을 발사했으나 1회의 발사 실패와 1기의 위성 작동 실패로 인해 7기로 운용 중이다. 3기의 GEO 위성은 동경 32.5도, 83도, 131.5도에 위치해 있으며, 4기의 IGSO 위성들은 30도 경사궤도에 운용 중이다.

일본 정부도 GPS 신호의 정밀도를 보강하고 유사시에 독자적인 운용이 가능한 QZSS<sup>Quasi-Zenith Satellite System</sup>라는 지역 항법시스템의 개발을 결정했다. 2010년 첫 위성을 발사한 후 2017년 네 번째 위성을 궤도에 올렸고 2018년 말경에 4기 위성으로 지역 GNSS 시스템 운용을 시작하였다. 앞으로 3기의 위성을 더 발사하여 7기 위성으로 위치 정밀도를 향상시킬 예정이다. 그러나 이 QZSS 시스템의 필요성과 유용성이 항상 문제가 되어 개발 예산 확보에 어려움을 겪는 것으로 보인다.

CHAPTER

# 03

# 우주 산업 시대의
# 혁신적 기업가

## 3.1 스페이스X와 일론 머스크

### 3.1.1 민간 개발 로켓으로 대형 상업위성 최초 발사

스페이스X를 유명하게 한 제품은 바로 팰컨 9와 팰컨 헤비 로켓이다. 이 절에서는 먼저 두 로켓 발사를 살펴보고, 성공에 지대한 역할을 한 주역들의 이야기를 들여다보기로 한다.

2013년 12월 3일, 전 세계 우주 산업계는 미국 플로리다주의 케이프 커내버럴 우주센터를 주목했다. 우주벤처기업 스페이스X사가 자체 개발한 '팰컨 9' 로켓이 룩셈부르크 SES사의 통신위성을 싣고 우주로 발사되기 때문이었다. 로켓은 3.2톤에 달하는 SES-8 정지궤도위성을 성공적으로 발사했고, 33분 후 목표로 한 천이궤도에 성공적으로 안착시켰다. 민간 발사체 회사가 자체 개발한 로켓으로 정지궤도 상업용 위성을 쏘아 올리는 데 처음으로 성공한 것이다. 더욱이 추력을 증강한 버전 1.1 로켓의 충분한 추진력을 활용하여 위성을 원지점 8만 km인, 소위 '고에너지 천이궤도(혹은 초동기 천이궤도)'에 올렸으며 결과적으로 정지궤도로 궤도 전환하는 과정에 연료를 적게 소모하면서 위성의 수명이 늘어나 발사를 맡긴 고객을 만족시켰다. 이 발사의 중요성에 대해서 당시 SES사의 CTO인 할리웰Martin Halliwell은 "전 세계 우주 산업계가 이 발사의 성공 여부를 주시하고 있다. 이 발사는 아마도 역사상 가장 중요한 상업 발사일 것이다. 일부 인사들은 실패를 바라고 있을지 모르지만, 대부분의 상업위성 산업계는 발사의 성공을 통해 우주 산업에 엄청난 기회가 생겨날 것이라고 기대하고 있다."라고 말했다. 앞으로 닥쳐올 미래를 예견했던 것 같아 놀랍다.

룩셈부르크 SES사는 70여 기의 정지궤도, 중궤도 위성들을 보유한 세계 최고의 통신위성 회사인데 저렴했던 팰컨 9의 초기 발사 기회를 최대로 활용해 위험을 감수하고서 발사비는 아껴 위성 수명 연장을 보장받았다. 그 이후에도 여러 SES 위성들이 스페이스X에 의해 발사되었지만 다행히 한 번의 실패도 없어 절약된 발사비는 모두 회사의 수익이 되어 SES의 급속한 발전에 큰 보탬이 되었다고 한다.

더욱 놀라운 사실은 2013년 12월 발사 후 한 달 만인 2014년 1월 6일에 다시 정지궤도 위성 타이콤 6를 성공적으로 궤도에 올렸다는 것이다. 발사 이력이 많은 기존 대형 발사기업들도 한 달 만의 다음 발사는 쉽지 않은데 새내기 발사체 업체가 대부분 사람들이 휴가를 즐기는 연말연시 기간에 발사를 준비하고 성공적으로 위성을 궤도에 올려 모두를 놀라게 했다. 이를 지켜본 전 세계 발사체 산업계는 눈앞의 혁명적인 변화로 인해 큰 충격에 빠져들었다.

팰컨 9로서는 일곱 번째와 여덟 번째 발사로 비록 짧은 이력이었지만, 신규 개발 로켓인 팰컨 9의 뛰어난 성능과 스페이스X사의 빠른 업무 진행으로 조만간 발사체 업계의 판도는 물론 세계 우주 개발 패러다임을 뒤바꾸게 될 것이라는 사실을 본능적으로 예감했기 때문이다.

단기간 내의 '다음 발사'는 점점 발전하여 2022년에는 '매주 한 번 내지 두 번'까지 발사하여 총 61회 발사를 수행하였고, 2023년에는 100회 이상을 계획하고 있으니 2014년의 신속 발사는 예고편이었구나 하는 생각이 든다.

당시 스페이스X는 창업한 지 10년을 겨우 넘긴 우주벤처 기업이었다. 그들의 우주 개발 도전을 무모한 발상으로 바라보는 시선이 많았다. 은근히 '실패'를 바라는 사람도

**팰컨 9의 연속발사(2013년 12월 3일, 2014년 1월 6일)**

적지 않았을 것이다. 그런데 이런 신생 우주벤처 회사가 자체 개발한 로켓을 앞세워 상업 우주발사 서비스 시장에서 가장 큰 규모를 자랑하는 정지궤도위성 발사에 당당히 첫발을 들여놓은 것이다.

품질은 좋지만 고가의 로켓으로 애초에 발사 서비스 상업화에 실패한 일본은 열외로 하더라도 스페이스X의 실패를 예상했던(혹은 기대했던) 미국의 보잉과 록히드마틴, 유럽의 아리안스페이스, 그리고 러시아 발사체 회사들은 큰 혼란에 빠졌다. 아리안스페이스는 스페이스X의 팰컨 9 로켓이 위성 발사에 성공하자 곧바로 위성 발사비의 '바겐세일'에 들어갔다. 위성 발사는 물론 우주 개발 시장의 주도권을 뺏길 수 있다는 위기감이 곧바로 반영된 조치였다.

### 3.1.2. 팰컨 헤비 로켓의 상업발사 성공

2019년 4월 12일, 스페이스X의 팰컨 헤비 로켓이 아폴로 우주선 발사로 유명한 NASA 케네디 우주센터의 39A 발사대에서 사우디아라비아의 아랍샛 6A를 지구정지궤도로 올려놓았다. 팰컨 9의 1단로켓 3기를 한데 묶어 1단 추력을 3배로 키운 팰컨 헤비는 발사 후 양쪽 부스터 분리, 1단 메인코어 분리, 2단 1차 점화, 2단 연소 중지, 페어링 분리, 2단 2차 점화 과정 등을 성공적으로 거친 후 발사 38분 경과 후 6.38톤짜리 거대한 위성을 지구정지궤도로 향하는 천이궤도에 올렸다.

분리된 양쪽 부스터는 발사대 근처 지상에 그리고 메인코어는 대서양에 떠 있는, "Of Course Still I Love You"라는 특이하게 긴 이름의 무인 바지선에 각각 성공적으로 착륙시켰다.

스페이스X 설립자 일론 머스크에게 이 팰컨 헤비의 발사 성공은 아주 중요하고 꼭 필요했다고 볼 수 있다. 유튜브로 전 세계에 발사 장면이 중계되면서 언론으로부터 집중 관심을 받았으며 3개 로켓 코어의 환상적인 착륙 장면은 보는 이로 하여금 찬탄을 금할 수 없게 만들었기 때문이다.

개인 기업으로는 이룰 수 없는 미친 짓을 하고 있다는 비아냥 속에서도 일론 머스크는 대형로켓(팰컨 9) 발사에 성공했을 뿐만 아니라, 이제는 현존하는 최고 추진력을 가

**아랍샛 6A를 싣고 발사되고 있는 팰컨 헤비 로켓**

진 팰컨 헤비 로켓을 발사하면서 만천하가 보는 앞에서 보란 듯이 성공한 것이었다. 정치가 모든 것을 좌우하는 것처럼 보이는 대한민국만 빼고는(?) 전세계가 열광했었다.

이 발사는 팰컨 헤비로는 두 번째였다. 머스크 본인이 타던 테슬라 로드스터 전기자동차를 우주로 보내는 데 성공한 2018년 2월의 팰컨 헤비 발사시험은 전 세계를 흥분시키는 쾌거였다. 1시간 이상 계속된 유튜브 동영상 중계인데도 전 세계에서 수백만 명이 시청했다고 한다.

팰컨 헤비 로켓 개발 성공은 현재 존재하는 가장 강력한 로켓을 완성했다는 사실만 아니라 기존의 로켓과 달리 사용한 로켓을 바다에 버리지 않고 지상(해상)으로 귀환시켜 재사용할 수 있는 획기적인 기술개발의 완성을 확인한 것이다. 분리된 로켓은 역추진을 거쳐 대기권에 재진입하여 발사장 근처에 설치된 두 개의 목표로 정확히 돌아와서 그림처럼 나란히 짝을 이루어 재착륙하였고 이 장면은 전 세계 많은 시청자들을 매료시키고도 남음이 있었다. 특히 메인코어의 해상 착륙은 더욱 극적이었다. 메인코어는

**해상착륙선과 지상 모두에 성공적으로 되돌아온 3개의 부스터**

양쪽 부스터에 비해 2분여 더 비행한 후 분리되었기에 착륙지로 되돌아가기는 너무 멀어져 해상으로 내릴 수밖에 없었다.

분리 후 메인코어가 100km 고도에서 시속 1만 km 속도로 비행하다가 멀리서 하나의 점처럼 보이는 대서양에 떠 있는 바지선에 내리는 것은 아마 수십리 밖에서 바늘을 던져 구멍을 꿰는 것과 같은 어려움에 견줄 수 있겠다. 이렇게 되돌아와 회수된 블록 5 로켓코어는 별다른 정비 없이도 10번 이상 재사용할 수 있고 약간의 정비를 거치게 되면 100번까지도 재사용할 수 있다는 사실에 사실상의 독점체제에서 두둑한 정부 지원을 받고 있던 기존의 발사체 업체들은 이제 생존을 걱정해야 하는 상황에 이르게 된 것이다.

팰컨 헤비의 발사시 총 중량은 1,400톤 정도이고, 9개 멀린 5 엔진을 장착한 블록 5 코어 3개를 합친 발사 시 총 추진력은 2,330톤이다. 추력은 보잉 747 점보기 18대의 총 추력과 맞먹는 수준이다. 2단 진공용 엔진은 팰컨 9과 같이 95톤의 추진력을 가졌다.

록히드마틴이 제작한 6억 5천만 달러짜리 위성, 아랍샛 6A는 동경 30.5도 정지궤도에 올려져 중동, 아프리카, 유럽의 인터넷, 방송, 통신 중계에 사용될 위성으로 정지궤도 위성으로서도 무척 무거운 6.5톤 정도이었지만 사실 팰컨 9으로도 충분히 궤도에 올릴 수 있었다. 그런데도 두 번째 발사로 신뢰성이 의심스러운 팰컨 헤비를 택한 데는 다른 주요한 이점이 있었기 때문이다.

발사대 옆 수평조립장에서 조립중인 1단 코어들

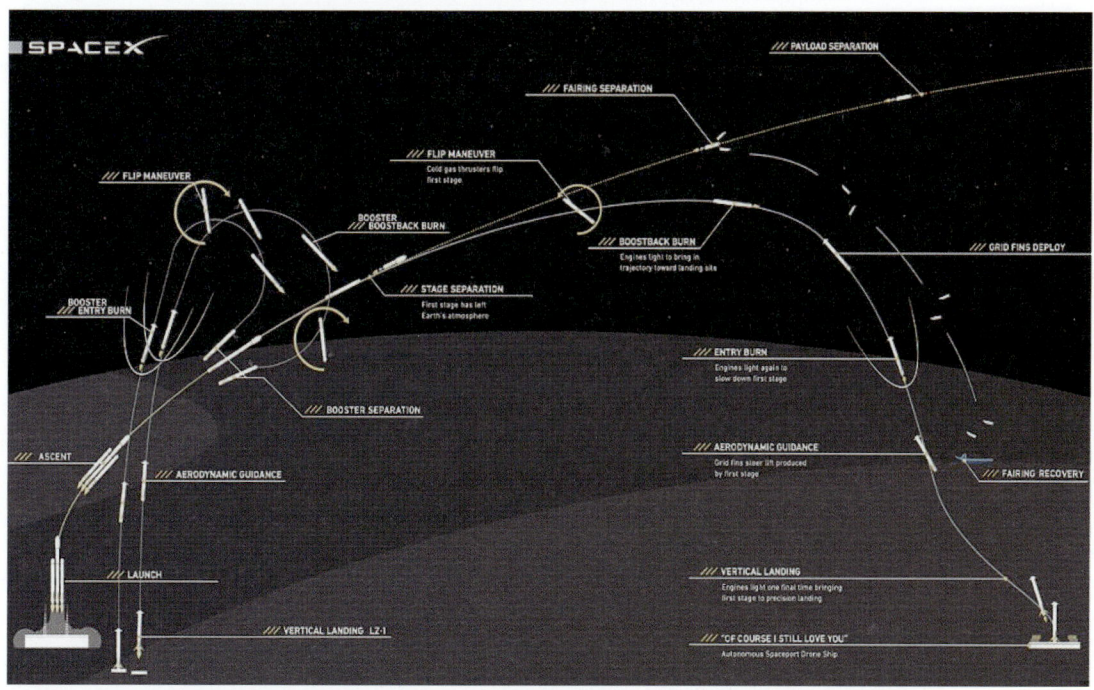

팰컨 헤비의 비행경로, 2개의 부스터의 병행착륙, 그리고 해상착륙경로

CHAPTER 3. 우주 산업 시대의 혁신적 기업가  149

**궤도에 올라간 아랍샛 6A 상상도**

우선 3.1.1에서 언급한 SES-8 경우처럼 이 거대위성을 팰컨 헤비의 강력한 1단(부스터 포함) 추력에 힘입어 고에너지 천이궤도에 도달할 수 있다는 점이다. 통상의 천이궤도 투입 속도보다 훨씬 빠른 속도로 궤도에 올려주어 원지점이 9만 km인 훨씬 긴 타원궤도가 되었다. 이렇게 위성을 고에너지 천이궤도로 투입하게 되면, 원지점에서의 위성 속도가 현저히 낮아져 위성이 정지궤도에 정착하기 위해 필요한 0도 경사면으로의 변경에너지가 통상의 호만Homann식 궤도천이보다 훨씬 적게 들어 위성 수명에 결정적인 역할을 하는 위성 탑재 연료의 절약이 가능하게 된다. 물론 원지점을 정지궤도 고도로 내리기 위해 근지점에서의 감속 기동에 약간의 에너지가 필요하긴 하다. 설계수명이 15년인 아랍샛 6A는 고에너지 천이궤도에 투입됨으로써 18년에서 20년까지 수명이 길어질 것이라는 예측이다.

다음은 위험을 무릅쓰고 팰컨 헤비의 최초 상업 발사를 택함으로써 적지 않은 할인을 받았을 것이라는 점이다. 스페이스X의 공식 발사비는 9,000만 달러(약 1,050억 원)인데, 비밀엄수 계약이라 실제 발사비는 밝혀지지 않았지만, 상당한 할인을 받았음을 암시했다.

## 팰컨 헤비, 극적인 발사 과정

1. T+0:0:0: 발사. 멀린 4D+엔진 9개를 장착한 블록 5코어로 1단과 양쪽 부스터를 구성해서 약 2330톤의 추력으로 이륙. 이륙시 무게가 1400톤 정도 되므로 이륙시 가속도는 1.67G 정도이다.

2. T+0:01:09: 최대동압MaxQ, Maximum Aerodynamic Pressure 로켓이 시속 1100km, 고도 12km. 추력에 의해 속도가 높아지는 반면 대기 밀도는 낮아져 공기흐름에 의한 압력은 계속 증가하지 않고 최대가 되는 순간을 지난 후 도리어 낮아져 우주로 가면 없어지게 된다. 최대동압은 공기에 의해 구조물에 가해지는 힘이 최대인 시점이고, 발사체 구조물의 안전 설계는 이 압력을 기준으로 한다.

3. T+0:02:34: BECO<sup>Booster Engine Cut-Off</sup> 로켓의 시속 5800km, 고도 58km. 양옆 부스터 2개의 엔진을 끄고 분리를 준비한다.

4. T+0:02:38: 부스터 분리. 로켓의 시속 5880km, 고도 60km. 대략 15층 높이의 양옆 부스터

양쪽 부스터 착륙 장면. 3회의 역추진을 통해 발사장 주위에 착륙

를 분리하는 단계. 귀환점화로 뒤로 되돌려져 발사장 근처 착륙지점에 나란히 내리게 된다.

5. T+0:03:03: 귀환점화 Side Booster Back burn. 로켓의 시속 7590km, 고도 77km. 약 1분 30초 분사 후인 4분 30초에 귀환 부스터 엔진 끔. 착륙 전에 2번 더 점화함
6. T+0:03:36-40: MECO Main Engine Cut-Off와 1단 분리. 2단로켓의 시속 10730km, 고도 100km
7. T+0:03:50: 2단 엔진 점화. 2단로켓의 시속 10680km, 고도 110km
8. T+0:04:10: 페어링 분리. 2단로켓의 시속 11260km, 고도 122km
9. T+0:06:14: 부스터 대기권 진입연소 Entry Burn. 2단로켓의 시속 15500km, 고도 160km. 6분 30초에 엔진 끔
10. T+0:07:10: 메인코어 대기권 진입연소 Entry Burn. 2단로켓의 시속 18400km, 고도 165km
11. T+0:07:32: 부스터 착륙연소 Landing Burn. 2단로켓의 시속 19770km, 고도 166km
12. T+0:07:50: 부스터 지상착륙. 2단로켓의 로켓의 시속 20690km, 고도 166km
13. T+0:08:58: SECO 1 Second Engine Cut-Off 1. 2단로켓의 시속 26720km, 고도 164km 2단 엔진 1차로 끔, 추력이 없는 채로 약간의 상승 운동을 지속. 따라서 고도는 약간씩 떨어짐

해상 착륙 장면. 2회의 역추진 후 바지선에 착륙

14. T+0:09:55: 메인코어 바지선상 착륙
15. T+0:27:38: 2단 엔진 2차 점화. 2단로켓의 시속 26570km, 고도 198km. 거의 19분간 엔진 추진력 없이 비행해서Coasting 아프리카 서해안 상공까지 간 후 다시 점화하여 속도와 고도를 올림
16. T+0:29:05: 2단 엔진 2차 소화. 2단로켓의 시속 36700km, 고도 223km. 로켓의 모든 추진 마치고 위성 투입 준비
17. T+0:34:04: 아랍샛 6A 궤도투입. 로켓의 시속 35200km, 고도 715km

통상의 정지궤도용 천이속도보다 더욱 빠르게 투입되었다. 소위 고에너지 천이궤도 투입으로 원지점이 9만 km로 훨씬 먼 타원궤도가 되었다.

- 근지점Perigee: 330.9km
- 원지점Apogee: 90,085.3km
- 위성궤도 경사각Inclination: 23.0°
- 지구 1주 주기Period: 1,943.0초

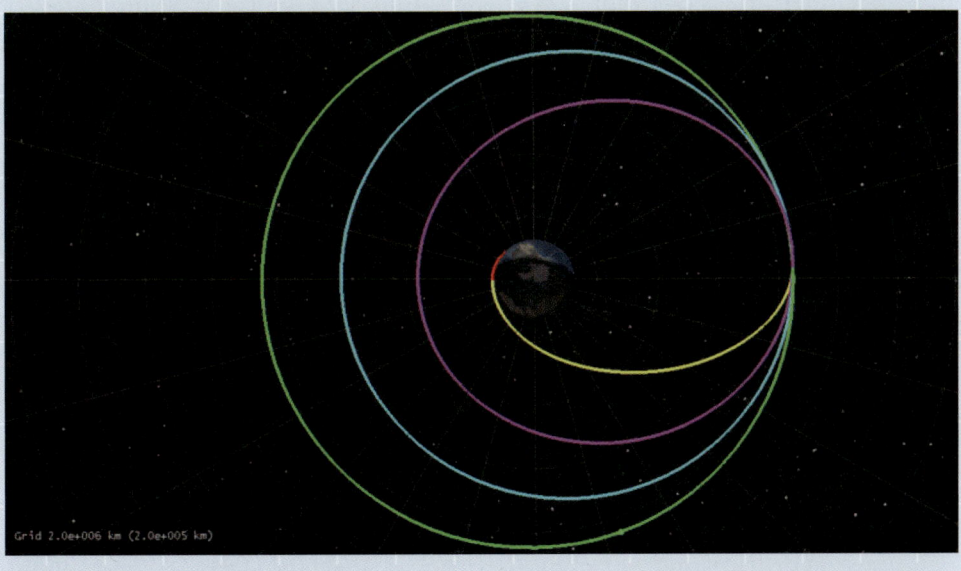

통상적인 호만 천이에 의한 정지궤도 투입

위성의 수명이 대체적으로 탑재 연료량에 의해서 좌우되는데 앞에서 설명한 대로 이렇게 궤도에 올라가는데 필요한 연료를 절약하게 되면 궤도 유지에 필요한 연료 여분이 생겨 위성 수명이 20% 이상 길어진다. 이 장점은 팰컨 헤비 로켓의 앞으로의 새로운 마케팅에 활용하게 될 것으로 보인다.

우주 개발은 국가의 전폭적인 지원을 받아도 성공하기 어려운 분야다. 천문학적인 예산이 투입되어야 하고 장기간의 연구개발과 투자가 필요하기 때문이다. 그런데 어떻게 창업한 지 10여 년에 불과한 신생 벤처기업이 믿기 힘든 짧은 기간에 초저비용으로 로켓 개발과 위성 발사에 성공할 수 있었을까? 스페이스X의 성공기는 본격적인 우주 개발 시장에 도전장을 던진 우리나라에 시사하는 바가 적지 않다. 따라서 그들의 성공담을 부러운 눈으로 바라만 볼 것이 아니라 우주 개발 후발 주자인 우리나라가 배워야 할 점을 집중 분석해 찾아볼 필요가 있다.

### 3.1.3 스페이스X의 성공요인 1: 자기 동기 부여의 엔진기술자 톰 뮬러

스페이스X 하면 가장 먼저 떠오르는 인물은 당연히 창업자 일론 머스크다. 하지만 저자는 일론 머스크보다 팰컨 로켓용 엔진 '멀린Merlin'을 개발한 톰 뮬러Tom Mueller에 주목한다. 그리고 그가 스페이스X '제1의 성공 요인'이라고 감히 단언한다.

톰 뮬러는 퇴근 후나 주말에 자비를 들여 동호인들과 로켓엔진을 만들었던 로켓 마니아였다. 동시에 난관에 봉착하면 밤을 새워서라도 문제를 해결해야 직성이 풀리는 철저한 엔지니어였다. 로켓 개발에 대한 자기 동기 부여가 충만했던 뮬러가 우주 개발의 야심찬 꿈을 갖고 있던 열정적인 머스크를 만나면서 무서운 시너지 효과를 발휘하게 된 것이다. 뮬러에게는 스페이스X에서 로켓 개발을 하는 것이 자신의 꿈을 실현하는 일이었다. 그것이 바로 때로는 1주일에 100시간 이상 일하면서도 즐거울 수 있었던 이유였다.

뮬러는 미국 아이다호에서 벌목트럭 운전기사의 아들로 태어났다. 어린 시절에는 미국의 많은 아이들처럼 이스티스Estes 모형 로켓을 만들고 날리다가 사고를 치기도 했다. 그는 어려운 가정 형편 때문에 학비가 싼 가까운 아이다호대학에서 기계공학을 전공하

**팰컨 로켓용 엔진 멀린과 함께 서 있는 톰 뮬러**

게 되었다. 방학이 되면 학비를 벌기 위해 벌목공으로 일을 했다. 이 시절에 뮬러는 벌목기계나 아버지의 트럭을 수리하면서 금속의 절단, 가공, 용접에 능숙하게 되었고, 이런 능력이 후에 자기 집 작업실에서도 엔진을 만들 엄두를 내게 했을 것이다. 로욜라 마운틴대학에서 석사과정까지 마친 뮬러는 주변의 여러 회사에서 채용 제안을 받는다. 미국 최고 유명기업인 HP 하드디스크 사업부에서 온 제안마저도 "내가 하드디스크나 만들면서 인생을 보낼 수는 없다"며 거절한 후 무작정 짐을 싸서 캘리포니아로 항공우주 관련 일을 찾아 나섰다. 아버지는 아들이 벌목 일을 계속해주길 바랐지만 그에게는 오래 전부터 '로켓 엔지니어'라는 꿈이 자리잡고 있었다. 그는 결국 유명 항공우주업체인 TRW에 입사하게 되어 로켓추진 관련 일을 맡게 된다. 그곳에서 뮬러는 아폴로 우주선의 달 착륙에도 사용된 '핀틀 인젝터' 기술을 활용한 새로운 액체수소엔진 개발에 참여했다. 그러나 TRW에서 로켓 엔지니어의 꿈은 이뤘지만 이미 시스템화된 회사에서 개인의 아이디어를 자유롭게 발산하고, 넘치는 창의성을 발휘하는 데는 한계가 있었다.

**취미로 개발한 자신의 소형 엔진을 바라보는 톰 뮬러**

그의 꿈은 이미 TRW 너머를 향하고 있었던 것이다.

뮬러는 퇴근 후면 자신의 차고에서 본인이 직접 설계한 로켓엔진을 만들기 시작했다. 또 주말이면 로켓 마니아 민간 클럽인 'RRS<sup>Reaction Research Society</sup>' 멤버들과 함께 모하비 사막으로 향했다. 참고로 RRS는 1943년에 만들어진 미국에서 가장 오래된 민간 로켓 기술동호회로 모하비 사막에 자체 소형로켓 시험 및 발사 시설까지 가지고 있다. 그 곳에서 자신들이 만든 로켓을 실험하고 조립하면서 실제 로켓발사를 '모의'하기도 했다.

그런데 이들이 모하비 사막에서 직접 만든 로켓을 실험하고 있다는 소문이 머스크의 귀에 들어갔다. 마침 우주를 향한 남다른 꿈을 키우고 있던 머스크는 뮬러를 찾아 갔다. 처음 만난 자리에서 개발 중인 로켓을 본 후 머스크는 뮬러에게 이렇게 묻는다. "좀 더 큰 놈도 만들 수 있겠소?"

우주 기술 개발의 파괴적 혁신이라는 새로운 역사는 이렇게 시작됐다.

모하비 사막에 있는 민간인 동호회 RRS의 시험시설 모습

뮬러는 자체 로켓 개발에 도전장을 던진 세계 최초의 우주벤처기업 스페이스X의 창업 멤버가 된다. 머스크가 처음 뮬러를 찾아갔을 때 감탄사를 아끼지 않았던 로켓엔진은 추진력 6톤짜리였다. 현재 한국항공우주연구원이 한국형발사체 3단용으로 개발한 엔진이 7톤임을 감안하면 개인 취미로 만드는 로켓엔진 치고는 엄청난 수준이었다. 일부 자료에 따르면 뮬러가 만든 이 엔진은 아마추어가 만든 최고 추력의 로켓엔진이라고 한다. 물론 우주발사체가 되기 위해서는 훨씬 큰 엔진이 필요하다. 실제 한국형발사체 1단에는 75톤급 엔진 4기가 장착된다. 참고로 아폴로 우주선의 경우 1단에만 추진력 800톤급 로켓엔진이 5기나 장착됐다.

이런 뮬러의 열정에 머스크의 파격적인 지원이 더해지면서 로켓 개발 속도는 날개를 달았다. 2002년 6월에 캘리포니아에서 스페이스X가 설립되었고, 2003년 3월 텍사스주 맥그리거 시험장에서 최초로 만든 멀린 엔진을 테스트하기 시작하였다. 창립 9개월 만에 소수의 엔지니어들이 모여 신형 로켓엔진을 설계하고 제작하여 시험에 들어갔으

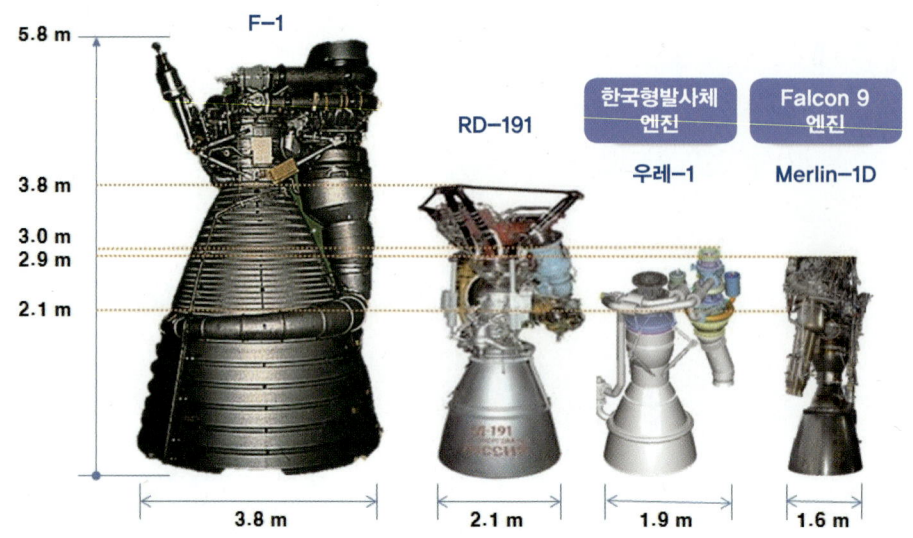

| 산화제 연료 | LOX/케로신 | LOX/케로신 | LOX/케로신 | LOX/케로신 |
|---|---|---|---|---|
| 연소실 압력(atm) | 76.6 | 253.5 | 60 | 96 |
| 진공추력(t) | 792.7 | 213.8 | 76 | 73 |
| 추력중량비 | 94.4 | 97.2 | 80.9 | 150 |

**세계 주요 엔진과 누리호엔진의 형상 및 제원 비교**

니 이들의 기술적 능력은 말할 것도 없고 그 일에 대한 열정이 정말 놀랍다. 곧이어 팰컨 1 로켓 2단에 사용한 케스트렐 엔진도 연달아 시험했다니 우리나라의 '빨리빨리'를 무색하게 하는 속도다. 아마 먹고 자는 시간 외에는 일만 하지 않았을까 생각된다. 이들은 2003년 12월에는 엔진을 장착한 실물 동체를 캘리포니아에서부터 워싱턴까지 대륙을 횡단하여 실어 나른 후 미국연방항공청Federal Aviation Administration, FAA 빌딩 앞에 세워놓고 대대적인 홍보 세리머니를 벌이기도 했다. 소소한 실패를 거듭하면서도 2005년 1월에는 멀린 엔진이 완성되고 4월에는 팰컨 1 제1호기가 완성되었다. 곧이어 1호기로 반덴버그 공군 발사대에서 점화시험도 했다. 그러나 공군의 타이탄 4 발사 스케줄 때문에 팰컨 1의 발사가 여의치 않자 스페이스X는 완성된 팰컨 1을 남태평양 마셜 군도로 옮겨 발사준비를 했다. 몇 번의 연기 끝에 2006년 초 마셜 군도 발사장에서 마침내 팰컨 1이 발사됐다. 일반적으로 로켓 개발 초기에는 발사 실패를 겪게 되는 것처럼 스페이스X 역시 첫 번째 발사는 실패였다. 터보펌프의 조그만 알루미늄 너트에서 균열이 발생하면서 폭발한 것이다. 후에도 이런저런 이유로 두 번이나 실패의 쓴맛을 보게 된다. 그리고 2008년 9월, 드디어 네 번째 발사에서 성공을 거둔다. 로켓 개발에 착수한 지 채 6년도 안 된 시점이었다. 어느 국가도 이루지 못한 초 단기간의 로켓 개발 성공인 셈이다. 톰 뮬러라는 자기 일에 헌신적이면서 자기 동기부여가 확실한 사람이 없었다면 이루기 힘든 일이었다.

스페이스X는 로켓 개발에 더욱 속도를 냈다. 2009년에는 비교적 작은 180kg급 위성의 궤도 진입을 성공시켰고, 이러한 성공에 힘입어 팰컨 1 발사체 개발을 종료하고 본격적인 발사체인 팰컨 9 개발에 착수했다. 팰컨 9은 4~5톤 무게의 정지궤도위성을 궤도에 올릴 수 있는 수준이었으니 그야말로 눈이 어지러울 정도의 빠른 개발 속도였다. 물론 이러한 성공에는 세 차례의 팰컨 1 발사 실패가 '특효약'이 됐다. 로켓 1단으로 '멀린 1C형' 엔진을 9개 묶고, 2단은 1개의 멀린 엔진을 사용하는 팰컨 9은 다섯 차례에 걸친 발사에 모두 성공한다. 그리고 우주정거장에 성공적으로 화물을 수송하고 미우주항공국NASA으로부터 거액의 화물 수송료를 받으면서 스페이스X의 재정은 단번에 흑자

2008년 9월 28일 처음으로 성공한 팰컨 1의 발사 장면(4차 발사)

   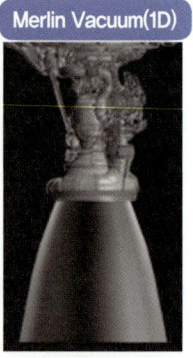

| | Merlin 1A | Merlin 1C | Merlin 1D | Merlin Vacuum(1D) |
|---|---|---|---|---|
| 산화제/연료 | LOX/케로신 | LOX/케로신 | LOX/케로신 | LOX/케로신 |
| 연소압(atm) | 51.2 | 66.8 | 95.7 | – |
| 진상 추력(t) | 33.1 | 42.8 | 66.3 | – |
| 진공 추력(t) | 37.6 | 48.9 | 73.4 | 81.7 |
| 진공 비추력(sec) | 288.5 | 304.8 | 311 | – |

**스페이스X 멀린 엔진의 초기 개발 모델과 제원**

로 돌아선다. 그러나 뮬러는 여기에 만족하지 않고, 성능이 더욱 강력해진 '멀린 1D' 엔진 개발에 매진하여 세계 최고 효율의 엔진 개발에 성공한다.

 엔진의 효율성은 여러 면으로 볼 수 있지만 가장 효율적인 설계 기준으로는 무게 대비 추력이 낮은 것을 들 수 있다. 그런데 멀린 1D 엔진은 무게 대비 추력이 150으로 기존에 최고 효율을 자랑하던 러시아산 NK33의 130이라는 수치를 간단히 뛰어넘은 것이다(현재의 최신형 멀린 1D+는 진공추력 100톤에 가깝고 무게비추력은 184 정도임. 참고로 우리 누리호의 75톤급 엔진은 80 정도).

 이런 초경량 로켓엔진의 개발은 항공우주 시스템 설계개발 시에 무게를 줄이는 것이 얼마나 어렵고 고통스러운 일인지 아는 사람들에게는 경이로운 일로 평가된다. 새로이 성능이 향상된 이 엔진 9개를 묶은 팰컨 9 버전 1.1로 3.1.1에서 상술한 대로 한 달 간격으로 정지궤도 상업위성 발사에 성공하면서 경쟁업체들을 초긴장 상태로 몰아넣었던 것이다. 톰 뮬러 팀은 궁극적인 화성탐사 등 심우주 탐사에 대비해서 더 큰 엔진들도 개발하고 있었다. 스페이스X가 진행하고 있는 또 하나의 프로그램인 유·무인용 우주선 드래건의 제어에 사용할 드라코 추력기, 발사 실패 시 드래건 탑승객을 안전하게 내려

**발사에 성공한 스페이스X의 첫 우주화물수송선, CRS-1 드래건**

놓을 수퍼드라코, 그리고 멀린 1 엔진의 차세대 제품인 랩터 엔진 등의 개발이 시작되었다. 랩터는 초기에는 액체수소엔진으로 시도했으나 지금은 액체메탄과 액체산소의 조합으로 결정되어 개발되었다. 현재 랩터는 250톤급의 버전 2.0이 시험 중에 있으며 이 랩터 엔진을 1단에 33기, 2단에 6기를 부착한 스타십이 시험발사를 앞두고 있다. 화성 거주지 건설을 위한 꿈이 착착 진행되고 있어 보인다.

뮬러는 말한다. "로켓 개발은 정말 힘든 일입니다. 엄청난 스트레스 속에서 밤낮없이 이 일에 매달려야 하고 실패했을 때의 그 절망감은 이루 말할 수 없지요. 그러나 성공했을 때의 성취감은 그동안 견딘 어려움을 충분히 상쇄하고도 남습니다. 이러한 성취감은 TRW와 같은 큰 조직에서는 도저히 맛볼 수 없는 것이지요."

뮬러는 2020년 스페이스X사에서 은퇴하고 2021년 새로운 우주 기술 회사, 임펄스 스페이스 Impulse Space를 설립하여 로켓엔진과 위성운반장치 등을 개발하고 있다.

### 3.1.4 스페이스X 성공요인 2 : 우주탐사의 꿈을 가진 CEO 일론 머스크

두 번째로 우리가 주목해야 할 또 한 사람은, 모두들 첫 번째라고 생각하는, 당연하게도 스페이스X의 창업자인 일론 머스크다. 그는 이미 대학 시절, 자신의 꿈을 "세상을 변화시키는 일을 하자"로 정했다고 한다. 이를 실현하기 위해 필요한 기술로 첫째 인터넷 기술, 둘째 대체에너지 기술, 셋째로 우주 탐사 기술을 꼽았다고 한다. 그리고 그는 실제로 이 꿈을 하나씩 실현해 나가고 있다.

'태생적 모험가'이기도 했던 청년 머스크는 1995년 실리콘밸리에서 200달러에 불과한 통장 잔고로 인터넷 사업을 시작한다. 자동차 한 대와 컴퓨터 한 대로 남동생과 함께 사업을 시작한 그가 처음 세운 기업은 온라인 도시안내 소프트웨어 회사 'ZIP2'이다. 제법 유명해진 이 회사를 1999년 컴팩Compaq사에 넘긴다. 그는 이 회사를 팔아 남은 수익금으로 엑스닷컴X.com을 세우고, 인수합병으로 '페이팔PayPal'을 만들었다. 2002년에 페이팔은 거금에 팔렸다.

페이팔 판매 지분으로 받은 1억 8천만 달러(2023년 초 가치로 3억 달러 정도)를 손에 쥐면서 억만장자의 반열에 오른 머스크는 이때부터 "화성에 거주지를 건설하겠다"는 자신의 꿈을 실현시킬 회사를 만들게 되는데 그것이 바로 2002년 5월에 설립한 우주벤처기업 스페이스X다. 또 이듬해인 2003년에는 전기자동차 회사인 테슬라에 공동 투자하며 설립에 참여한다. 2006년에는 대체에너지로 세상을 바꾸려는 뜻으로 태양광 발전기를 가정에 설치하는 사업체인 솔라시티SolarCity의 창립에도 참여했고, 현재는 테

페이팔 공동창업자 피터 시엘과 머스크, 테슬라 모델 앞에 선 머스크

슬라사에 흡수되었다.

　원래 머스크는 로켓을 개발할 생각까지는 없었다. 그러나 화성식민지화에 필요한 로켓으로 러시아 발사체를 염두에 두고 직접 방문해보니 일반인이 저렴한 비용으로 우주비행을 하기에는 러시아 로켓 가격이 너무 비쌌던 것이다. 더욱이 러시아 로켓 회사 고위 관리는 새파랗게 젊은 친구가 로켓을 사겠다고 흥정을 하니까 모욕적이라고 생각했는지 면전에 침까지 뱉는 일이 있었다고도 한다. 모욕을 당하고 흥정에도 실패한 머스크는 귀국하는 비행기 안에서 새로운 로켓을 직접 개발하겠다는 구상을 떠올리며 대략적인 비용을 추산해보기도 했다. 이때 아마도 머스크는 본인이 직접 개발에 나선다면 로켓 개발 비용에 끼어 있는 군살을 제거하고 혁신적인 설계를 통해 발사 비용을 5 내지는 10분의 1로 낮추겠다는 목표를 세웠을 것으로 생각된다. 그의 구상은 파격적이었지만 실현 불가능한 것은 아니었다. 우선 개발 비용이 적게 들고 실패 위험이 낮은 작은 추력의 엔진을 만들고 이것을 여러 개로 묶는 클러스터링 기술을 통해 대형로켓을 구현하는 것이다. 이렇게 되면 많은 엔진이 필요하게 되고, 기존의 로켓과 같은 소품종 소량생산이 아니라 소품종 대량생산이 가능해 당연히 가격도 낮아질 것이라는 생각이었다. 그의 아이디어는 결국 현실화되어 2010년부터 여덟 차례 연속 팰컨 9 발사에 성공하면서 세계를 깜짝 놀라게 한 것이었다.

　1971년 남아프리카공화국에서 태어난 머스크는 어릴 때부터 과학기술에 큰 흥미를 보였다. 당시에 보급되기 시작한 PC를 가지고 독학으로 프로그램을 만들었고, 중학교 시절 이미 컴퓨터 수업 시간에 선생님보다 뛰어난 실력을 보였다. 또 열두 살에 비디오 게임을 만들어 팔기도 하는 등 어린 시절부터 기업가의 자질을 발휘하기 시작했다. 머스크는 그때부터 미국이야말로 자신의 꿈을 달성할 수 있는 곳이라고 생각했다. 그리고 열일곱 살인 1987년 캐나다 국적을 가진 어머니의 노력으로 이민이 쉬운 캐나다로 옮겨간다. 당시 남아공에서는 성년이 되면 의무적으로 군 복무를 해야 했다. 군인의 주된 임무였던 흑인 탄압 역할이나 수행하면서 세월을 보낼 수는 없다는 생각도 캐나다 이민을 서두른 이유였다.

　머스크는 1990년 캐나다 퀸즈대학에 입학하여 2년 수학 후 미국 펜실베이니아대학으로 옮겨 1995년 경영학과 물리학 두 분야의 학사학위를 받는다. 이후 물리학 학사

**팰컨 9(버전 1.0) 앞에 서 있는 일론 머스크**

자격으로 스탠퍼드대학 물리학 박사과정에 받아들여졌지만 대학원생실에 이틀간 앉아 있다가 포기하고 사업의 길에 나선다. 그가 박사과정을 포기한 이유가 "세상을 바꿀 정도의 일은 스탠퍼드대학 박사과정에는 없을 것 같다"라는 확신을 얻었기 때문이라니 타고난 모험가임에 틀림없어 보인다.

ZIP2와 페이팔을 성공시켜 얻은 2억 달러 가까운 돈을 쥐고 머스크는 다음 꿈인 우주탐사 사업에 나선다. 아예 회사 이름을 '우주탐사Space eXploration, 스페이스X'라고 명명하고 민간 우주 사업을 주요 아이템으로 정했다. 그리고 일반인들이 우주 비행을 하기 위해서는 값비싼 발사 비용이 가장 큰 장애물이라는 사실을 간파한 그는 뮬러를 설득해

팰컨 9(버전 1.0) 첫 발사 장면(2010년 6월 4일)

저렴한 가격의 로켓 개발에 착수하게 되는 것이다.

하지만 아무리 모험심 강한 벤처기업가라고 하지만 그가 투입할 수 있는 돈에는 한계가 있었다. 그는 자신의 전 재산 가운데 절반이 넘는 1억 달러를 투자하기로 하고, 이 돈을 모두 쓸 때까지 성공하지 못하면 사업을 접겠다고 마음먹는다. 새로운 로켓을 개발하려면 보통 수십억 달러의 개발비와 십수 년의 시간이 소요된다. 1억 달러의 돈으로, 그것도 단 몇 년의 짧은 시간 안에 새로운 로켓을 개발하고, 실제 상업발사를 한다는 것은 누가 봐도 '무모한 도전'이었다. 어쩌면 머스크가 로켓 개발로 돈을 벌기가 얼마나 험난한 길인지 몰랐기 때문에 가능한 일이었는지도 모른다.

때는 2008년 8월, 팰컨 1 발사로 두 번의 실패를 겪은 후 세 번째 발사를 앞두고 있었다. 지난 몇 년간 주당 70~80시간씩 일하며 로켓 개발에 매달려온 스페이스X의 직원들은 기도하는 심정으로 발사장에서 전송되는 비디오 화면을 통해 발사 장면을 지켜봤다. 1단 연소는 성공이었다. 그러나 2단 분리, 2단 점화부터 화면이 끊겼다. 알 수 없는 이유로 1단과 2단로켓이 충돌한 것이다. 350여 명의 직원들은 숨을 죽인 채 다시 영상이 나오기를 기다렸다. 만약 실패로 결론이 나면 회사 문을 연 지 6년 만에 닫아야 한다고 생각했다. 모두 실직자 신세가 되는 것은 물론이다. 이때 침통한 얼굴의 머스크가 나타나 직원들에게 이렇게 선언하였다. "여러분 모두 받아들이기 힘들겠지만 오늘 발사는 실패했습니다. 하지만 로켓 개발이라는 일이 늘 이렇습니다. 오늘 우리는 적어도 1단로켓은 제대로 비행했다는 것을 확인했습니다. 모두 잘 알다시피 현재 로켓을 보유한 6~7개 국가도 처음에는 모두 실패를 경험했습니다. 마침 최근 엔젤투자가 이루어져 두 번 더 발사할 수 있는 자금을 확보했습니다." 그리고 마지막으로 외쳤다. "저는 절대로 포기하지 않습니다. 절대로!" 이 감동적인 연설로 스페이스X 직원들은 다시 고난의 행군을 기꺼이 감수한다. 그리고 드디어 4차, 5차 팰컨 1 발사에 연속 성공하고 2010년 6월에는 로켓 개발 8년 만에 1단 추력 500톤의 로켓을 성공적으로 발사하게 된다. 로켓 개발의 역사를 새로 쓴 것이다.

팰컨 9의 성공은 로켓 개발에 있어서 여러 가지 측면에서 획기적이었다. 우선 개발비용이 대폭 축소됐고, 개발기간도 획기적으로 줄었다. 팰컨 9의 개발 성공 후 NASA는 팰컨 9 수준의 로켓을 기존의 방식으로 개발하였다면 최소한 40억 달러(2010년 기준)가 필요하다고 분석하였다. 앞에서 언급한 대로 스페이스X사가 팰컨 1과 팰컨 9 로켓까지 개발하는 데는 3억여 달러가 들었다고 한다. 13분의 1 수준의 개발 비용이 든 것이다.

스페이스X는 자사 로켓에 이용한 위성 발사 비용을 홈페이지에 공개한다. 전 세계 어떤 로켓보다 가격 경쟁에서 우위에 있다는 자신감의 표출이다. 또한 당초 목표로 했던 저렴하면서도 안전한 로켓을 개발하는 데 성공했다는 사실을 대내외에 알리기 위한 것이다.

그렇다면 이처럼 스페이스X가 발사 비용을 낮출 수 있었던 숨은 요인은 무엇일까?

먼저 특별 제작된 비싼 부품을 거의 쓰지 않고 80퍼센트 이상의 부품을 자체 공장에서 제작한다. 그리고 본사의 설계실과 제작공장이 한 건물 안에 있어 설계자와 제작자들이 서로 긴밀히 협력할 수 있는 환경을 조성했다. 실제로 저자가 항공우주연구원 원장 재직시 우리 위성의 발사를 위해 LA 근교의 스페이스X 본사를 방문했을 때 사무

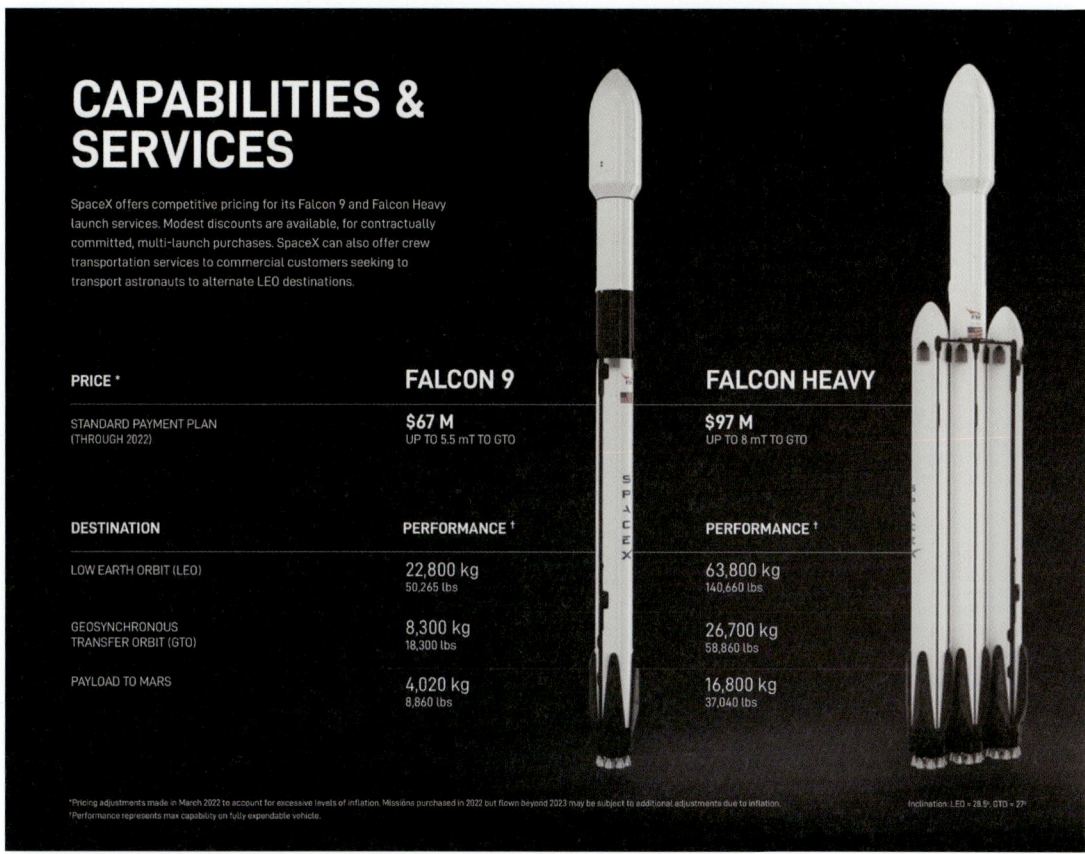

팰컨 9와 팰컨 헤비의 발사 능력과 발사 가격(2023년 1월 자료)

실에서 회의를 하고 실내문을 열고 나가니 바로 공장 시설이 나타났던 기억이 있다. 지금도 사장으로 있는 스페이스X 살림꾼 여장부 쇼트웰Gwynn Shotwell이 "이런 배치는 설계가 변경되더라도 빠른 시간에 제작과정에 반영할 수 있고, 가공기술자의 의견이 즉시 설계자에게 전달되어 제품의 개선을 빠르고 쉽게 구현할 수 있게 된다."고 우리에게 자랑하였다. 아마도 이러한 회사운영철학은 일론 머스크의 소신으로 보이며 테슬라의 기가팩토리가 바로 이 철학의 정점이라고 생각된다.

또 하나는 경영학 교과서에서 비효율적인 운영이 될 수 있다고 하는 '수직체계화 Vertical Integration'를 고집하면서 대부분의 부품을 사내에서 조달하는 것이다. 이와 함께 엔진의 대량생산을 구현하기 위해 공장의 제작 책임자는 항공우주 분야가 아닌 자동차 회사 출신을 기용하기도 했다.

그러나 모든 일에는 좋은 면만 있을 수는 없는 일, 머스크는 스스로에게 기준이 높은 것처럼 주변 사람들에게 그만큼 요구하는 일중독자였다. 그래서 머스크의 회사에 근무해본 사람은 머스크와 함께 일하려면 그가 항상 '불편하게discomfort' 구는 것을 감수해야 한다고 조언한다. 스페이스X의 성공 이후에 반갑지 않은 소식도 들린다. 연속적으로 팰컨 9 발사에 성공하면서 경쟁력이 높아져 전 세계로부터 발사 의뢰가 쇄도하자 발사 비용을 오히려 올렸다. 가격을 올려도 다른 업체에 비하면 발사 비용이 30~50% 수준이라는 것이 스페이스X의 설명이지만 당초 10분의 1까지 발사 비용을 낮추겠다고 공표한 것을 생각하면 아쉬운 일이다. 초심을 지키는 일은 누구에게나 어려운 모양이다. 최근에는 트위터를 초고가에 인수하여 테슬라와 스페이스X에는 신경을 덜 쓰는 것 같아 주주들과 그의 추종자들을 초조하게 만들기도 하였다. 사실 일론 머스크는 우리나라 현대를 설립한 정주영 회장과 유사한 점이 많다. 한국의 빨리빨리 정신을 신념으로 가지고 있는 것으로 보이고, 그 유명한 "해보기나 했어?"와 "돌다리는 건넌 다음에 두드린다."와 비슷한 스타일이라고 본다. 차이는 정 회장은 본인의 감에 의해서, 머스크는 대학에서 물리학을 전공(이중)했고 스탠퍼드대학 물리학 박사과정에도 들어갈 정도였기에 모든 일을 물리학 원리에 의거해서 밀어 붙이는 것이라고나 할까?

### 3.1.5 스페이스X 성공요인 3 : 미국의 벤처 정신과 저변 기술

머스크는 고교시절 이미 "미국에 가서 꿈을 펼치자"고 마음을 먹었다. 그리고 마침내 미국에 정착해 사업을 시작했고 성공했다. 실제 스페이스X의 대성공은 독특한 미국의 기업 투자 풍토가 있었기 때문에 가능했다고 본다. 미국의 투자가들은 신생 벤처기업이라 하더라도 미래 가능성이 보이면 대규모 투자도 서슴지 않는다. 이렇게 투자를 받아 창업한 벤처기업들은 성공하게 되면 거액에 회사를 팔아 다시 과감하게 새로운 분야에 투자한다. 아이디어로 돈을 벌고, 다시 이 돈으로 새로운 아이디어를 찾는 '선순환 구조'가 정착되어 있는 환경이다. 벤처회사를 만들어 초기에 운영이 잘 되더라도 경쟁기업 수준으로 회사를 키우는 데 힘을 쏟다 보면 어느새 벤처회사를 설립할 당시의 꿈과 열정은 줄어들고 도전적인 새로운 분야에 투자할 의지와 여력도 점차 줄어드는 경우도 많다. 미국은 이 같은 한계를 극복할 수 있는 기업환경이 잘 조성되어 있다. 물론 투자금만 노리는 엉터리 벤처사업가도 제법 있어 문제를 초래하긴 하지만.

머스크는 미국의 이러한 기업환경을 최대한 활용했다. 머스크가 세상을 변화시키겠다는 꿈이 있었고, 또 그 꿈을 실현시킬 엔지니어를 만났지만, 만약 이러한 모험적인 사업을 키워 나갈 환경이 조성되어 있지 않았다면 로켓 개발과 같은 거액의 비용이 드는 일은 아예 시작조차 못했을 것이다. 스페이스X가 미국정부의 우주 기술 개발 민주화 방침과 신생기업 육성 정책의 덕택으로 2008년 말 NASA와 우주정거장 화물운반 계약을 체결하게 된 것도 좋은 사례일 것이다. 이 대형 계약을 토대로 지속적인 로켓개발이 이루어지면서 스페이스X가 흑자로 돌아서게 되었고, 유사한 발전 과정을 거친 전기자동차 회사 테슬라의 잇단 성공에 힘입어, 머스크는 우주비행과 육상교통을 관통하는 미래의 운송수단 업계의 선두주자로 나서게 되면서 연예인에 버금가는 인기를 누리는 유명한 사업가가 될 수 있었다.

그는 앞에서 언급한 대로 스페이스X 설립한 이후 전기자동차 업체인 테슬라와 태양전지 설치회사 '솔라시티SolarCity'에도 투자를 했다. 2008년 금융위기 때에는 추가 투자를 통해 파산에 몰린 테슬라를 살리면서 경영권을 확보했다. 이 와중에 테슬라는 가벼운 알루미늄 차체 설계기술을 스페이스X 로켓 동체의 경량설계에서 배우고, 스페이스X는 저렴한 대량 생산 기술을 테슬라로부터 벤치마킹하는 등 기술적인 시너지 효과도 누리고 있다.

머스크의 인생 성공담을 살펴보면서 당분간은 미국이 세계 정상에 있을 것이라는 생각이 강하게 든다.

전세계 어느 나라가 외국에서 온 젊은 친구가 갑자기 억만장자, 세계 최고부자로 성장하게 할 수 있을까? 법적인 문제만이 아니라 사회적으로나 문화적으로 외국 출신 기업가의 급성장을 허용할 것인가를 말하는 것이다. 대한민국에서 가능할까? 아니면 일본? 중국? 유럽 제국? 글쎄, 어디에서도 사회·정치·경제적으로 촘촘한 위계질서hierarchy 속에서 자라날 수 있을까 의문이다.

이러한 실력 위주의 평가를 가능하게 한 세계 최고 경쟁력을 갖춘 아래의 미국 시스템이 일론 머스크를 만들었다고 본다.

첫째는 미국의 대학 시스템이다. 실력과 능력이 있는 학생과 교수라면 전 세계 어디에서든 인센티브를 주면서까지 기꺼이 데려올 준비가 되어 있는 곳이 미국 대학이다. 또, 이렇게 해야 우수 대학 유지가 가능한 경쟁환경에 있다는 말이다. 미국의 초등·중등 교육 시스템은 거의 망가진 것처럼 보이지만, 가장 중요한 대학이 실력 위주로 운용되면서 미국을 세계 최고 수준으로 만들고 있다는 생각이다.

다음은 기업 풍토이다. 위계질서보다는 실력과 능력을 갖춘 직원들을 우선하여 우대함으로써 창의적인 기술 개발과 효율적인 조직 운용을 가능하게 하여 짧은 시간에 세계 최고의 회사로 성장할 수 있는 터전을 마련해 주고 있다. 여기에 덧붙여 미래 발전 가능성에 크게 베팅하는 세계 최고의 투자 시스템도 큰 역할을 하고 있다.

사실 머스크의 유명한 두 회사, 스페이스X와 테슬라는 지난 10여 년 동안 미국 내 이공계 졸업생이 가장 들어가고 싶은 최고 인기의 회사였다. 올해 2023년 4월의 보도에 의하면 매년 360만 명이 테슬라를 지원하여 2만에서 3만 명 정도의 입사가 허용된다니 경쟁률이 보통이 아니다. 스페이스X도 이에 못지않은 경쟁률이라고 한다. 이렇듯 10년 이상 인재를 끌어모으고 있으니 기업이 세계 최고가 될 수밖에 없는 것이다.

## ✕ 3.2 제프 베이조스와 우주기업 블루오리진

제프 베이조스Jeff Bezos는 모두에게 잘 알려져 있듯이 세계 최대의 전자상거래업체 아마존닷컴의 대주주로 세계 최초 1,000억 달러 자산가였고 2017~2021년 사이 세계 최고 부자 랭킹에 올랐다. 그런데 대부분의 사람들이 잘 인지하지 못하고 있는 사실은 베이조스가 일론 머스크에 못지않은, 아니 더한 우주 마니아라는 사실이다. 베이조스가 소유하고 있는 우주 산업체 블루오리진은 2000년에 설립되어 2002년에 설립된 스페이스X에 비해 역사가 2년 더 길다. 단지 로켓 개발 속도에 있어 머스크와는 다른 철학으로 접근하는 바람에 아직도 제대로 완성된 로켓이 없어 우주 산업체 소유자로서는 덜 알려져 있을 뿐이다.

자유 여신상 수상식에서 베이조스 가족

## 3.2.1 꿈꾸는 소년

제프 베이조스는 1964년 1월 12일에 미국 뉴멕시코주 앨버커키에서 태어났다. 어머니는 베이조스를 낳을 당시 열일곱 살인 고등학생이었고 아버지는 열아홉 살이었다고 한다. 이후 이혼한 어머니는 1964년 카스트로 정권을 피해 쿠바에서 이민 온 베이조스와 재혼하면서 베이조스라는 성을 얻는다. 곧 새아버지가 대학을 졸업하고 휴스턴 소재 엑슨Exxon 기술자로 취직하는 바람에 휴스턴에서 초등학교를 다녔고 다시 이사하면서 마이애미에서 고등학교를 다녔다. 새아버지는 인간적으로 좋은 사람이었다고 한다. 의붓아들인데도 정성 들여 키우고 학업 뒷바라지도 잘했으며 1995년 베이조스가 아마존을 설립할 때 자본금으로 거금 24만 5,000달러를 쾌척했다고 한다. 2022년 5월 아버지 베이조스가 특출한 이민자의 삶을 영위한 분에게 수여하는 '자유의 여신상' 수상식에서 축사를 할 때 자기 의붓아버지를 칭송하면서 눈물까지 글썽일 정도였다고 한다.

베이조스는 어릴 때부터 총명하여 주위의 눈길을 끌었다고 하며 특히 과학기술에 흥미를 보여 고등학생으로 플로리다대학 학생과학 훈련 프로그램에 뽑히기도 했다. 1982년 고등학교 졸업시에는 680명 동급생 중 1등을 하며 최우등졸업생Valedictorian으로 졸업식 연설자가 되기도 했고, 전국우수고교졸업생으로 뽑혔으며《마이애미 헤럴드Miami Herald》신문사가 수여하는 최우수상을 받기도 했다. 특기할 만한 일은 베이조스는 졸업 연설에서 "저는 미래에 우주식민지를 건설하여 자원 고갈로 어려움을 겪게 될 수백만 명의 지구인들을 이주하여 살게 하는 꿈을 가지고 있다"고 말해 청중을 감탄하게 했고, 이 내용은《마이애미 헤럴드》신문에 기사로 나오기도 했다.

고교 최우수 졸업생으로 프린스턴대학 컴퓨터공학과에 입학한 베이조스는 당시 그 대학 물리학과 교수이면서《최고 개척자The High Frontier》를 집필한 오닐Gerard K. O'Neill 교수의 '우주공간 식민지, 오닐 실린더O'Neill Cylinder' 관련 강연을 듣고 우주식민지화의 꿈을 더욱 굳히게 된다. 일반인들은 대부분 사회로 진출하면서 만만치 않은 현실을 파악하고는 어릴 적의 꿈은 그냥 꿈으로만 두거나, 철없던 때의 생각으로 치부하고 잊게 되는데 베이조스는 달랐다.

### 3.2.2 블루오리진과 우주비행

1994년 7월 벤처기업 성공 신화의 단골 메뉴인 차고에서 아마존을 창업한 베이조스는 이후 지속적으로 회사의 외연을 키우느라 2000년에 20억 달러의 대출까지 받는 상황에서도 그 해 9월 본인의 꿈을 달성하기 위해 우주기업 블루오리진을 설립한다.

**블루오리진의 상징**

고교시절의 꿈, 그리고 대학시절 감동을 준 우주탐사를 구현하기 위해서이다. 1999년에 로켓전기영화 '10월의 하늘October Sky'를 감상한 후 베이조스는 공상과학소설의 작가인 닐 스티븐슨Neal Stephenson과 우주회사 설립에 대해서 논의하기도 했다고 한다.

블루오리진Blue Origin LLC, 이하 BO사은 미국 워싱턴주 켄트Kent에 본사를 두고 있는 발사체 개발업체이자 준궤도 우주비행 서비스업체이다. 회사명 블루오리진은 푸른Blue 행성,

즉 지구를 우주비행의 출발지Origin로 삼고 있음을 의미한다.

　2005년 초에 베이조스는 뉴셰퍼드New Shepard라는 수직이착륙VTVL, Vertical Takeoff and Vertical Landing 우주선을 개발하는 계획을 세웠다. 뉴셰퍼드 개발계획은 사업 초기에는 조용히 진행되었지만 당시 BO사 웹사이트에 "우리 인간이 태양계를 계속 잘 탐험할 수 있도록 우주비행 비용을 낮추고 싶다"는 베이조스의 열망을 표시하면서 간접적으로 이 사업을 암시했다. 2008년까지 공개된 뉴셰퍼드의 개발계획에 따르면 BO사는 2011년에 뉴셰퍼드의 무인비행을 실시하고 2012년에는 유인비행을 실시할 예정이었다. 2016년 말 BO사는 뉴셰퍼드의 모든 비행시험이 예정대로 순조롭게 진행된다면 2018년에는 뉴셰퍼드를 타고 승객들이 우주비행을 하게 될 것으로 발표했다.

　BO사는 준궤도 비행부터 시작하여서 궤도비행으로 점진적으로 접근하는 방식을 적용하였으며 각 개발단계는 이전에 이룩한 성과를 기반으로 하고 있다. BO사는 준궤도 공간 및 궤도 공간에 접근할 수 있도록 궤도기술, 즉 로켓추진식 수직이착륙 비행체를 개발하고 있다. 사업 초기에 준궤도 우주비행에 중점을 두고 텍사스주 컬버슨 카운티에 위치한 자사의 설비에서 우주비행체 뉴셰퍼드의 다양한 시험설비testbed를 설계, 제작하여서 비행까지 실시했다. 미국 최초의 우주비행사인 앨런 셰퍼드Alan Shepard의 이름을 따서 명명된 뉴셰퍼드의 개발을 위한 첫 번째 시험비행은 2015년 4월 29일에 실시되었다. 무인 비행체는 계획된 시험고도인 93.5km307,000ft 이상까지 비행하면서 최고 속도 마하 3을 달성했다.

**뉴셰퍼드의 구조**

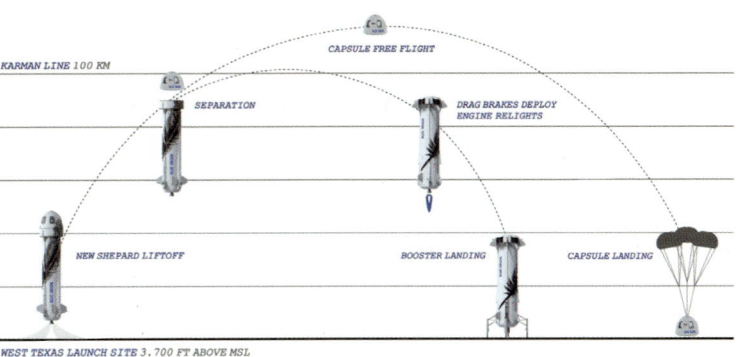

**카르만선 이상의 고도에 캡슐을 운반한 뉴셰퍼드**

CHAPTER 3. 우주 산업 시대의 혁신적 기업가　173

왼쪽부터 마크 베이조스, 제프 베이조스, 올리버 데먼, 월리 펑크

2015년 이후의 거의 모든 비행시험에서 무인비행체는 100km 이상의 시험고도에 도달했으며, 마하 3 이상의 최고 속도를 달성하는 동시에 카르만선 Kármán line 이상의 우주공간에 도달했으며, 캡슐과 로켓 부스터도 연착륙에 성공했다.

BO사는 승객이 탑승한 최초의 우주비행을 당초 2018년에 실시하도록 계획했으나, 계획이 여러 번 연기되어, 2021년 7월 20일에 들어 새로 개발된 뉴셰퍼드 로켓과 우주 비행 시스템을 이용해서 첫 번째 유인 우주비행을 실시할 수 있었다. 이때 비행 시간은 약 10분이었으며 카르만선도 돌파했다.

이 비행에 BO사의 창업자 제프 베이조스도 동생 마크 베이조스, 월리 펑크 Wally Funk, 올리버 데먼 Oliver Daemen과 함께 4명의

뉴셰퍼드를 타고 실제로 우주비행을 하게 된 커크 선장

승무원 중 한 명으로서 참가했다.

2021년 10월에는 스타트랙 Star Trek 시리즈에서 커크 Kirk 선장을 연기한 배우 윌리엄 셔트너 William Shatner는 90세의 노령에도 불구하고 BO사의 준궤도 캡슐에 탑승하여 성공적으로 우주 비행에 성공하면서 최고령 우주 비행사가 되었다.

뉴셰퍼드의 세 번째 유인임무는 2021년 12월 11일에 시작되었으며, 네 번째 유인임무는 2022년 3월 31일에 시작되었다. 2022년 6월 4일, 뉴셰퍼드는 5월에 실시예정이었다가 연기된 다섯 번째 유인임무도 완료했다.

그러나 2022년 4·5회차 유인비행을 성공했으나 9월 무인비행 시험에서 BE-3 엔진이 문제를 일으키면서 추락하였다. FAA의 조사를 받으면서 6개월간 발사가 중지되었다. 조만간에 비행을 재개할 예정이라고 한다. 그러나 BO사는 아직 상업여객비행을 시

작하지 않았으며, 정확한 일정도 발표하지 않고 있다. 현재까지 뉴셰퍼드는 23회의 발사에 21회의 성공적인 착륙이 있었다.

**우주여행 궤도 로켓 뉴글렌**

2016년 9월, BO사는 지구 궤도에 처음으로 도달한 미국 최초의 우주비행사인 존 글렌John Glenn을 기리기 위해서 자기가 개발한 신형 궤도로켓의 이름을 뉴글렌으로 지정하고 직경 7m23ft의 1단로켓은 자사의 BE-4 엔진 7기로 구동될 것이라고 발표했다. 이 1단로켓은 재사용이 가능하며 뉴셰퍼드 준궤도 발사체와 마찬가지로 수직으로 착륙한다. 2017년 3월 베이조스는 BO사가 궤도위성 발사를 위한 첫 유료고객을 확보했다고 발표했다. 첫 유료고객인 유텔샛Eutelsat사는 2022년에 BO사의 뉴글렌New Glenn 궤도 발사체에서 TV 위성 발사를 시작할 것으로 예상되었다. 유텔샛을 발표한 지 하루 만에 BO사는 원웹OneWeb사를 두 번째 고객으로 소개했다. 2017년 9월 BO사는 뉴글렌의 첫 번째 아시아 고객인 뮤스페이스Mu Space사와도 계약을 체결했다. 태국에 기반을 둔 이 업체는 위성 기반 광대역 서비스와 아시아 태평양 지역의 우주여행을 제공할 계획이다.

2019년 5월 BO사는 뉴글렌을 사용하여 발사되고, 이르면 2024년 달에 연착륙할

BE-4 엔진

**BO사의 뉴글렌**

**BO사의 달 착륙선 블루문**

준비가 될 것으로 예상되는 달 착륙선 블루문의 설계 개념을 발표했다. 나사NASA의 인간 달 착륙 시스템 개발 경쟁사업에 BO사에서 제안한 시스템의 일부인 착륙선은 두 가지 형식으로 제작될 수 있으며 3.6~6.5t$^{7,900~14,300lb}$을 운송할 수 있다.

2021년 초, BO사는 뉴글렌 로켓의 첫 번째 발사 일정을 수정했다고 발표했다. 원래

발사중인 뉴셰퍼드

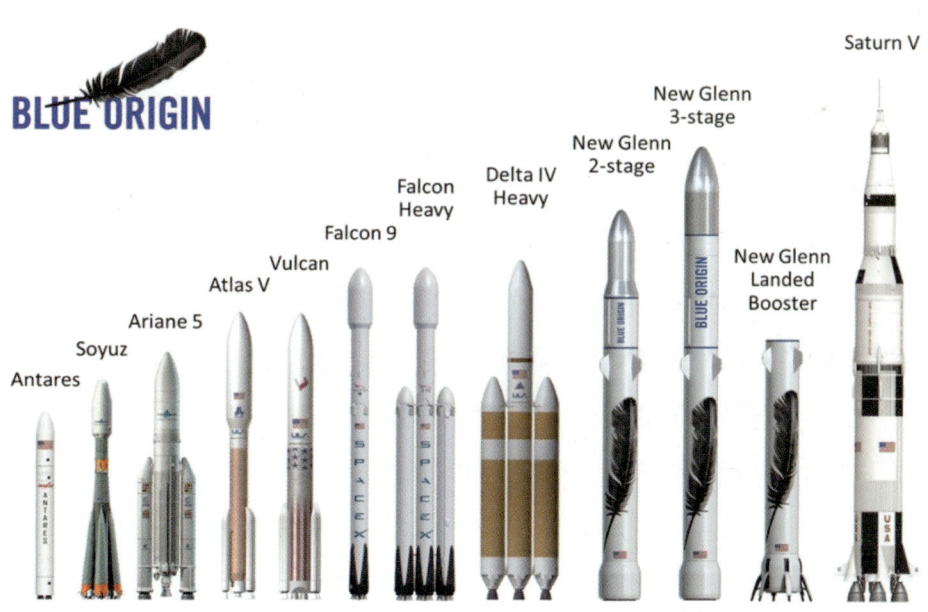

뉴글렌을 포함한 각종 우주발사체 비교

CHAPTER 3. 우주 산업 시대의 혁신적 기업가　177

뉴글렌은 2020년 초에 비행할 계획이었지만 2021년 3월에 최소한 2022년 4분기까지 발사되지 않을 것이라고 수정된 계획이 발표되었다.

원래 미국의 주요 발사시스템 운영업체인 ULA United Launch Alliance사에 신형 대형로켓 엔진인 BE-4를 제작하여 납품이 예정되어 있던 BO사는 2014년부터 궤도우주비행기술의 개발사업을 시작했다. BO사는 BE-4는 2017년까지 비행 준비가 완료될 예정이라고 밝힌 바 있다. 2015년에 이르자 BO사는 플로리다의 스페이스 코스트에서 궤도발사체 뉴글렌을 자체적으로 제작 및 발사할 계획을 발표했다.

BE-4는 2018년 말까지 엔진 확인시험을 완료할 것으로 예상되었다. 그러나 2021년 8월까지도 ULA사의 엔진은 아직 인증되지 못했고 《ARS 테크니카 Ars Technica》지의 심층기사에 BE-4 사업의 심각한 기술 및 관리 문제가 되기도 했다. 2019년 5월 제프 베이조스는 우주에 대한 BO사의 전망과 2024년까지 취역할 예정인 달 착륙선 블루문 Blue Moon에 대한 계획을 공개했다.

## 3.3 일론 머스크와 제프 베이조스의 우주 경쟁

전세계 1위 부자인 테슬라의 일론 머스크와 3위 부자(2021년 당시엔 2위)인 아마존의 제프 베이조스의 우주탐사 경쟁이 가히 흥미롭기(?) 그지없다.

NASA는 2021년 4월 아르테미스 4(2025년 착륙 예정) 유인 달 탐사 프로그램의 달 착륙선 후보로 스페이스X의 스타십 HLS Starship Human Landing System를 선정하고 달-지구의 L2 지점을 돌고 있는 게이트웨이 정거장에서 달 표면으로 두 번에 걸친 착륙 미션, 즉 1차는 무인 시범 착륙이고 2차는 실제로 우주인 3인을 착륙시키는 조건으로 계약했다. 원래는 두 팀을 선정하기로 했지만 미 의회가 불충분한 예산을 배정했기 때문에 불가피하게 기술적으로 가장 우수하고 성공 가능성이 큰 스타십 HLS 한 팀만을 선정하게 되었다고 발표하였다.

그러자 제프 베이조스의 우주회사 블루오리진은 즉각 반발했다. 미국판 감사원이라 할 수 있는 연방심계원 GAO, Government Accountability Office에다 NASA가 부적절한 제안서 심사과정을 통해 선정을 했으며, 두 팀을 선정하겠다는 원래의 계획을 지키지 않았다고 제소했다. 그리고 세 번째 팀인 다이네틱스Dynetics도 잇달아 제소했다. 그러자 NASA는 스페이스X와의 계약을 잠시 중지시키고 GAO의 심의 의결 결과를 기다리기로 하였다. 이 와중에 《워싱턴포스트Washington Post》의 사주라는 무시 못할 위상을 갖고 있는 베이조스는 미국 상하원에 막강한 로비 능력을 동원해서 워싱턴주(블루오리진 본사가 있는 주) 상원의원인 캔트웰Cantwell을 통해 100억 달러의 추가예산 배정 신청을 추진하기도 했다. 로비 천국 미국 정치의 진면목을 보여준 장면이기도 하다! 100억 달러면 12조 원 정도이니 하여간 대단한 능력이다.

그런데 석 달여의 심의 끝에 GAO는 NASA의 선정 절차는 적법하게 이루어졌으며 스페이스X의 착륙선은 상대적으로 아주 저렴하고(28억 9천만 달러. 반면 블루오리진을 주축으로 한 내셔널 팀National team의 ILVIntegrated Lander Vehicle은 59억 9천만 달러로 2배 이상 요구) 또한 더 많은 우주인 탑승 능력과 더불어 엑스트라 화물 운송 능력을 감안할 때 기술적으로 훨씬 우수하였다고 발표했다.

그러자 울분을 삭이지 못한 베이조스는 미국연방청구법원US Federal Claims Court에 제소했다. NASA가 달 착륙선 사업을 스페이스X 한 회사와 계약하는 것은 불공평하고

유인 달 착륙선 예비 후보로 선정된 3사의 우주선 모형

CHAPTER 3. 우주 산업 시대의 혁신적 기업가

또한 결함이 있는 처사라는 것이다. 결국 연방법원에서도 패소하면서, 이들 연이은 제소로 인해 아르테미스 사업 전체가 적어도 6개월 이상 지연되었다. 제소 사실이 알려지자 각종 SNS에서는 베이조스에 대한 엄청난 비판이 쏟아졌고 이에 반발한 머스크는 트위터에 "Besos(Bezos를 일부러 오기한듯)가 아마존 회장직을 내려 놓고서 이제 스페이스X에 대한 풀타임 소송질에 나섰다"라고 올렸고, 많은 지지자들의 호응을 받았다. 제대로 된 로켓을 아직까지 한 번도 궤도에 올리지도 못한 주제에 남의 성공에 사사건건 시비를 걸어 국책사업을 지연시키고 발전하고 있는 우주산업에 물을 끼얹는 처사라고 비난을 하였던 것이다.

그런데 재미있는 일은 이 달 착륙선 최종 선정 이전 예비후보 선정 시 세 팀(블루오리진, 스페이스X, 다이네틱스)을 뽑았는데 고배를 마신 회사들이 베이조스처럼 GAO에 제소하였다. 이 일에 대해서 베이조스는 2019년 6월에 열린 JFK 스페이스 서밋JFK Space Summit의 노변대화fireside chat 세션에서 캐롤라인 케네디와 대담 중에 대략 이런 말을 했다.

"NASA의 달 착륙 입찰 결과 경쟁에서 진 세 팀이 강력한 이의를 제기하고 소송까지 걸면서 NASA의 달 탐사 노력에 걸림돌 역할을 하고 있다. 유인 달 착륙을 성공적으로 이끈 1960년대에는 모두들 선의의 경쟁을 하고 또한 매끄러운 계약 분위기 아래 모든 것이 빠르게 진행되었는데 요즈음은 대단히 관료적인 계약 행태 속에서 경쟁에서 진 팀들이 정부를 상대로 매번 소송을 제기하는 바람에 기술 개발이 어려워서가 아니라 절차가 어려워 탐사 사업들이 지연되고 있어 좋은 뜻을 지닌 NASA의 관련자들을 곤혹스럽게 하고 있다."

베이조스는 이때의 발언을 잊었었나 보다. 이번에는 반대로 베이조스가 제소하였으니까. 그러고 보니 베이조스의 HLS 달 착륙선 관련 소송 건은 그야말로 내로남불의 극치로 보이기도 한다. 본인이 승리자가 되었을 때는 패자들의 소송을 한심하다는 듯이 폄하하고서는 정작 본인이 패배하니까 받아들이질 못하고 끝까지 가보자 하고 물고 늘어지는 것처럼 보이니까. 뭐 내로남불이 우리나라에만 있는 줄 알았더니 보다 이성적이라 믿었던 미국 풍토에도 이런 일이 생기니 흥미롭다.

그런데 사실은 베이조스가 이런 달 착륙선 사업 패배를 흔쾌히 받아들이지 못하는 데에는 이해할 만한 사유도 있다고 본다. 앞에서 베이조스를 소개한 부분에서 언급했듯이 고등학교 졸업식에서 최우수졸업생으로 행한 연설Valedictorian Speech에서 미래에 우주거주지, 우주호텔, 우주놀이공원 등을 만들어 수백만 명의 인류가 우주공간에서 생활하는 비전을 펼쳤고, 《마이애미 헤럴드Miami Herald》지와의 인터뷰를 통해 이미 본인 인생의 목표 중 하나가 우주탐사를 넘어서는 우주개발이라는 것을 암시하였다. 어떻게 보면 아마존을 세계 최고 기업으로 우뚝 서게 만든 중요 이유가 바로 우주탐사를 위한 재원 마련 수단이었다고 볼 수 있는 것이다. 이제 아마존이 제자리를 잡고 수익성이 큰 기업이 되었으니 CEO 자리에서(아직 회장직은 유지하고 있음) 물러나 평생의 목표인 우주사업을 제대로 해보려고 블루오리진에 전념하려고 나섰는데 그 심정도 몰라주고 NASA가 강력한 경쟁자인 스페이스X를 밀어주었으니 참 수가 없었으리라. 머스크도 우주탐사를 인생 목표로 잡고 회사 이름도 우주탐사기술회사Space eXploration Technologies Corporation로 지었지만 베이조스처럼 고교시절부터 만천하에 우주개발을 외칠 정도의 강한 이력은 아니니까. 또 하나 베이조스의 우주기술 사랑은 2013년 바다 밑에 가라앉아 있는 아폴로 우주선의 1단로켓 엔진 F-1을 건져 올린 일이다. 이 엔진은 현재 시애틀의 비행박물관에 전시되어 있다.

    이들 2명이 우주개발에 있어 불꽃튀는 경쟁을 보이기 시작한 것은 이미 상당히 오래되었다. 회사 설립은 블루오리진이 2000년에 머스크의 스페이스X에 비해서 2년 먼저이지만 블루오리진은 초기에는 조용히 비밀스럽게 로켓 엔진과 발사체 관련 기술을 개발하면서 준궤도suborbital 비행을 준비해왔다. 반면 머스크는 구상하는 모든 일을 온 세상에 알리면서 떠들썩하게 발사체 기술을 개발해왔기에 대중에게는 훨씬 더 알려져 있었다. 성공하는 일만이 아니라 각종 실패 사례들도 만천하에 공개하여 일반인의 관심을 받아왔다. 2008년에 팰컨 1 로켓 발사 성공, 2010년 팰컨 9 발사 성공 등 로켓 개발 속도에 있어 세계인을 경악하게 할 정도였으니까. 2015년에는 스페이스X의 직원 숫자만 해도 5,000명이 넘은 반면 블루오리진은 같은 해에 400명 남짓할 정도로 상대적으로 왜소했다. 그러나 비록 천천히 가더라도 그의 꿈은 컸기에 대형 발사체 뉴글렌New Glenn용 엔진 BE-4를 개발하면서 민간우주기업들의 발전을 예의 주시하고 있었다. 이들 둘은 2004년부터 이런저런 회의에서 만나면서 개인적인 대화를 나누었다고 한다.

베이조스가 시애틀 비행박물관에서 견학 온 어린이들에게 엔진 회수과정을 설명하고 있다.

물론 그 시절에는 날카로운 대립은 없었다고 한다. 2008년에는 한 테이블에 앉아 식사를 하기도 했다. 물론 이때도 두 사람은 우주개발 방향에 대해서 이견이 있었다. 베이조스는 "지구를 살리기 위해 무한한 자원과 에너지가 있는 우주로 가자(Preserve the Earth" by going "to space to tap its unlimited resources and energy)"이고, 머스크는 "화성식민지화를 통해 인류가 여러 행성을 살아가게 만들자(Colonize Mars and "make humanity a multi-planetary species)"였다. 베이조스는 화성 식민지화에 대해 에베레스트 산 꼭대기가 차라리 그 춥고 척박한 화성보다는 살기가 좋을 것이라고 하면서 머스크의 화성 거주 목표를 비현실적이라고 보았다. 발사체 기술 개발에 관해서 머스크는 베이조스에게 "우리가 했던 바보 같은 실수"를 되풀이하지 말라고 기술적인 조언을 했지만 전혀 듣지 않았다고 술회했다.

본격적인 라이벌 구도는 2013년에 시작되었다. 스페이스X가 우주정거장으로 우주인을 실어 나르기 위한 발사대로 NASA의 플로리다 소재 케네디 우주센터에 있는 LC-

39A의 독점사용권을 NASA에 신청했다. 39A 발사대는 아폴로 11호의 역사적인 발사가 이루어진 곳일 뿐만 아니라 처음과 마지막 스페이스 셔틀이 발사된 우주개발 역사의 현장이었다. 2011년 7월 마지막 셔틀 발사 이후 사용되고 있지 않아 NASA로서는 새로운 사용자를 찾아야 했고 NASA의 상용유인우주선 프로그램CCP, Commercial Crew Program 개발 계약을 맺고 있는 스페이스X와 5년 리스 계약을 맺기로 한 것이다. 그러자 블루오리진이 즉각 반발했다. 39A와 같은 역사적인 발사대를 한 회사의 전용발사대로 사용해서는 안 된다. 발사를 계획하고 있는 여러 회사들과 공동으로 사용해야 한다면서 GAO에 이의를 제기했고, 보잉과 록히드마틴이 공동출자해서 만든 로켓 발사체 연합 ULAUnited Launch Alliance사도 덩달아 우리도 쓸 수 있게 해달라고 한 수 거들었다. 여기에 블루오리진이 소재한 워싱턴주 상원의원과 ULA가 소재한 지역구 출신의 막강한 미 상원의원들도 찰스 볼든Charles Bolden NASA 청장에게 친서를 보내 국민 세금으로 만든 역사적인 발사대를 여러 회사들이 공동으로 사용할 수 있게 하라고 압력을 넣었다. NASA는 매년 39A 발사대의 관리 유지비로만 100만 달러 이상이 들고 있고 오랫동안 발사가 없었기에 점점 노후화되어 가고 있는 발사대를 하루 빨리 처분해야 하는 상황이었다. 39A 발사대를 스페이스X에 임대해주는 쪽으로 마음이 기울어져 있던 당시의 볼든 청장도 곤란해졌다. 한편 39A 발사대가 위치한 플로리다주의 상원의원 빌 넬슨Bill Nelson, 마코 두비오Marco Dubio와 27명의 하원의원들은 볼든 청장에게 외부 압력을 무시하고 최적의 선택을 유지하라고 약간 스페이스X를 지원 사격하는 듯한 편지를 보냈다. 블루오리진의 제소를 전해들은 스페이스X의 머스크도 강하게 반발했다. "BO는 설립해서 현재까지 단 하나의 준궤도 우주선도 제대로 올린 적이 없다(당시에는 2021년 베이조스가 타고 올라간 준궤도 우주선은 개발 중이었다). 만일 BO가 5년 이내에 NASA가 인정하는 우주정거장에 정박할 수 있는 유인우주선을 개발한다면 기꺼이 유인우주선용 발사대인 39A를 기꺼이 사용하게 해줄 것이다. 솔직히 화염통에서 춤추는 유니콘을 보게 될 것이라는 것이 내 생각이다."라고 폄하했다. 근데 사실 10년이 지난 2023년 7월 현재까지도 BO는 단 한 번의 궤도 발사를 시도한 적도 없다. 2013년 12월 GAO는 BO의 항의 제소를 거부함으로써 결국 1년에 가까운 진통 끝에 NASA는 스페이스X에게 20년 독점적 사용권을 허락하게 된다. 그 이후 스페이스X는 39A 발사대에서 감동

적인 팰컨 헤비 로켓 발사와 동시에 2대의 부스터 로켓 착륙이라는 역사적인 장면을 연출했고 그 이후 2번의 팰컨 헤비와 3회의 유인 우주선 크루 드래건Crew Dragon을 포함한 30여 회의 팰컨 9 발사를 수행했으니 2013년 당시 베이조스가 생떼를 쓴 것으로 판명 났다고 볼 수 있겠다.

하지만 베이조스의 로비 수완은 남달랐다. 2023년 5월 NASA는 블루오리진의 블루문 우주선을 제2의 달 착륙선으로 선정하고 아르테미스 5에서 사용하기로 했다. 이 결정으로 블루오리진은 착륙선 사업으로 35억 달러에 가까운 금액의 계약을 성사시켰다. 물론 초기에 요청했던 70억 달러보다 훨씬 적은 금액이라 모자라는 34억 달러 이상을 자비로 보충한다는 조건이었지만. 이들의 경쟁을 바라보는 언론의 관전평은, 승리자는 두 사람이 아니라 NASA라는 것이다. 머스크도 스타십 달 착륙선을 개발하기 위해 현재 엄청난 자체 예산을 쏟아붓고 있고, 베이조스도 블루문 완성을 위해 계약 금액 이상의 자체 자금을 들이게 되었으니 NASA가 어부지리를 얻었다는 것이다. 두 사람의 우주경쟁은 이제 시작이다. 앞으로 흥미진진한 게임이 계속될 것이다.

NASA의 케네디우주센터 39A 발사대에서 팰컨 9 로켓이 발사를 준비하고 있다.

## 3.4 리처드 브랜슨

리처드 브랜슨Richard Branson은 민간우주비행 기업인 버진갤럭틱Virgin Galactic을 포함하여 여러 기업체를 설립한 영국의 사업가이다. 브랜슨은 자기홍보에 열심이고 모험을 즐기는 사람으로 유명하다. 그는 우주복을 입고 기자회견장에 나타나기도 하고, 뉴욕 5번가에서 탱크를 몰기도 했으며, 수륙양용차를 타고 도버해협을 건넜고, 호텔옥상에서 베이스점프를 하기도 했다. 지난 2021년 7월 11일에는 버진갤럭틱사의 우주비행기Space plane VSS Unity를 타고 우주비행에 성공하면서 그의 인생에 또 한 번의 모험을 더했다.

브랜슨은 자사의 영업을 적극적으로 주도하고 있으며 자사의 광고에도 자주 등장하면서 회사의 대변인 역할도 겸하고 있다. 사업가로서의 기질을 타고난 브랜슨은 우주산업이 사회적인 추세가 시작되는 초기에 이를 포착하려고 노력하고 있다. 그는 준궤도 우주비행을 위한 안사리 X프라이즈Ansari X-Prize가 아직 진행 중이던 1999년에 버진갤럭틱이라는 사명을 등록하기도 했다.

### 3.4.1 독특한 사업 감각

리처드 브랜슨은 1950년 7월 18일에 런던의 블랙히스에서 출생했다. 변호사였던 그의 부친은 테드 브랜슨Ted Branson은 아들인 리처드 브랜슨이 법조인이 되길 원했다. 그러나 어린 브랜슨은 다른 목표를 염두에 두고 있었다.

브랜슨은 스카이트클리프Scaitcliffe 학교와 스토Stowe 학교에 재학했는데, 난독증이 있던 브랜슨은 성적이 신통치 않았으며, 공부보다는 축구와 크리켓과 같은 과외 활동에 관심이 더 많았다. 15세 때 그는 나무를 키우고, 잉꼬를 키우는 등의 사업을 했다. 사고뭉치였던 브랜슨은 교장선생님 딸의 침실에서 붙잡히기도 했으며, 이 사건으로 인해서 그는 학교에서 퇴학당했다. 퇴학을 당한 브랜슨은 큰 충격을 받았고 그는 자신이 이를 감당할 수 없다고 기술한 유서를 썼다. 이 유서가 발견되자 그는 용서받고 학교에 복학할 수 있었다.

가까스로 학교에 복학할 수 있었으나 공부와는 거리가 멀었던 브랜슨은 결국 16세

VSS Unity를 타고 우주비행에 성공한 브랜슨

에 고등학교를 중퇴했다. 학교를 중퇴하고 런던으로 돌아온 브랜슨은 첫 사업을 시작했다. 그는 학생이 만들고 학생을 위한 《스튜던트Student》라는 청소년 잡지를 1966년에 창간하였다. 브랜슨은 학생들을 대상으로 홍보하려는 업체들로부터 상당한 광고를 유치했으며, 이를 통해서 첫 50,000부를 무료로 학생들에게 배포할 수 있었다.

그는 학생잡지 사업을 보완하기 위해서 우편 주문 음반회사인 버진Virgin을 1972년에 설립하여 음악사업을 시작했다. 버진이라는 이름은 브랜슨의 직원 중 한 명이 제안한 것인데, 그는 직원들 모두가 아직 경험이 없는 신입사원으로 구성되었기 때문에 이런 아이디어를 제안했다. (Virgin은 형용사로서 '경험이 없는' 또는 '처음의'라는 의미가 있다.)

음반사업을 시작한 후, 1년이 채 지나기도 전에 브랜슨은 큰 행운을 얻었다. 그의 첫 아티스트인 마이크 올드필드Mike Oldfield는 앨범 'Tubular Bells'을 녹음했으며 이 앨범은 4년 넘게 차트에 머물며 대히트를 기록했다. 브랜슨은 이렇게 얻은 높은 인지도를 등에 업고 1977년에 섹스 피스톨즈Sex Pistols와 계약을 했고 그후에도 컬처클럽Culture Club에서 롤링스톤즈Rolling Stones에 이르기까지 많은 밴드와 계약을 맺어 버진뮤직을 세계 6대 레코드 업체 중 하나로 도약시켰다.

### 3.4.2 항공 산업과 조우

1984년에 브랜슨은 그가 시작한 가장 큰 사업인 버진항공Virgin Atlantic Airways을 설립하

**버진 레코드사를 성공시킨 리처드 브랜슨**

**버진항공의 항공기 앞에 서 있는 리처드 브랜슨**

고 영국항공British Airways과 같은 대형 국영 항공사가 지배하는 민항시장에서 경쟁하기 시작했다. 버진항공의 가장 큰 경쟁업체인 영국항공은 사업 수완이 좋은 브랜슨에 대해 지나치게 공격적인 경쟁을 벌였다. 두 항공사는 시장에서 치열하게 경쟁했으며, 버진항공은 영국항공이 불공정 경쟁을 동원해서 자사의 고객을 빼앗아 갔다고 고소하면서 소송전이 벌어지기도 했다. 1993년 1월, 브랜슨은 이 소송에서 승소하여 350만 파운드의 보상금을 영국항공으로부터 받았다. 그러나 1992년에 버진항공에 경영 위기가 찾아왔고 브랜슨은 버진항공을 살리기 위해서 5억 파운드에 버진 레코드사를 EMI사에 매각해야 했다.

버진그룹의 또 다른 대형사업에는 1999년에 설립한 버진이동통신Virgin Mobile 및 1993년에 설립된 버진철도Virgin Trains가 있다. 2007년에는 금융서비스업체인 버진머니

Virgin Money를 설립했다. 브랜슨이 창업했던 사업중에는 결과가 신통치 않았던 사업도 있었는데 버진콜라Virgin Cola와 버진보드카Virgin vodka가 이러한 경우에 해당된다.

창업한 지 30년도 채 지나지 않았던 1999년에 이르자 브랜슨은 이미 전 세계적으로 200개가 넘는 버진 메가스토어를 소유했고 (비록 실패했지만) 청량음료 사업인 버진콜라로 코카콜라와 직접 경쟁할 수 있었다.

브랜슨은 수십 년에 걸쳐서 항공우주, 휴대전화, 화장품 및 철도까지 버진그룹의 사업 영역을 다각화했다. 브랜슨은 그의 '기업가 정신을 통한 사회적 공로'를 인정받아서 2000년에 찰스 왕세자로부터 기사 작위도 받았다.

### 3.4.3 우주로 진출

우주에 대한 브랜슨의 관심도 비교적 일찍부터 시작되었다. 아폴로 11호가 달 표면에 착륙했을 때 브랜슨은 열아홉 살이었다. 버진갤럭틱사의 웹사이트에 따르면 브랜슨은 당시 가족과 함께 착륙 장면을 텔레비전으로 지켜보았다고 한다. 버진갤럭틱사에는 브랜슨도 당시 이 장면을 보면서 언젠가 우주의 경이로움을 직접 경험할 것을 결심했다고 기술되어 있다.

1995년 당시에는 인공위성을 궤도에 올리기 위한 상용로켓발사는 아직 신생산업이었고, 정부기관에서 일하지 않는 이상 인간의 우주비행은 먼 미래의 이야기처럼 느껴졌다. 그러나 브랜슨은 이때 이미 인간을 우주로 보낼 수 있는 방법을 궁리하고 있었다. 버진 갤럭틱사에 따르면 브랜슨은 아폴로 11호에 탑승한 우주비행사였던 버즈 올드린Buzz Aldrin과 어떤 기술이 가장 민간 우주여행에 적합한지에 대해서 대화를 나눴다고 한다. 이 대화를 통해서 두 사람은 우주선을 지상보다 항공기에서 발사하는 방식이 더 저렴하고 안전하다는 데 동의한 것으로 알려졌다. 그 후 브랜슨은 버진사의 직원들에게 우주 기술의 발전을 주목하도록 지시했다.

1996년에 이르자, 드디어 시장에서 변화의 조짐이 나타났다. 재활용이 가능한 유인 우주선을 2주 동안 두 번 우주로 보낼 수 있는 최초의 비정부 조직을 찾기 위해서 안사리 대회Ansari X-Prize가 시작되었으며 상금으로 1천만 달러가 내걸렸다. 자신의 브랜드를

브랜슨(좌)와 버즈 올드린

브랜슨(좌), 버트 루탄(중), 폴 앨런(우)

우주로 보낼 수 있는 기술을 찾고 있던 브랜슨은 1999년에 '버진갤럭틱Virgin Galactic'이라는 사업자명을 등록했다.

3년 후 브랜슨은 적합한 기술을 찾았다고 판단했다. X프라이즈 대회에 참가하기 위해서 스페이스십원SpaceShipOne을 개발중이던 스케일드 콤포지트Scaled Composites사에 대해 알게 되었다. 당시 스케일드 콤포지트사는 마이크로소프트사의 공동 창업자인 폴 앨런Paul Allen에게서만 자금을 지원받았다. 브랜슨은 상용 우주선의 개발을 위해 스페이스십원에 적용된 기술이 필요했으며, 이러한 기술의 사용 허가를 얻기 위해서 앨런이 소유한 전문업체인 모하비 에어로스페이스 벤처스Mojave Aerospace Ventures사와 협력하는 데 신속하게 동의했다.

2004년 9월말에 이르자 브랜슨은 버진그룹이 스페이스십원의 X프라이즈 비행을 후원할 것이라고 발표했다. 뿐만 아니라 스케일드 콤포지트사가 선정될 경우 버진갤럭틱사는 동사의 상용 우주선 제작을 지원할 준비가 되어 있었다.

버진갤럭틱사는 향후 2~3년 내에 저렴한 비용으로 세계 최초의 우주관광비행 사업을 시작할 수 있게 되었음을 발표했다. 우주비행 참가자 접수도 즉시 시작되었다. 며칠 후 X프라이즈 경연대회가 끝났다. 스페이스십원은 2004년 10월 4일에 두 번째로 안전하게 지구로 돌아왔다. 이제 우주여행사Spaceline의 영업을 시작할 때가 된 것이었다.

2005년 12월, 미국 뉴멕시코 주는 버진갤럭틱사에 스페이스포트 아메리카Spaceport

**스페이스십원과 버트 루탄**

America라는 2억 2,500만 달러 규모의 납세자 출연시설을 공식 제안했는데, 이 시설은 버진갤럭틱사가 본사를 두고 시험비행과 우주비행을 지휘할 수 있는 적절한 장소였다. 다음 해부터 버진갤럭틱사는 관련 시설의 건설과 개발에 집중했다.

### 우주관광의 꿈

우주비행, 특히 인간이 탑승하는 우주비행은 상당히 복잡한 사업이다. 치명적 폭발사고와 개발지연 등으로 인해서 유인우주비행 일정도 여러 번 연기되었다. 이렇게 사업이 지연되는 동안에도 브랜슨은 우주비행사업에 대해서 여전히 낙관적인 태도를 유지했다. 고객들도 여전히 브랜슨에게 절대적 신뢰를 보였다. 우주비행 예약을 한 고객 중 해약을 한 승객은 극소수에 불과했으며, 최소한 530명 이상의 승객들이 20만 달러의 우주비행 탑승권 예약금을 예치했다. 브랜슨은 고객들에게 사업의 진행 상황을 정기적으로 보고했으며 종종 이들에게 조립중인 우주선을 구경시켜주기도 했다. 그는 정기적으로 버진갤럭틱사의 고객들을 초대하여 이벤트에 참여하거나 기자회견에 참석하여 소식을 알리고 고객지원의 방침을 설명했다.

뉴멕시코주에 소재한 스페이스포트 아메리카(Spaceport America)

스페이스십투SpaceShipTwo의 첫 번째 로켓구동 비행시험은 2013년 4월에 실시되었으며, 2013년 9월과 2014년 1월에도 비행시험이 반복되었다. 그러나 2014년 10월 31일에 있었던 네 번째 로켓추진 비행 중 비행체가 파괴되는 참사가 발생했다. 이 사고로 부조종사 마이클 앨스버리Michael Alsbury가 사망하고 조종사 피터 지볼트Peter Siebold가 부상을 입었다.

2015년 1월 초에 브랜슨이 개인 블로그에 올린 게시물을 보면 사고 직후에는 스페이스십투의 개발 성공 가능성에 대해서 잠시 그의 확신이 흔들리는 모습을 보이기도 했지만 캘리포니아의 모하비 사막으로 돌아왔을 때 그는 자신의 약속을 지키기로 다시 한번 다짐했다.

버진갤럭틱사는 일련의 무동력 활공 비행시험을 반복했는데 이는 우주비행체가 모기에 부착되어서 이륙한 후 모기에서 분리되어서 지상까지 활공해서 착륙하는 시험을 의미한다. 이 무동력 활공 비행시험에는 2017년에 있었던 새로운 궤도 재진입 장치 시험도 포함되었다. 2018년 4월 5일에 이르자 버진갤럭틱사는 드디어 3년 반 만에 최초로 스페이스십투 비행체의 엔진을 가동시켰다.

**추락한 스페이스십투의 잔해**

이 동력비행을 통해서 VSS Unity는 최대고도 25,686m<sup>84271ft</sup>까지 도달했다. 기체가 하강하는 동안 승무원들은 우주공항<sup>spaceport</sup> 활주로에 안전하게 착륙하기 전에 기체의 페더링 장치를 성공적으로 전개했다. 이 비행시험이 끝난 후 브랜슨은 "버진갤럭틱사가 다시 정상궤도에 올랐습니다."라고 트윗했다.

2021년 2월에 있었던 버진갤럭틱사의 발표에 따르면 후속 비행시험이 또다시 지연될 수도 있겠지만 자사는 2022년 초에 첫 관광객을 우주로 보낼 계획이라고 발표했다. 이 발표를 통해서 버진갤럭틱사는 차세대 우주비행체인 스페이스십 III를 공개했는데, 이 비행체는 VSS Unity의 첫 상업비행과 동시에 비행시험을 시작할 예정이다.

2023년 1월 10일 버진오빗사는 B747을 개조한 점보기 코스믹 걸<sup>Cosmic Girl</sup>에 런처원 로켓을 싣고 11km 상공으로 올라가 발사했다. 영국 땅에서의 오랜만의 로켓 발사라고 많은 언론의 관심을 끌었으나 로켓이 위성을 제 궤도에 올리지 못하고 실패하였다. 곧 다음 발사를 준비하고 있는 것으로 알려졌으나 2023년 3월 보도에 의하면 버진오빗은 모든 개발 사업 진행을 중단하고 대부분의 직원들은 휴직 처리하였다고 한다. 곧이어 브랜슨은 미국 정부에 버진오빗의 파산을 신청하고 새로운 투자자를 찾고 있다. 5월 현재 보도에 의하면 원웹 인공위성회사를 파산으로부터 구제하는 데 앞

 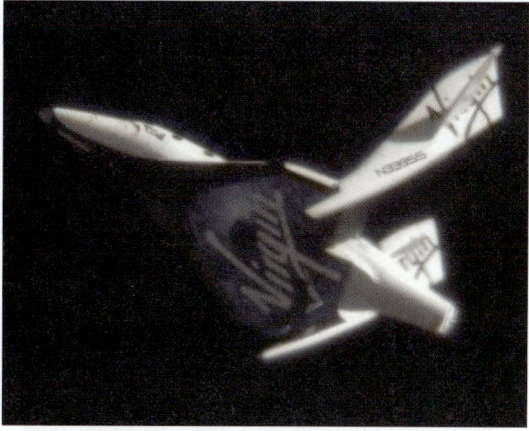

로켓엔진을 사용하여 비행중인 스페이스십투(2018년 4월 5일)    궤도 재진입을 위해 페더링 자세를 취한 스페이스십투

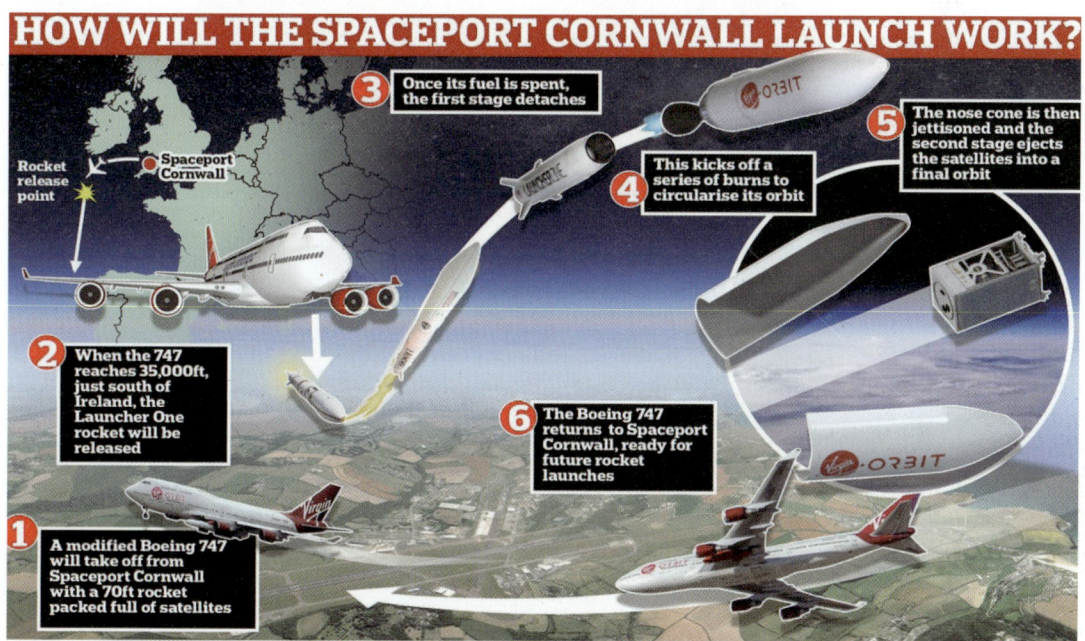

런처원 발사 과정 (출처: 영국 《데일리 메일(Daily Mail)》)

장을 섰던 영국 정부와 의회가 버진오빗을 살리기 위해 면밀하게 검토해보았지만 이번에는 구제에 나서지는 않을 것으로 보인다. 로켓 개발 사업은 형극의 길인 것 같다.

CHAPTER

# 04

# 우주 기술 산업화 7대 분야

발사체 기술의 파괴적인 혁신은 우주 기술 활용 전반에 걸쳐 산업화 가능성을 한껏 높여주고 있다. 특히 지구 저궤도에서의 사업 기회가 봇물 터지듯 새로이 생겨나고 있으며 기존의 산업과의 융합도 급속히 이루어지고 있다. 그간 국가의 우주탐사 계획에 의해 발전해오던 우주 기술이 드디어 산업화의 길로 들어서면서 기업들에 의해 각각의 분야에서 기술혁신이 뒤따르고 또한 새로운 활용 분야가 개척되면서 거대한 산업으로의 성장이 예견되고 있는 것이다.

이 절에서는 이 파괴적인 혁신이 우주 기술 활용의 패러다임을 바꾸면서 대규모의 시장을 만들어갈 것으로 예상되는 우주 기술 활용 7대 분야를 선정하여 살펴보고자 한다. 그리고 산업혁명적 변화는 당연히 거대한 시장 크기를 수반하므로 선정 분야별로 총 잠재적 시장 TAM, Total Addressable Market을 추산해 보기로 한다.

## ✕ 4.1 정보통신혁명

### 4.1.1. 저궤도 위성 인터넷

2023년 1월 19일 스페이스X사는 미국 서부 캘리포니아 소재 반덴버그 우주군 발사대에서 팰컨 9 로켓을 이용해 자사의 스타링크 위성 51기를 성공적으로 고도 215 × 335km의 타원궤도에 올렸다. 이 위성들은 앞으로 수개월 간 자체 홀Hall 이온 추력기를 사용해 초기 궤도에서 목표로 하는 경사각 70도의 고도 570km 원형궤도로 각각 찾아가게 된다. 궤도 투입 후 각각의 위성이 제자리로 찾아가는데 길게는 6개월까지 걸리는데 그 이유는 궤도 특성을 최대로 활용하면서 최소의 에너지를 사용하는 방법을 통해 위성 추력기의 연료를 절약하기 위해서이다.

지금까지 올리던 53도 경사각과 달리 거의 극궤도에 가까운 70도의 경사각을 선택한 것은 지금보다도 위도가 높은 지역을 커버하기 위해서이다. 300kg의 무게를 가진 이 위성들은 버전 1.5로써 위성 간 레이저 통신 장비를 갖추고 있어 지상국이 없는 지역에서도 위성 간의 데이터 전송을 통해 지상 단말기와의 인터넷 연결이 가능하다. 탑

60기를 차곡차곡 2줄로 쌓은 버전 1.0 스타링크 위성

재된 이온 추진기는 추진 매질로 크립톤 가스를 사용하고 있는데 제논보다는 약간 효율이 낮지만 원료 가격이 싸다는 장점을 가지고 있어 저렴한 제품 생산가에 신경을 쓰는 스페이스X의 선택을 받았다.

스페이스X는 지난 2019년부터 스타링크 위성을 올리기 시작했다. 2023년 1월 현재 약 3,400기의 위성이 운용되고 있다. 1차로 전파 규제기관 FCC(Federal Communications Commission)로부터 허락을 받은 12,000기라는 엄청난 수효의 위성을 궤도에 올려 운용하면서 수익을 내려면 각 위성의 궤도 진입 총 비용이 아주 저렴해야 한다. 우선 위성을 저렴하게 대량 생산하는 것으로 시작해야 했다. 상용부품 사용을 극대화하고 자체 제작 부품도 표준화하여 저렴한 양산 방법을 강구했다.

다음으로는 발사 비용의 최소화를 강구했다. 발사체 탑재부에 최대한의 위성을 싣기 위해 통상의 원통 혹은 박스 형태의 위성에서 탈피해 형상을 납작하게 판형으로 만들어 트럼프 카드덱(card deck)처럼 30기씩 2줄로 쌓아올렸다. 이렇게 하여 260kg 무게의 초기 버전 위성들은 한 번에 60기까지도 싣고 올라갈 수 있게 되었다. 문제는 궤도에 도착하여 이 위성들을 투입하는 것이다. 기존에는 폭약으로 위성의 체결 부위를 끊어주면 스프링이 각각의 위성을 하나씩 밀어내는 방법을 사용했는데 스페이스X는 기존 위성 투입 방법처럼 폭약을 이용하여 하나씩 투입하지 않고, 30기 위성을 2열 로드에 묶은 후 투입 시기가 되면 2단로켓의 추력기를 사용하여 횡방향으로 회전시켜 로켓 축방향 원심력을 만들어내어 적절한 순간에 2열 로드를 풀어 자유롭게 한다. 그러면 총 60개의 위성은 작은 양이지만, 서로 다른 원심력으로 인해 간격을 넓히면서 줄지어 풀려 나간다. 간단한 발상이지만 놀라운 기술적 혁신이라고 하지 않을 수 없다. 스타링크 위성 발사시에 보이는 위성이 줄지어 열차처럼 나아가는 모습이 바로 이렇게 한 번에 궤도에 투입했기 때문이다.

해 뜰 무렵이나 해 질 무렵 지상은 어둡지만 높이 떠 있는 스타링크 위성들은 아직 태양빛을 받아 반사하고 있기 때문에 이 밝은 점들이 줄지어 지나가면서 천체 관측을 방해할 때도 있어 일단의 천문학자들이 불편해하고 있다.

스페이스X는 궤도의 위성 수가 1,500기를 넘어서면서 2020년 말부터 위성 인터넷 시험운영을 시작했고, 2023년 5월 현재 전 세계 54개 국가에서 운용 허가를 받아 인

**스타링크 안테나가 설치된 로열캐리비언크루즈선**

터넷 사업을 하고 있다. 국제통신협정에 따라 통신사업을 하기 위해서는 각국의 허가를 받아야 하기 때문이다. 일본은 아시아에서 처음으로 통신사 KDDI를 통해서 서비스되고 있다. 국가마다 요금이 약간씩 다르지만 미국에서는 일반 사용자들은 월 110달러, 사업용은 월 500달러, 스타링크 RV로 명명된 자동차에 설치할 수 있는 모바일용은 월 135달러이다. 또한 스타링크가 위상배열Phased Array 안테나를 사용하기 때문에 단말 송수신기도 특수하게 제작된 안테나를 사용하게 되어 이 장비도 구매하여야 하며 일반형과 RV용은 599달러, 사업용은 2,500달러이다. 일본에서는 일반용은 월 6,600엔, RV는 월 9,900엔이고 장비는 모두 36,500엔이라고 한다. 일본은 한국과 마찬가지로 나라가 넓지 않아 기존의 유선 인터넷 설치가 어렵지 않아 가격면에서 경쟁이 될지는 모르겠지만 KDDI 입장에서는 데이터 중계 시설 설치가 부적절한 지역의 서비스를 보완하는 효과가 있을 것으로 보인다.

모바일용으로 RV가 육상용이라면 해상용으로도 출시되어 로열캐리비언크루즈Royal Caribbean Group의 선박에 설치되기 시작했고 잇달아 수많은 선박들이 사용을 고려하고 있다. 최근 에어발틱AirBaltic 항공사는 스타링크 안테나를 설치해 기내 탑승객들이 로그인 없이 무제한으로 인터넷을 사용하여 넥플릭스를 볼 수 있는 속도를 구현했다고 한다. 물론 스타링크가 허가되지 않은 국가의 영공에서는 사용할 수 없을 것이다.

이렇게 일반 가정에서만이 아니라 육해공, 지구 전역에서 움직이면서도 인터넷이 가능한 세상이 펼쳐지고 있다. 여기에 덧붙여 미국 국방부나 관련 기관들의 수요에 맞추어 스타쉴드Starshield 사업도 시작해 상당한 매출이 뒤따를 것이라고 한다.

2023년 5월 현재 전 세계 스타링크 위성을 사용하는 가입자가 150만 명을 돌파했다고 하며, 2022년 스타링크 관련 연 매출액이 이미 10억 달러 수준을 넘어섰다고 보도되고 있다. 그러나 이 정도의 수입은 시작 단계라고 본다. 앞으로 1차분 12,000기의 위성을 모두 올리게 되면 사용자 수는 더욱 늘어날 것이기 때문이다. 그러면 이 수많은 위성을 올리는 비용은 얼마나 될까? 기존처럼 위성 1기를 궤도에 올리는 총 비용이 1억 달러 내지는 2억 달러 수준이 필요하게 된다면 수조 달러의 비용이 드는 것으로 계산된다. 즉 현재의 스타링크 위성 수명이 5년 정도인 것을 감안하면 채산성 확보는 아예 불가능하게 될 것이다. 여러 언론의 보도에 의하면 스타링크 위성의 초기 버전 한 기당 제작비는 25만 달러 정도로 알려졌다. 현재의 버전 1.5 위성에는 위성 간 통신용 레이저 시스템이 들어가면서 상당히 비싸지게 되고 최근의 물가 상승의 영향으로 50만 달러 정도는 될 것으로 추산된다. 발사비도 자체적으로 흡수할 수 있는 비용을 제외하고 원가 수준으로 계산하면 높아야 1회 발사비 2,000만 달러 정도이므로 한 번에 50대 올린다고 볼 때 40만 달러 정도이다. 여기에 10만 달러 정도의 여유를 주면 1기의 스타링크 버전 1.5 위성을 궤도에 올리는데 100만 달러 정도가 든다고 가정할 수 있다. 위성 한 기 개발에 수천억 원(수억 달러)을 계상하는 기존의 위성회사들에는 너무나 낮은 비용이라 터무니없어 보이겠지만 이것이 바로 파괴적인 혁신에 들어선 우주 산업의 현실이다. 이 분야의 사업을 계속 유지하려면 받아들이고 같이 원가 절감에 나서야 할 것이다. 물론 이 위성이 비교적 소형이고 또한 양산하고 있어 크게 저렴해지는 면도 있다. 그래도 12,000대를 궤도에 올리려면 1기당 100만 달러로 아주 저렴하더라도 간단하게 120억 달러가 된다. 게다가 운영비까지 고려하면 스타링크 위성망을 완성하는 데 드는 예상 비용은 더 높을 것이다. 현재 일론 머스크는 2025년쯤에는 300억 달러 매출을 예상하고 있고, 데이터 전송 능력이 10~20배 늘어난 버전 2 위성이 계획대로 궤도를 채우면 훨씬 많은 사용자를 확보할 수 있다. 다음에 자세히 언급할 스타링크 위성망과 휴대폰의 연동이 시작되면 수천억 달러에서 1조 달러의 매출을 예상하는 사람들도 있다.

스타링크 위성군은 초기에는 1,100~1,300km 고도에 위치하도록 설계되었으나 여러 번 계획이 변경된 끝에 2021년 4월 FCC로부터 1차로 수정 허가받은 위성군은 다음의 5개 그룹으로 나뉜다.

제1그룹은 고도 550km에 53도의 경사각을 가진 72개 궤도면으로 구성되고, 각 궤도에는 22기의 위성이 배치된다. 총 1,584기의 위성으로 구성된다.

제2그룹은 고도 570km에 70도의 경사각을 가진 36개 궤도면으로 구성되고, 각 궤도에는 20기의 위성이 배치된다. 총 720기의 위성으로 구성된다.

제3그룹은 고도 560km에 97.6도의 태양동기궤도 경사각을 가진 6개 궤도면으로 구성되고, 각 궤도에는 58기의 위성이 배치된다. 총 348기의 위성으로 구성된다.

제4그룹은 고도 540km에 53.3도의 경사각을 가진 72개 궤도면으로 구성되고, 각 궤도에는 22기의 위성이 배치된다. 총 1,584기의 위성으로 구성된다.

제5그룹은 고도 540km에 97.6도의 경사각을 가진 4개 궤도면으로 구성되고, 각 궤도에는 43기의 위성이 배치된다. 3그룹과 같은 위치로 총 172기이다.

앞에서 언급한 대로 대량의 저궤도 인공위성을 활용하여 끊김이 없는 인터넷 통신망을 구현하여 전 지구를 연결하려는 시도는 1990년대부터 있었다. 1990년대 중반 마이크로소프트 창립자 빌 게이츠가 투자하면서 유명해졌던 텔레데식Teledesic이 첫 사례이다. 700km 고도의 태양동기궤도위성을 21개 궤도면에 각각 20기의 위성을 배치해 840기로 전 지구를 커버하게 설계되었다. 그 후 위성 수를 줄이기 위해 더 높은 1,400km 고도의 12개 궤도면에 24기씩의 위성을 배치하는 것으로 수정했으나 결국 수익성에 확신을 주지 못해 추가적인 투자자를 찾지 못하고 사업을 접고 말았다. 다음으로 1990년대 말에는 모토로라가 48도 경사각의 7개 궤도면에 9기씩, 총 63기의 위성을 1,400km 고도에 배치한 셀레스트리 저궤도 위성망을 구상하였다. 그러나 이 역시 투자자들의 지속적인 공감을 얻지 못하고 사업을 접었다.

비슷한 시기에 적은 수의 위성으로 군집망을 설계한 좀 더 현실성 있는 위성망 사업자들이 나타났다. 1996년 48기의 위성으로 초기 운영을 시작한 글로벌스타Globalstar, 1998년 66기의 위성으로 운영하기 시작한 이리듐Iridium 그리고 2012년에 월드부WorldVu라는 이름으로 시작된 원웹OneWeb을 들 수 있다. 그러나 곧 이들 세 저궤도 위성 사업자들도 설립 후 모두 운영이 어려워져 미 정부에 파산 보호 신청을 하게 된다.

글로벌스타 통신사는 2002년 파산보호 신청하여 회사를 정리하게 된다. 그 후 재투자를 받으면서 구조조정을 통해 새로운 회사로 태어나게 된다. 현재 700kg 무게의 위성 24기의 저궤도 위성을 1,414km 고도의 경사각 52도인 4개 궤도면에 6기씩을 운영하고 있다. LEO 위성군으로서는 비교적 높은 고도에 위치하고 있어 경사각 52도라도 남·북위 70도까지는 서비스 가능하다. 전 세계의 군, 정부, 기업, 그리고 야외 취미활동 중인 고객 등에게 상용 IoT, 음성과 데이터 통신을 제공하고 있다. 그러나 위성 수효가 적어 한정된 지역에 간헐적으로 적은 양의 통신이 필요한 응용 분야에 영업을 집중하고 있다.

이리듐사도 1999년 파산 보호 신청을 했다. 당시로는 미국 역사상 20대 파산에 드는 규모이었기에 큰 파문을 일으켰다. 그냥 두고볼 수 없었던 미국 정부는 2000년 말에 이리듐의 파산 구제에 나서서 부채를 청산할 수 있는 길을 터준다. 2001년에는 다시 새로운 회사로 되살아나 영업을 재개하게 된다. 이리듐은 원소 번호와 같은 수인 77기의 위성으로 설계되었다. 그러나 비용 등의 이유로 66기로 축소되었다. 6개의 극궤도면에 각각 11기의 위성들이 780km 고도에 배치되어 있다. 86.4도 경사각을 가진 극궤도를 돌고 있어 이리듐 위성군은 남·북극을 포함한 전 지구를 커버할 수 있다. 690kg의 이리듐 위성은 L 밴드로 음성과 데이터 통신을 수행한다. 한편 Ka 밴드 주파수로 위성 간 데이터 연결이 가능해 지상국이 없는 지역에서도 지상 단말기와의 통신이 가능하다. 각각의 위성은 시속 약 27,000km로 약 100분에 한 번씩 지구를 돌고 있으므로 대략 7분 정도마다 다른 위성으로 스위치되어야 단말기의 지속적인 통신이 가능하다. 이리듐도 현재 기준으로는 너무 위성 수효가 적어 적은 양의 통신만이 가능한 상황이다.

원웹사는 초기에 월드뷰 위성이라는 이름으로 2012년에 그렉 와일러Greg Wyler가 설립하였고, 한 번 파산한 후 재기하여 현재 'OneWeb Network Access Associates

Ltd'이란 회사명을 사용하며 런던에 본사가 있다. 미국 버지니아주에도 사무실이 있으며 플로리다주에는 위성 생산공장이 있다. 원웹은 2015년에 5억 달러 정도의 자금을 확보하고 아리안스페이스, 그리고 버진캘러틱사와 발사 구매에도 합의하면서 본격적으로 사업을 시작하게 된다. 2016년에는 소프트뱅크로부터 10억 달러, 그리고 기존투자자로부터 추가로 2억 달러 투자를 확약받는 등 총 17억 달러의 개발자금을 확보하였다. 2017년에는 기존의 위성통신사인 인텔샛Intelsat과 통합을 시도하였지만 무산되었다. 2019년 에어버스 디펜스 앤드 스페이스Airbus Defense and Space사와 합작으로 원웹새틀라이트OneWeb Satellite사를 만들고 미국 플로리다주 메릿 아일랜드에 위성의 대량생산이 가능한 공장을 설립한다. 2019년 2월에 아리안스페이스사가 운용하고 있는 소유즈 발사체로 6대의 위성을 처음으로 궤도에 올린 후 2020년 2월, 3월 34기씩의 위성을 2회 올렸으나 그 후 지속적으로 위성을 제작하고 궤도에 올리는 데 필요한 자금이 고갈되어 결국 2020년 3월 27일 미국 법원에 파산 보호 신청하기에 이른다.

그런데 갑자기 구세주가 나타난다. 영국 정부와 총리 보리스 존슨까지 나서서 인도 통신사업자 수니 바티 미탈Sunil Bharti Mittal, Bharti Global의 오너을 설득해 원웹에 자금을 수혈하여 다시 살리겠다고 선언한 것이다. 영국 정부의 갑작스러운 투자 결정에는 저궤도 군집위성 미래의 산업적인 가치를 높게 보았을 뿐만 아니라 EU를 탈퇴한 영국으로는 군사적인 활용에도 전략적인 목적이 있었을 것으로 본다. 영국 정부와 바티가 4억 파운드씩 투자해 42.2%의 지분을 갖고 나머지는 소프트뱅크의 12% 등 기존의 군소 주주들로 투자가 완성되었다. 2021년 초에는 소프트뱅크와 휴즈 네트웍스Hughes Networks가 4억 달러를 추가 투자했고, 4월에는 프랑스의 유텔샛Eutelsat이 5.5억 달러를 투자하면서 3대 대주주가 되었으며, 6월에는 바티 글로벌Bharti Global이 5억 달러의 자금을 더 넣으면서 지분을 늘렸다. 8월에는 한화시스템이 3억 달러 투자를 결정했다. 한화 시스템은 이 투자를 통해 원웹 이사진에 1명을 임명할 수 있는 권한을 가지면서 저궤도 군집위성 최신기술에 접근할 수 있는 기회를 잡게 되었다고 생각된다.

애로Arrow라고 불리는 원웹 위성은 1,200km 고도에 86.4도의 극궤도로 운용될 예정이다. 12개의 궤도면에 49기의 위성이 배치되어 총 588대의 위성으로 구성된다. 애로의 기본 플랫폼 총 무게는 150kg$^{147.5}$이고 60kg 정도의 장비가 탑재 가능하다. 하향

원웹의 홍보자료. 한화의 투자로 태극기가 게양되어 있다

통신속도는 최대 50Mbps, 상향속도는 최대 25Mbps로 알려져 있다. 저궤도 통신위성이므로 통신 지연속도Latency는 최상조건일 때 50밀리세컨드 정도일 것으로 보고 있고, 위성의 궤도 수명은 최대 7년 정도로 보고되고 있다. 제논 가스를 이용한 홀 효과 추진기를 장착하고 있으며, 현재 단계의 위성에는 위성 간 통신 기능은 없고 지상국 게이트웨이를 통해서만 데이터 중계가 가능하다. 사용자와의 위성 통신은 Ku 밴드(12-16Ghz 대역)를 쓰게 되며, 위성과 지상국 게이트웨이와의 데이터 링크에는 Ka 밴드가 활용된다. 위성 제작비용은 1대당 약 100만 달러 정도 되는 것으로 알려져 있다. 원웹용 위상배열 평판 안테나는 한국의 통신 위성 지상장비 전문업체인 인텔리안Intellian사가 공급하는 것으로 알려져 있다. 위성 1기가 처리할 수 있는 최대 통신 속도는 8Gbps인 것으로 알려져 있다. 따라서 원웹도 많은 수의 고객들에게 빠른 통신속도를 제공하기는 어려울 것으로 생각한다.

초기의 저궤도 대량 위성군 사업들은 중도에 포기하거나 파산 보호 신청을 했다. 위성 제작과 발사에 드는 엄청난 투자금에 비해 이를 뒷받침해줄 수익성이 빈약했기 때문이었다.

그러나 최근 들어 위성의 성능은 높아지고 제작비는 낮아졌고, 발사체 기술의 혁신으로 발사 비용마저 낮아져 전에 없이 수익성이 좋아지고 있다. 특히 재정적인 능력이 두둑한 세계 정상급 부호들이 저궤도 위성군 사업을 매력적으로 만들고 있다. 일론 머스크의 스타링크, 제프 베이조스의 카이퍼Kuiper가 대표 사례이다. 아마존의 카이퍼는 움직임이 좀 더뎌 아직 위성을 올리고 있지는 않지만 전문가들은 베이조스의 재정적 뒷받침과 로켓 개발 회사 블루오리진의 잠재력을 감안할 때 스타링크와 호각을 이룰 것으로 보고 있다. 카이퍼 프로젝트는 3개 고도, 590, 610, 630km에 위치한 98 궤도면을 이용해 총 3,236기 위성을 올릴 예정이다. 아마존은 이미 세계 1위의 클라우드 서비스 업체로서 위성 중계용 지상국과 전용 서버 센터들을 전 세계적으로 보유하고 있어 자체 위성망이 일단 구성만 되면 즉시 활용 가능한 면이 돋보인다. 2023년에는 카이퍼 시험위성 발사를 시작으로 본격적인 위성 발사가 잇따를 것으로 보인다.

이들 새로운 저궤도 대량 위성군들은 기존 위성 사업자 기준으로는 상상을 초월하는 저렴한 1기당 수백만에서 수천만 달러 수준의 비용으로 위성을 올리고 있어 확실하게 경제성을 확보한 것으로 보인다. 통상적으로 이제까지 위성을 제작해 궤도에 올리는 데 중소형위성의 경우, 저렴하게 해도 1~2억 달러가 소요되었던 것을 상기하면 그야말로 파괴적 혁신을 이루고 있는 것이다. 인공위성의 소형화와 고성능화 그리고 낮아진 발사 비용을 통해 수만 대의 위성을 다양한 궤도에 올려 도심지만이 아니라 도심에서 벗어난 외딴 지역, 심산유곡, 사막 등 전 세계 어디에서나 고속의 인터넷 데이터 통신을 가능케 하는 것은 우리의 생활 방식을 바꿔주는 큰 변혁이 될 것이다. 특히 아직도 인터넷 연결이 불가능한 곳에 살고 있는 전 세계 40% 이상의 인구에게 큰 희망을 줄 수 있는 기술혁신인 것이다.

## 4.1.2 저궤도 위성과 모바일 통신

저궤도 대량 위성군LEO Mega-Constellation은 기본적으로 브로드밴드 인터넷 연결을 목적으로 하고 있다. 그러나 여기에서 더 나아가 아예 지상 안테나 셀 없이 직접 위성과 휴대폰을 연결하려는 사업도 일어나고 있다.

링크Lynk Global사는 2020년 2월 궤도에 있는 자사의 초소형 인공위성으로부터 지상의 일반 모바일폰에 문자를 전송하는 데 성공했다. NASA와 일부 모바일폰 사업자들의 협조를 얻어 수행한 이 실험을 통해 전문가들이 불가능하다는 우려를 헤치고 '우주 모바일폰 셀타워Cell Tower'를 구현하기 위한 중요한 첫발을 내디뎠다. 이 시험용 위성체는 노스롭그루먼Northrop Grumman의 NG-12 시그너스 우주 화물선에 탑재되어 국제우주정거장으로부터 귀환할 때 분리되어 궤도에 놓였다. 그 이후 좀 더 큰 양산형 시험위성들을 팰컨 9 로켓으로 올려 음성 직접 통신 등의 후속 시험을 계속하고 있다.

또한 링크사와 유사하게 상용 휴대폰으로 저궤도 위성과 직접 연결되는 기술을 개발 중인 미국의 AST 스페이스모바일SpaceMobile이라는 신생 기업을 우리는 주목해볼 필요가 있다. 보다폰Vodafone과 라쿠텐Rakuten, 그리고 삼성전자도 초기 투자한 텍사스주 소재 AST 스페이스모바일은 링크와 마찬가지로 지상 셀 중계탑이 필요 없는 휴대폰 통신사업을 시작하고 있다. 2022년 9월에는 팰컨 9 로켓을 이용해 $64m^2$에 이르는 초대형 안테나를 탑재한 1.5톤짜리 이동통신 전용 저궤도 위성, 블루워커 3을 약 500km 고도에 올렸고 현재 궤도에서 휴대폰 통신 시험을 수행하고 있다고 한다.

상용 휴대폰으로 직접 저궤도 위성들과 음성 및 문자 통신을 가능하게 할 또 다른 움직임이 있다. 스페이스X와 미국의 제2위 휴대폰 통신사 티모바일T-Mobile 최고경영자 시버트Mike Sievert는 2022년 8월 "COVERAGE, Above & Beyond"라는 캐치프레이즈를 걸고 대대적인 행사를 벌이면서 양사가 2023년 말부터 스타링크 저궤도 위성과 휴대전화의 직접 연결이 가능할 것이라고 발표하였다. 이 협력이 성공적으로 이루어지면 휴대폰 가입자가 셀 타워가 없는 지역에서도 저궤도 위성들과 직접 연결되어 이제는 하나의 전화기로 통신 음영 지역 없이 세계 어디에서나 통화가 가능하게 될 것이라고 한다. 그야말로 통신산업에서의 빅뱅이 일어나게 되는 것이다.

이제 휴대폰 통신 시장에서는 위성 통신망 사업자와 지상 통신망 사업자가 합종연횡하면서 통신사업계를 격변의 소용돌이로 몰고 갈 것으로 보인다. 이미 미국 1위 통신사업자 버라이즌Verizon도 제프 베이조스가 계획하고 있는 카이퍼 인공위성망을 활용하여 이동통신망을 연결할 계획이라고 발표했고, 이에 질세라 AT&T도 원웹과의 협력을 천명하고 있다.

최근 세계 시가총액 1위 기업인 애플도 신제품 발표회에서 아이폰 14를 소개하면서 새 휴대폰이 저궤도 위성망을 통해 위성 통화 기능을 제공하게 된다고 선언했다. 아직은 긴급상황이나 재난시에 사용할 수 있는 간단한 문자나 통화가 가능한 수준이지만 위성의 성능이 개선되면 지연시간이 거의 없는 위성 통화가 본격적으로 가능할 것이다.

지금까지 살펴본 바와 같이 우주 기술과 통신 기술의 융합은 점점 가속화되고 있다. 조만간에 우주 기술은 통신 기술과 결합하여 다양한 통신 분야 시장에 깊숙이 들어올 것으로 판단한다. 2022년 전 세계 통신 시장은 1.8조 달러 정도로 발표되고 있으며 조만간에 2조 달러에 이를 것이라고 한다. 이렇듯 혁신적 우주 기술을 통한 통신 시장의 확장이 지속적으로 이루어지면 10년 이내에 3~4조 달러의 시장이 형성될 것으로 판단되며 위성 활용 부문만 총 잠재적 시장이 1~2조 달러는 되리라고 생각한다.

## 4.2 위치정보혁명

### 4.2.1 PNT(Positioning, Navigation and Timing) 기술

현재 전 세계적으로 약 64억여 개의 기기가 위치와 시간 정보를 얻기 위해 GPS<sup>Global Positioning System</sup>로 대표되는 PNT 신호를 수신하고 있다고 한다. 일반 통신 장비와 달리 일방적으로 신호를 수신하기 때문에 내부적으로만 사용하는 경우가 많아 우리가 느끼지 못할 뿐이지 실제로 수많은 기기가 GPS 위성들이 보내주는 PNT 정보를 수신하여 활용하고 있어 PNT 체계는 21세기 인류의 일상생활에 필수적인 기반 기술 분야로 성장하고 있다.

PNT 활용은 스마트폰, 웨어러블 기기, IoT 기기, 내비게이션, 드론 등 대량 생산된 범용 칩셋을 사용하는 제1 제품군, 자동차의 자율주행이나 고급 드론, UAM<sup>Urban Air Mobility</sup>의 자율비행처럼 안전성과 높은 신뢰성이 요구되는 제2 제품군, 그리고 농업, 자원탐사, 고급 지리정보시스템<sup>GIS, Geographic Information System</sup> 등 최고의 위치 및 시간 정보를 필요로 하는 최상위라고 할 수 있는 제3 제품군으로 분류할 수 있겠다. 이들 PNT 활용 제품들은 기본적으로 GPS/GNSS<sup>Global Navigation Satellite System</sup>를 사용하고 있으나 지상에서 생성된 좀 더 정확한 항법 정보를 위성 혹은 지상 송신 시스템을 통해 제공하는 SBAS Satellite Based Augmentation System나 GBAS Ground Based Augmentation System 기술을 활용하기도 한다.

2017년에 발표되어 언론의 관심을 끈 영국 정부 연구 보고서에 의하면, 만일 GNSS 신호에 문제가 생겨 사용할 수 없게 된다면 영국에서만 초기 5일간 매일 10억 달러의 손실이 발생할 것이라고 한다. 아마도 전 세계적으로 그 충격은 더욱 클 것이고 그만큼 현대 사회에서 PNT 정보가 얼마나 우리 생활 깊숙이 들어와 있는지 웅변으로 말해 주고 있다. 따라서 우리 생활의 중요 요소가 된 이 PNT 정보를 수신하고, 가공·활용하는 시장은 더욱 커질 것으로 보이고 이들의 상업적인 활용성은 점점 더 확대될 것으로 판단한다.

### 4.2.2 PNT 기술의 국제적인 발전 방향

전 세계적으로 GPS가 본격적으로 운용되면서 미국의 트랜싯과 같은 초기의 저궤도 위성항법 시스템이 사라졌으나 최근 들어 저궤도 군집위성을 이용한 위치정보 시스템을 구축하려는 시도가 일어나면서 부활하려는 조짐을 보이고 있다. GPS 위성은 500km 고도의 저궤도 위성에 비해서 40배 정도 더 높이 떠 있다. 그러면 전파신호 강도는 거리의 제곱에 반비례하므로 같은 강도로 각각의 궤도에서 PNT 신호를 보내면 저궤도 위성이 1,600배는 강하다는 결과가 나온다. 저궤도 위성군으로 PNT 신호를 보내면 휴대폰 신호처럼 집안이나 터널 안으로도 들어오게 된다. 바로 실내 항법이 가능해진다는 얘기이다. 자율주행 중인 자동차가 터널에 들어갔을 때나 군인이 전투 중에 장애물에 가렸을 때에도 PNT 신호를 끊임없이 받아 자기 위치를 확인할 수 있다는 것이다. 이러한 장점 때문에 최근 들어 GNSS Global Navigation Satellite System 학계에서도 저궤도 PNT 기술 연구가 핫 토픽이 되고 있고 신생 벤처 기업들이 이 분야로 뛰어들고 있다.

780km 궤도에 66기의 위성을 올려 전 세계를 커버하고 있는 이리듐 위성망을 활용하여 위성항법 서비스를 제공하고 있는 새틀레스사를 살펴보자. STL Satellite Time and Location이라는 상표명의 서비스를 제공하는 이 대용 위성기반 PNT 시스템은 GPS의 2

|  | GNSS | STL |
| --- | --- | --- |
| Timing accuracy to UTC | ~20 ns | ~200 ns |
| Positioning accuracy | ~3 meters | 30~50 meters |
| Time To First Fix | ~100 seconds | Few seconds for 500 km<br>~10 minutes to converge |
| Anti-Spoof | GPS: only for military use<br>Galileo: PRS - future | Yes, encrypted signal |
| Anti-Jam | Weak signal—easily jammed | Yes: 30~40 dB stronger |
| Coverage | Global<br>Precision degrades at poles<br>GLONASS-better at high Lat | Global<br>Coverage increases at poles |

**정지궤도 위성과 저궤도 위성의 궤도 높이에 따라 생기는 차이**

만 km에 비해 가까운 780km로부터의 신호를 사용하고 있어 신호 강도가 GPS에 비해 1,000배 이상 높다고 주장하고 있다. 그야말로 실내 항법이 가능한 수준이다. 미국 국가표준원<sup>NIST</sup>은 STL을 GNSS와 독립적인 정확한 국가 시간 자원으로 인정하는 보고서를 내었다. (Inside GNSS의 기사 'NIST Confirms STL as Accurate Time Source Independent of GNSS - and Indoors' 참조)

미국의 오롤리아<sup>Orolia</sup>사는 재밍, 기만 신호에 강한 PNT<sup>Resilient PNT</sup> 시스템이라는 구호를 내걸고 LEO PNT 시스템을 강조하고 있다. 기존의 GNSS 시스템을 탈피하여 새로운 혁신 기술들과 접합하여 나아가야 할 지향점으로 LEO PNT 체계를 잡고, 이를 구현하여 신뢰성과 성능이 보다 개선되고 육·해·공에서의 중요 임무 상황에도 사용할 수 있게 하자는 것이다.

워싱턴 DC 지역의 벤처기업 트러스트포인트사도 저궤도 위성군을 이용한 정밀하고 안전하며 빠른 GNSS 시스템 구축을 통해 UAM, 자율주행 등에 필수적인 시스템 개발을 공언하고 있다.

한편 벤처 신생기업인 조나 스페이스<sup>Xona Space</sup>는 아예 독자적인 정교한 PNT 시스템 구축을 회사의 제1 목표로 삼았다. 스탠퍼드대학 항법연구실 출신들이 모여 창업한 조나<sup>Xona</sup>는 펄사<sup>Pulsar</sup>라는 LEO PNT 서비스를 개발해 자율주행 자동차나 자율비행 항

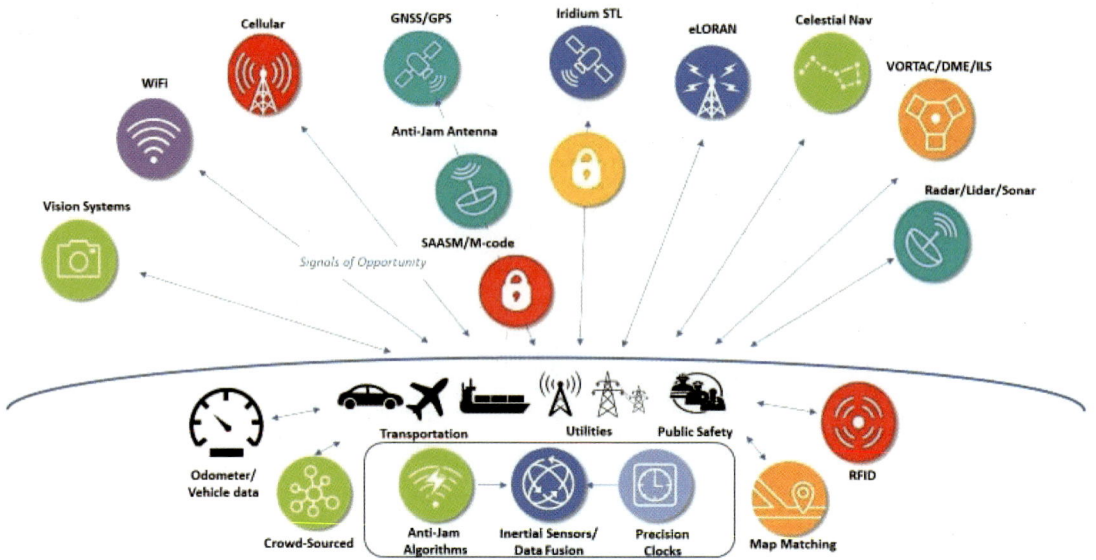

재밍, 기만 신호에 강한 PNT(Resilient PNT) 시스템 홍보자료(제공: Orolia)

공기와 같은 신뢰도 높은 정교한 PNT 정보를 필요로 하는 분야에 서비스를 제공할 예정이라고 한다. 2022년 8월 초에 조나Xona가 1,500만 달러의 투자를 록히드마틴 벤처 투자팀으로부터 유치했다는 소식이 언론의 관심을 끌었다.

이렇듯 전 세계는 새로운 PNT 시스템이 국가 안보와 미래의 기술 발전에 중요한 위치를 차지할 것으로 판단하고 새로운 시스템 개발에 박차를 가하고 있다. 이 기술은 국가적으로 필요한 중요 기반 기술일 뿐만 아니라 자율주행, 자율비행 등 미래 산업의 핵심 기술로서 대규모의 시장을 만들어나갈 유망 분야이기 때문이다.

## 4.2.3 유럽의 저궤도 PNT 개발 동향

이제 유럽 쪽의 PNT 관련 현황을 살펴보자. 유럽은 자체적으로 정지궤도 PNT 체계인 갈릴레오를 구축하고 있다. 그러나 23,222km에 올라가 있는 갈릴레오 위성으로부터의 신호는 강도가 약해 재밍과 기만 신호에 약할 수밖에 없다. 이를 보완하기 위해 저궤도 PNT 체계를 구상하고 있다. 유럽우주청ESA의 항법 책임자인 베네딕토Javier Benedicto는 2022년 11월 ESA의 미래 항법 전략에 대해 언론에 브리핑하면서 "저궤도 PNT 시

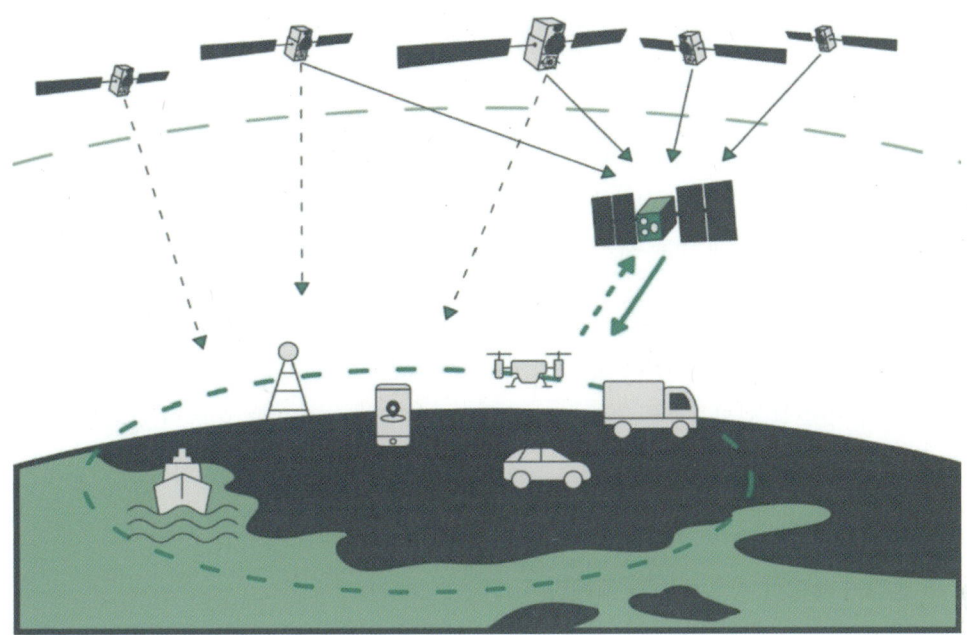

저궤도 전지구측위시스템(LeGNSS) 홍보자료(유럽우주청 홈페이지)

스템은 더 높은 신호강도로 실내에서도 더욱 신뢰성 있는 수신이 가능합니다. 또 위성과 지상과의 거리가 가까워 양방향 인증 신호two way authenification signals도 제공할 수 있을 뿐만 아니라 기술 발전에 따라 더 효율적인 위성 설계가 가능해 저렴한 위성 제작이 가능하고 발사비도 절약할 수 있게 되었습니다."라고 저궤도 위성 시스템의 장점을 설명했다. 그 후 파리에서 열린 EU 장관 회의CM22에서 유럽의 FutureNAV 프로그램을 확정하고 6~12기의 저궤도 PNT 위성을 2026년까지 확보하기로 결정하였다. ESA는 2031년경 전 세계 PNT 관련 시장이 5,000억 유로에 달하며 CM22 회의 보고서에서 LEO PNT 위성군 개발 지원을 통해 역내 위성산업체의 경쟁력을 높여 10년 이내에 일어날 각종 응용의 LEO 경제 시대에 대비하겠다는 것이다.

## 4.2.4 미래 생활을 바꾸는 저궤도 PNT 기술

전 세계는 새로운 PNT 시스템이 국가 안보와 미래의 기술 발전에 중요한 위치를 차지할 것으로 판단하고 새로운 시스템 개발에 박차를 가하고 있다. 이 기술은 국가적으로 필요한 중요 기반 기술일 뿐만 아니라 미래 산업으로써 대규모 시장을 만들어나갈 유망 분야이기 때문이다.

위성 기술을 활용한 PNT 산업은 현재에도 상당한 시장을 가지고 있고 자율주행, UAM, 더 나아가 로봇 항공기 등이 현실화되면 시장은 대폭 팽창할 것이다. 특히 현재 GPS의 2만 km 고도에 비해 500km 전후 고도의 저궤도 위성군을 통한 PNT 체계를 구성하면 신호 강도가 1,000배 이상 강해져 실내 항법이 가능해지며 자동차의 자율주행, UAM 등 항공기의 자율비행뿐만 아니라 많은 선박의 자율항해도 가능케 할 수 있을 것이다. 강력한 위치신호를 주는 저궤도 PNT 체계는 그야말로 인류의 생활을 혁명적으로 변화시킬 것으로 본다. 유럽우주청에서 예측한 바대로 2030년경 세계시장이 5천억 달러에 이르고 자율주행, 자율 UAM 에어택시 등이 보편화되면 총 잠재적 시장은 1조 달러에 육박할 것으로 예상해본다.

## 4.3 교통운송혁명

### 4.3.1 전 세계 어디나 50분 이내 이동

오스트리아 출신 항공우주 전문가 오이겐 생어Eugen Saenger는 1932년 로켓추진 비행기에 관한 저서 《로켓 비행 공학Raketenflugtechnik》을 출판하였다. 이 책에서 그는 기체에 내장된 로켓으로 대기권을 벗어나 관성 비행한 후 대기권으로 다시 돌입하여 지구 반대편에 도달하는 '로켓비행기'라는 개념을 제안하였다. 나중에 '대척점 폭격기Antipod Bomber'(지구의 정반대 쪽을 폭격할 수 있다는 의미)로 이름 붙인 새로운 개념의 항공기였으며, 세계 최초의 로켓비행기에 관한 논문이었다. 사실 이 책의 내용은 생어가 대학에 다닐 때 박사학위 논문으로 준비한 것이다. 그러나 심사위원들로부터 이 논문이 로켓 추진과 비행에 대한 수식과 이론으로 채워져 있음에도 너무 몽상적이라는 이유로 거절당했다고 한다. 생어는 다른 주제로 다시 논문을 써서 졸업한 후 거절된 논문을 아예 책으로 출간했다. 생어의 로켓비행기 개념이 장거리 미사일과 중요하게 다른 점은 안전하게 착륙

**박물관에 전시된 생어 로켓비행기**

할 수 있어야 한다는 것이다. 일본의 로켓 개발 선구자인 이토카와 교수도 생어의 책을 읽고 감동받아 일본에서 미국으로 20분만에 날아갈 수 있는 로켓비행기를 꿈꾸면서 로켓 개발을 시작했다고 한다.

공상과학 소설에나 나옴직한 생어의 아이디어가 최근 들어 현실적으로 가능하게 되고 있다.

1장에서 언급한 대로 발사체 기술혁신의 선두주자인 스페이스X가 재사용 로켓 팰컨 9의 후속인 스타십을 개발하고 있어 승객이나 화물을 지구상에서 운송할 수 있는 로켓비행기의 구현이 눈앞으로 다가왔기 때문이다. 궁극적으로 화성식민지화에 사용하려고 개발하고 있는 이 스타십은 100톤 이상의 화물을 지구 저궤도에 올릴 수 있으며 착륙 후 간단한 체크를 마치고 다시 이륙할 수 있는 여객기 수준으로의 재사용이 가능할 것이라고 한다. 어마어마한 크기와 성능을 가진 로켓이지만 완전 재사용이 가능하게 되면 발사 비용은 연료비와 약간의 운용비를 더해 200만 달러 정도면 가능하다고 주장하고 있다. 현재의 기존 발사체 회사들이 10톤 이내의 화물을 1억 달러 이상의 비용으로 발사하고 있는 것을 고려하면 그야말로 파괴적이다.

재사용성을 높이기 위해 연료로 그을음이 나는 석유 대신에 메탄을 사용하는 새로운 로켓엔진 랩터를 개발하여 장착한 새로운 이 로켓은 부스터 역할을 하는 1단 슈퍼 헤비와 2단 스타십 우주선으로 구성되어 있다. 전체 길이는 120m로 1단 부스터가 70m, 2단 스타십은 50m이다. 우주비행을 목적으로 하지 않을 때는 2단만을 이용해 항공기처럼 뜨고 내릴 수도 있게 될 것이다.

동체 직경 9m에 길이 120m의 역사상 가장 큰, 2단으로 구성된 로켓 스타십은 발사 타워에서 수직 상승하여 대기권 밖을 날아간 다음 초속 7~8km(음속의 20배 이상)의 속도로 비행한 후 목적지 상공에서 역추진과 공기저항을 이용해 하강 착륙하게 된다. 지구상의 가장 먼 곳도 1시간 이내에 도달할 수 있는 획기적인 운송수단이 될 전망이다. 이미 스페이스X는 상당히 구체적인 설계안을 내어놓았다. 실제로 이 로켓항공기가 구현된다면 서울에서 전 세계 어디나 당일 출장이 가능할 것이라고 생각된다.

그러나 로켓 시스템이 안정화되어 안전성을 보장받을 때까지는 화물 수송이 먼저 이루어질 것이다. 수백 번 이상의 발사를 통해 사고 없이 화물 수송이 이루어지면 다음에는 승객 탑승이 이루어질 것이다.

한편 미공군연구소에서는 군용물품을 로켓항공기로 수송하는 방안을 연구하기 시작했다. 전 세계에 군사력을 유지하고 있는 미국이기에 유사시 짧은 시간에 화물과 병력을 수송할 수 있다면 현지 주둔 병력도 줄일 수 있어 금상첨화가 될 수 있기 때문이다. 미공군연구소 AFRL Air Force Research Laboratory은 2018년부터 로켓화물기 연구를 시작했고, 2020년에는 스타십의 로켓화물기로서의 능력을 스페이스X로부터 확인하였다. 로켓화물기의 중요성을 인식한 미 국방부는 2021년 로켓화물기 프로그램 발족을 선언하고 예산을 확보하였다. 이후 2022년 1월 미국 공군성 Department of the Airforce은 스페이스X와 구현 가능성 연구와 기술 시범연구를 위해 5년간 1억 2백만 달러 연구 개발 계약을 맺었다.

로켓비행기에 사용될 스타십 2단 우주선은 6기의 랩터 엔진이 장착된다. 3기의 엔진은 표준형이고 나머지 3기는 고공 진공용이다. 발사시에는 6기 모두 작동하고 60~70km 고도로 올라가게 되면 표준형 엔진을 끄고 고공에서 효율이 더 좋은 3기의 진공용 엔진만 사용하게 될 것으로 보인다. 랩터 엔진 2.0 버전은 현재 230톤의 추력을 가진

**스타십 항공기 이착륙장과 비행시간 예시**

것으로 알려져 발사시의 추력은 1,380톤이 되고 고공에서는 700톤 이상이 될 것으로 판단된다. 최근에 일론 머스크가 트위터에 올린 글에 의하면 랩터 버전 3.0으로 불리는 랩터 개선형의 분사 시험에서는 추력 269톤을 기록했다고 한다. 추력 방향 전환형 랩터 엔진은 가로, 세로 방향으로 최대 15도까지 추력 방향을 바꿀 수 있다. 이런 수준의 엔진을 설계, 제작해야 하는 일은 당연히 어렵겠지만 항공기와 같은 이착륙 기동을 수행해야 하는 이 특별한 로켓비행기의 엔진으로서는 꼭 필요한 기능이라고 생각된다. 공기가 없는 대기권 밖에서 착륙 장소로 들어설 때의 방향 전환을 위해서는 좀 더 민첩해야 하기 때문이다. 팰컨 9의 멀린 엔진은 노즐 방향 전환각이 5도이고, 현재 SLS 로켓에 사용되고 있는 스페이스 셔틀용 RS-25 엔진의 12.5도에 비해 더 큰 추력 방향 전환 능력이다. 참고로 러시아의 소유즈 엔진 RD-107 계열 엔진들은 작은 버니어 노즐을 따로 설치해 추력 방향을 조절한다. 이 버니어 노즐 시스템을 모방한 북한 로켓들도 마찬가지 구조이다.

　스타십은 여러 면에서 통상의 로켓과는 다르게 설계된다. 우선 스테인리스 강철을 사용한다. 항공우주 비행체는 일반적으로 경량 설계가 지상 목표이다. 그래서 초경량 알루미늄 합금을 사용하거나 무게 대비 강도가 뛰어나 가벼운 최신 탄소복합소재를 사용하기도 한다. 그러나 스타십은 항공기 수준의 재사용성을 목표로 하기 때문에 여러 번의 대기권 재진입이라는 고열과 고하중을 견딜 수 있는 강철 합금을 사용하는 것이다. 강철을 사용할 때의 또 하나의 이점은 저렴하게 대량생산할 수 있다는 것이다. 복합재료는 가공에 비용이 많이 들고 양산성이 떨어지는 단점 때문에 초기에 시도하다가 설계를 강철로 바꾸어버렸다. 화성의 인류 거주를 목표로 많은 인원과 화물을 실어 날라

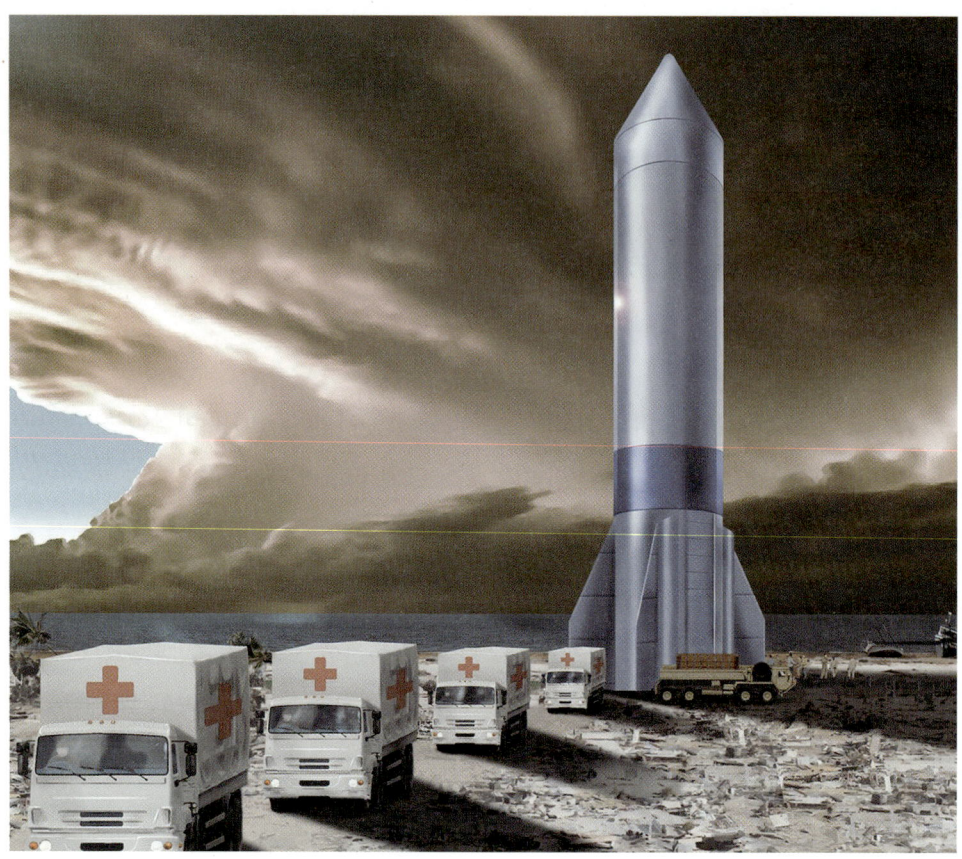

**스타십 화물기 운용 예시**

야 해서 많은 횟수의 발사가 필요하다. 따라서 저비용 양산은 아주 중요한 요소가 된다.

  스타십 탑재공간부의 직경은 동체와 마찬가지로 9m이고 높이는 18m로 탑재공간 부피는 1,100m³으로 역대 우주선 중에 가장 크다. 유인우주선은 탑승 혹은 거주하는 사람을 보호하기 위해 적절한 압력을 유지해야 한다. 이 부분을 가압공간이라 하는데 스타십 1기의 가압공간이 세계 최대 우주구조물인 국제우주정거장의 전체 가압 공간 1,005m³보다도 더 크다. 필요시에는 스타십이 궤도에 올라 우주정거장 역할을 하는 것이 어렵지 않을 것이며, 여러 대의 스타십이 궤도에 올라 거대한 우주정거장(혹은 거주지)이 될 수도 있을 것이다. 실제로 달이나 화성 여행시에 100명 정도의 승객이 여러 달 동안 지낼 수 있는 공간이라고 한다.

  이러한 로켓 파워를 이용한 신속한 운송 수단은 먼저 2030년경에는 충분히 현실화될 것으로 예측되고, 2045년경에는 총 잠재적 시장이 화물 운송에 3,000억 달러, 승객 운송에 2,000억 달러(1년 1,000만 승객에 1인당 2만 달러 예상), 총 5,000억 달러 정도에 이를 것이라고 예상해본다.

## 4.4 생산거점, 거주공간혁명

우주로켓 발사 비용이 급격히 낮아지면서 이룰 수 있는 또 하나의 큰 변혁은 지상에서 공해를 유발하는 수많은 공장, 그리고 전력을 많이 소모하는 공장, 무중력이나 진공상태가 유리한 산업 등의 대규모 공장 구축이 지구 궤도에 있게 될 것이다. 우주 궤도에서는 무한정한 태양에너지를 활용할 수 있으니 에너지 비용이 거의 안 든다. 아마존 회장 제프 베이조스는 2040년 정도가 되면 많은 수의 대형공장들이 지구 궤도에 자리잡을 것이라고 예측하고 있다. 이러한 예측하에 많은 신생 벤처기업들이 우주궤도에서의 제작, 조립, 수리 등을 위한 기술 개발에 나서고 있다.

### 4.4.1 우주 공장

메이드인스페이스Made In Space사는 미소중력하에서 3D 프린터Zero-G Printer를 이용한 제조 공정을 개발하려는 벤처 기업이다. 2010년 대학원을 갓 졸업한 켐머Aaron Kemmer, 던Jason Dunn, 첸Mike Chen, 그리고 스나이더Michael Snyder가 창립한 이 기업은 2011년부터 NASA의 저중력 시험시설에서 400여 회의 미소중력하에서 3D 프린팅이 가능함을 입증한 후 2013년에는 NASA의 소기업혁신연구SBIR, Small Business Innovation Research에 선정되었고, 국제우주정거장에서 그들의 3D프린팅을 이용해 시험할 수 있었다. 메이드인스페이스사는 여러 기관으로부터 우수연구 결과로 수상한 바 있으며, 2016년에는 노스롭그루먼Northrop Grumman과 오셔니어링스페이스시스템스Oceaneering Space Systems사와 협력하여 우주에서 기계와 구조물을 제조하고, 조립하고 수리하는 기술개발을 위해 NASA로부터 2,000만 달러 자금 지원을 받았다. 2019년에는 NASA의 OSAMOn-Orbit

태양전지를 전개, 조립하는 ROSA(Roll Out Solar Array) 설비(레드와이어 홈페이지)

우주궤도에서 수리·조립·제조를 시험할 NASA의 OSAM-2 위성

Servicing, Assembly and Manufacturing 프로그램으로부터 7,370만 달러의 지원금을 받아 우주공간에서 우주구조물의 수리·제조·조립을 시험할 위성을 개발하고 있으며, 2023년 2분기에는 그동안 개발한 위성 아키넛원Archinaut One을 스페이스X의 소형위성 궤도 탑승 공유 프로그램인 트랜스포테이션-8Transportation-8에 실어 저궤도에 올려 우주공간에서 제작, 조립 등을 시험할 예정이었으나 2024년경으로 연기되었다. 메이드인스페이스사는 2020년에 레드와이어Redwire사로 인수되어 운영 중이다.

미국의 바르다스페이스Varda Space는 스페이스X에서 근무하였던 브루이Will Bruey 등이 2020년 설립한 벤처기업으로 지구 저궤도에 우주공장을 건설해 미소중력 조건을 활용한 제품 생산을 목표로 하고 있으며, 이미 상당한 금액의 벤처 투자자금을 확보하였다. 2021년에는 우주정거장을 건설하는 미션 수행을 위해 로켓랩의 포톤Photon 우주선 3기를 구매하는 계약을 맺었고, 2023년 6월에는 위네바고-1Winnebago-1으로 이름 붙인 이 우주선을 트랜스포테이션-8에 실어 성공적으로 궤도에 올렸으며 궤도에서의 시험과 재진입 기술을 익힐 예정이다. 2022년에는 NASA의 에임즈Ames, 랭글리Langley 연구센터들과 협력에 합의하면서 우주정거장에서 미소중력하에서의 제조 공정 등을 시험할 예정이다.

### 4.4.2 NASA의 지구 저궤도 상업화 계획

앞에서 사례로 든 이러한 기업들의 창업은 NASA가 LEO가 새로운 경제적 터전이 될 것이라는 판단에 따라 수행하고 있는 다양한 진흥 프로그램의 영향도 크다. 물론 '저궤도 상업화LEO Economics'에 대해 공감을 하는 미국의 많은 벤처 자본가들의 적극적인 투자가 그 원동력이기는 하다.

사실 우주궤도에서 처음으로 제조를 시도한 사례는 소유즈 6호에서였다. 1969년 10월 소련은 총 7명의 우주인을 실은 소유즈 6호와 함께 7호와 8호를 연달아 발사해 우주 도킹을 시도했다. 궤도상에서의 랑데부와 도킹은 실패했지만 알루미늄, 티타늄, 스테인리스 스틸의 용접을 성공적으로 수행하였다. 이후에 미국은 스카이랩 위성을 통해 결정구조 생성, 합금 형성과정, 전자빔을 이용한 용접 등 좀더 다양한 제조공정 시험을 수행하며 우주 제조의 길을 열었다. 이후 국제우주정거장이 설치되면서 스페이스랩 프로그램 등을 통해 수많은 우주 제조 관련 시험을 수행했다.

이상에서 살펴본 바와 같이 민간 분야에서의 활발한 우주기업 활동에 발맞추어 최근 들어서 NASA는 현재의 국제우주정거장과 유사한 지구 저궤도에서의 유무인 플랫폼 건설을 장려하려는 지구 저궤도 상업화 계획Low-Earth Orbit Commercialization을 전개하고 있다. 이 프로그램을 통해 NASA는 국가적인 차원에서 지구 저궤도LEO에서의 산업화를 적극적으로 지원하고 있고, 여기에 발맞추어 기존의 여러 기업도 지구 궤도 우주정거장, 테마파크, 거주지 건설 등의 청사진을 제시하고 있다.

### 4.4.3 민간 우주정거장, 우주공원

특히 2021년 10월 블루오리진은 10년 이내에 LEO에 오비탈 리프Obital Reef라고 이름 붙인 우주정거장을 시에라네바다Sierra Nevada사 등과 함께 건설해 복합 비즈니스 파크로 운영할 예정이라고 발표하였다. 이들의 계획에 의하면 830$m^3$ 공간에 10명의 인원이 생활할 수 있는 주거시설을 만드는 것이었다. 2027년까지 건설 예정인 이 공간에는 사무실, 운동시설, 침실 등이 갖추어진다고 한다.

한편 NASA는 현재의 국제우주정거장이 수명을 다하면 폐기 내지는 민간에게 불

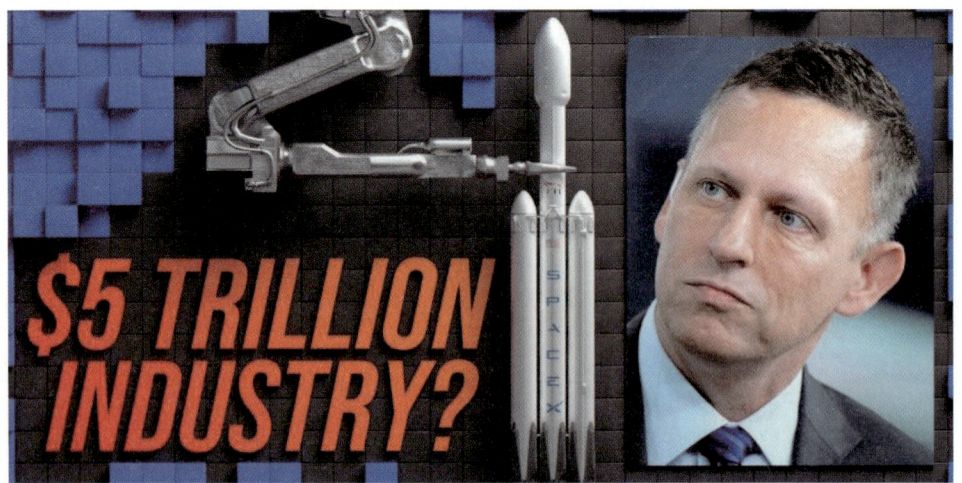

미국 벤처투자가 틸이 예상하는 우주궤도공장의 시장 크기

블루오리진사의 홈페이지 첫 화면의 오비탈 리프(Orbital Reef)

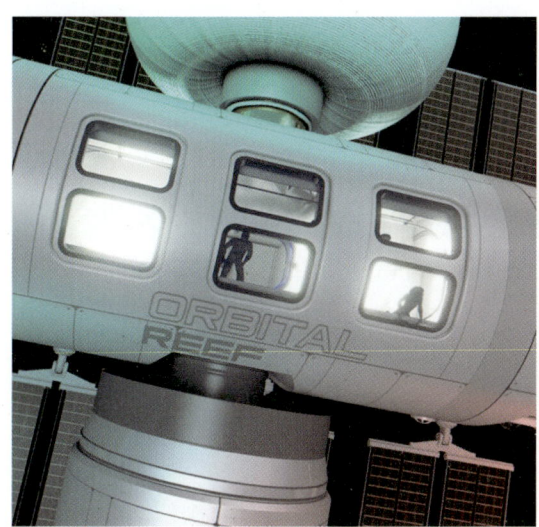

오비탈 리프의 내외부 모습

하하고, NASA가 우주정거장이 필요할 때에는 민간인이 건설하는 우주정거장을 사용하기로 결정하고 1단계로 민간 우주정거장의 설계를 담당할 우주기업을 공모하였다. 2021년 10월 NASA는 공모 결과를 발표하고 블루오리진 팀을 포함한 3개 그룹을 선정하였다. 선정된 3사의 계약금액은 블루오리진(보잉사가 팀메이트)이 1억 3천만 달러, 휴스턴 소재 나노랙스Nanoracks(록히드마틴사가 팀메이트)가 1억 6천만 달러, 노스롭그루먼사가 1억 2,560만 달러였다.

나노랙스의 스타랩과 노스롭그룹먼의 우주정거장 개념도

우주공장, 우주정거장, 우주공원 등의 거대 우주구조물 분야는 상황에 따라 어마어마하게 성장할 것이라고 본다. 일론 머스크와 함께 페이팔을 설립해 유명한 미국의 벤처 투자가 피터 틸Peter Thiel은 우주 저궤도에 제조하는 공장의 경제 규모가 미래에는 총 잠재적 시장이 5조 달러에 이를 것으로 예측했다. 참고로 틸은 바르다스페이스 투자자이기도 하다.

## 4.5 에너지혁명

우주 태양광 발전은 지구 궤도(아마도 정지궤도)에 초대형(5000톤 이상) 태양광 발전위성을 올려 지구로 24시간 전력을 무선 송전하려는 기술 분야이다. 거대한 태양전지를 장착한 초대형 위성을 조각별로 발사하여 궤도에서 조립한 후 태양광을 펼쳐 발전하고 그 전력을 마이크로웨이브로 지상에 송신하게 된다. 지구정지궤도에서는 춘분과 추분 때 지구 그림자에 잠깐 가려질 때를 제외하고는 24시간 발전이 가능하다. 그리고 마이크로웨이브 주파수로 전력을 보내면 흐린 날에도 거의 전력 손실 없이 전송이 가능하다.

## 4.5.1 초기의 개념과 기술개발

우주에서 태양에너지를 채취해 지구로 보내 사용한다는 구상은 아시모프의 《이유 Reason》(1941년)와 같은 공상과학소설에 등장한 적이 있었다. 좀 더 구체적인 우주기반 태양광 발전Space Based Solar Power, SBSP 개념은 1968년 글레이저Peter Glaser에 의해 제안되었다. 그 후 아폴로 달 착륙이 성공적으로 진행되면서 새턴 5 로켓의 막강한 성능에 주목한 여러 사람들이 우주 기술 산업화 가능성을 낙관적으로 보고 우주궤도 거주지 건설 등 대규모 우주 개발 사업들을 구상하게 된다. 글레이저는 1971년 7월 거대한 태양전지를 장착한 인공위성에서 발전한 전력을 마이크로웨이브로 전송한다는 내용의 우주 태양광 발전에 관한 상세한 구상을 특허로 신청하고 1973년에 승인받았다. NASA는 1974년 글레이저를 연구 책임자로 하는 팀에 우주 태양광 발전의 타당성 검토 연구를 맡긴다. 검토 결과 우선 대규모 발전위성 자재를 우주궤도에 올린 경험이 없는 데다 발사하는 데 드는 비용이 너무 크기 때문에 당장은 어렵지만 앞으로 더 조사연구가

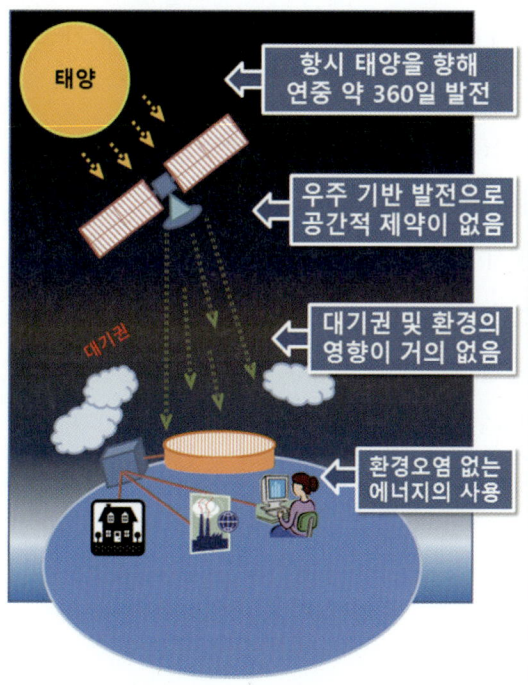

우주 태양광 발전 개요와 유럽우주청의 설명자료

필요하다는 것이 중요 결론이었다. 다시 말하면 발사 비용이 걸림돌이라는 얘기였다. 1978년에는 미 의회로부터 예산을 얻은 에너지성과 NASA는 개념연구 평가 프로그램을 만들어 본격적인 예비연구에 들어갔다. 1986년까지 당시 예산으로 5,000만 달러를 들여 세밀한 기술적 타당성 검토를 거쳐 보고서를 내었다. 그러나 당시 미 의회는 "기술적, 경제적, 환경적인 부분에 불확실성이 많다"라는 결론을 내렸고, 이후 새로운 행정부가 들어섰지만 여전히 연구는 중지되었다.

1997년에는 NASA가 다시 '프레시룩Fresh Look'이라는 프로그램을 통해 그간의 기술 발전을 감안한 재검토를 수행한 결과 기술적인 문제보다는 경제적인 타당성이 문제이고 주된 비용인 발사비를 대폭 낮출 수 있는 조치가 필요하다고 의견을 냈다. 1999년 NASA는 계속해서 SERT라 불리는 우주 태양광 발전 관련 연구를 수행하여 기술적 타당성 검토와 1GW급 발전위성의 개념 설계도 수행하게 된다. 연구 담당자였던 NASA의 맨킨스John C. Mankins는 "우주 태양광 발전은 미래 에너지 공급을 위해서 중요한 고려 대상이다. 특히 화석에너지의 역할을 대신할 기저전력 공급원으로 유망하다. 기술개발 주도권을 가지기 위해 공격적인 예비계획을 세워야 한다. 그리고 가장 중요한 발사 비용이 저궤도 기준으로 1kg당 100~200달러 수준으로 낮아지면 경제성 확보가 가능하다"고 주장했다.

그 이후에도 NASA에서는 여러 차례 기술 타당성 검토를 거치면서 관련 기술개발도 일부 수행했으며 마이크로웨이브를 이용한 장거리 전력전송에 성공하기도 했다. 미국 해군과 공군도 관심이 많아 2020년부터 시험용 발전위성 아라크네Arachne를 개발 중에 있으며, 2024년경에 발사할 예정이라고 한다. 2021년에는 캘리포니아공대CalTech 연구진이 민간 재력가로부터 1억 달러의 자금을 지원받아 초경량 태양전지 개발을 연구하고 있으며 시험위성 발사를 준비하고 있다고 알려져 있다. 미국에는 우주 태양광 발전을 위한 시민모임 등의 여러 민간단체가 미 정부의 좀 더 적극적인 지원을 촉구하는 여론을 모으고 있기도 하다.

## 4.5.2 일본, 유럽, 중국의 연구 현황

에너지 문제에 항상 민감한 일본은 우주항공연구개발기구JAXA를 중심으로 타당성 연구를 수행해왔고, 2015년에는 1.8kW 전력을 50m 떨어진 리시버에 보내 전력을 성공적으로 회수했으며, 곧이어 미쓰비시 중공업은 10kW 전력을 500m 떨어진 곳으로 무선 전송하는 데 성공하기도 했다.

유럽 역시 우주기관인 ESA를 통해 2000년대 초부터 미래기술로써 기술적 타당성 검토와 관련 워크숍을 거치면서 개발 가능성을 저울질하고 있었다. 2005년에는 '지구 및 우주 기반 발전 시스템 비교 연구Earth & Space-Based Power Generation Systems a Comparison Study'를 통해 0.5GW부터 500GW의 우주 태양광 발전 설비에 대한 단계적 개발 가능성을 검토하면서 지상 태양광 및 태양열 발전과의 발전 효율 및 경제성을 비교 검토하는 상세한 보고서를 작성한 바 있다. 그리고 ESA는 2022년 '솔라리스Solaris'라고 불리는 태양광 발전위성 여러 기를 발사하는 계획을 발표하였다. 이들 위성들이 설치되면 현재의 국제우주정거장보다 10배 이상 큰 구조물이 될 것이라고 한다. 2050년에 탄소중립을 달성하려는 유럽으로서는 우주 태양광 발전이 중요한 역할을 할 것으로 기대하고 있다.

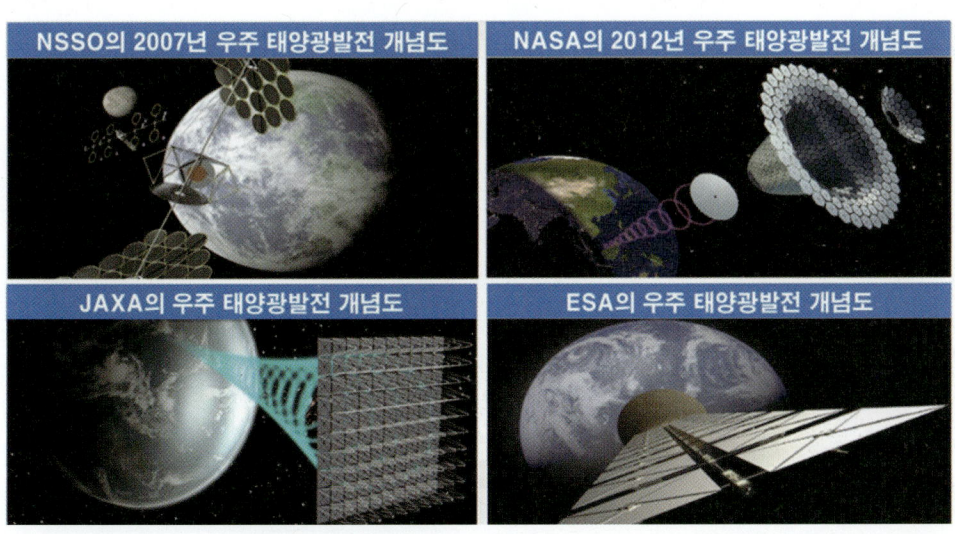

전 세계 여러 연구기관의 우주 태양광 발전 개념도

영국도 2022년 우주에너지계획Space Energy Initiative을 통해 우주 태양광 발전소 확보를 위한 위성 개발 계획을 발표하면서 2040년 중반경에는 30GW의 우주 태양광 발전 용량을 달성 목표로 제시하였다. 이를 통해 30% 정도의 영국의 전력 수요를 감당하면서 해외 화석연료 의존도를 줄일 계획이라고 한다.

최근에 들어서는 중국이 우주 태양광 발전에 큰 관심을 보여 체계적인 연구를 시작하고 있다. 중국우주기술 아카데미는 2015년 우주 태양광 발전 개발 로드맵을 만들고 2025년까지 중소형 크기의 발전위성을 궤도에 올리고 2035년에는 메가와트 발전 능력을 가진 200톤급 우주 태양광 발전위성을 올린다는 구체안도 발표하고 있다.

### 4.5.3 우주 태양광 발전 기술 현황

지금까지 살펴본 대로 처음 우주 태양광 발전 시스템을 구상하면서부터 많은 예비 연구가 이루어졌고, 또한 그간의 과학기술 발전에 힘입어 태양광 발전 시스템을 구현하기 위해 필요한 인공위성 및 태양전지, 로켓 발사체 등의 주요 필요기술은 이미 수십 년 전부터 상당한 수준의 기반이 마련된 상태다. 마이크로웨이브를 이용한 원거리 무선전력 전송기술Wireless Power Transmission, WPT도 1960년대부터 연구되기 시작하였고, 그 후에

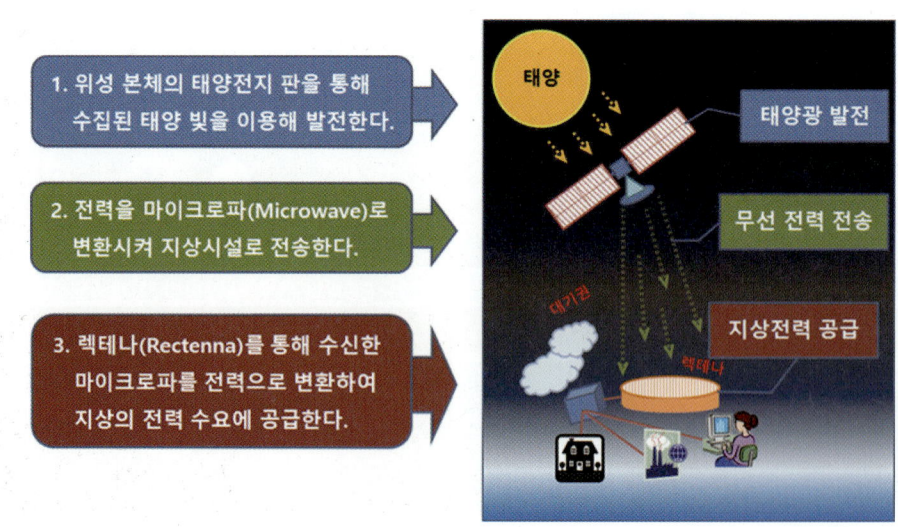

**우주 태양광 발전 기술 구성도**

도 연구 개발 시험을 통해서 전송 효율 또한 향상되어 왔다. 다시 말하면 우주 태양광 발전 시스템에 관련된 필수 기술은 어느 정도 우리 가까이에 와 있고, 이들을 구체적으로 구현하면서 경제성을 확보할 실용적인 개발 단계만 남아 있는 현황이다. 그런데 대부분의 우주 태양광 발전 옹호자들은 발사체 기술에 대한 전문성이 적어 단지 발전위성과 에너지 송수신 기술 부분을 주로 논의를 하면서도 경제성의 가장 큰 열쇠를 쥐고 있는 저렴한 발사체 기술에는 구체적인 해법 제시가 없었다. 따라서 여러 번의 타당성 검토 연구를 해왔지만 NASA의 다른 부서 전문가들로부터 공감을 얻지 못하면서 일부 NASA 고위층의 강한 반대에 부딪혀 더이상 진척되지 못했다.

## 4.5.4 발사 비용과 경제성

최근 들어 일론 머스크의 스페이스X와 제프 베이조스의 블루오리진을 비롯해 새로운 발사체 기술 개발 기업들은 달과 화성 식민지화와 저궤도 상업화 사업을 목표로 저렴한 발사체 기술을 완성 내지는 개발하고 있다.

앞 절에서 언급한 대로 이미 스페이스X의 팰컨 로켓은 2022년 61회 발사로 위성 발사를 루틴화하고 있고, 현재 완전 재사용이 가능한 스타십 로켓도 개발이 진행되고 있다. 특히 스타십의 경우 100톤 이상의 위성체를 저궤도에 올리는 데 200만 달러 정도면 충분하다고 공언하고 있다. 이 가격에 과장이 좀 있다고 보고 좀 보수적으로 1,000만 달러 정도를 계상하면서 경제성을 추산해보자. 그러면 단위 무게당 발사비용이 100달러/kg이 되면서 경제적 타당성을 따져볼 만하다고 생각한다.

이제 한번 계산해보자. 우선 평균적으로 원자력발전소 1기 발전 능력인 1GW급 정지궤도 태양광발전위성의 예상 무게부터 추산해본다. 태양전지의 효율은 실험실 환경에서는 현재 최고 47%까지도 나온다고 보고되고 있지만 우주환경에 견디는 최고 품질의 패널의 효율을 안전하게 30%로 가정한다.

발전 전력을 마이크로웨이브로 바꾸는 효율을 85%, 지상 리시버에서 다시 전력으로 바꾸는 데도 85% 효율을 가정한다. 그러면 지상 수신안테나<sup>Receiving Antenna, 줄여서 Rectenna</sup>에서 출력되는 발전 효율은 대략 21.6%가 된다. 여타 예상 못한 효율 감소

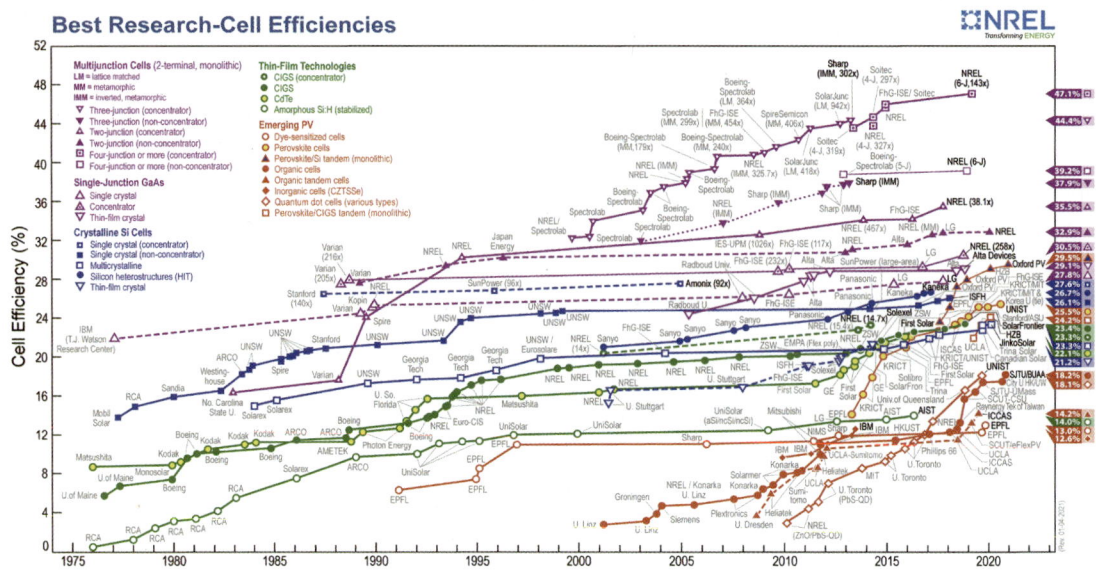

태양광 패널의 현재 효율 달성도 (출처: www.nrel.go)

를 감안해 총합 효율을 20%로 줄여 적용하자. 지구정지궤도상에서의 태양광 복사에너지 밀도는 1.36kW/$m^2$이며, 1GW 발전 용량을 위해서 필요한 태양전지판 넓이는 1,000,000/(1.36 × 0.2) = 3,676,470$m^2$이고 여유 마진 10% 정도 잡아 4$km^2$의 태양전지판 면적이 필요할 것으로 가정한다. 1$m^2$당 태양전지판의 무게는 기술혁신을 통해 1kg을 달성한다고 보면 태양전지 무게가 4,000톤이 되고, 전력을 마이크로웨이브로 바꾸는 마그네트론Magnetron과 천이궤도에서 정지궤도로의 상승용 추력기 포함한 위성 본체 무게를 1,000톤으로 가정하면 전체 위성 무게는 5,000톤이 된다.

5,000톤 무게의 위성을 궤도에 올리려면 100톤 모듈 부품의 50회 발사가 필요하다. 앞에서 예상한 대로 1회 발사 비용 1,000만 달러를 감안하면 총 5억 달러 발사비가 든다. 발전위성 제작비용과 기타 부대비용에 25억 달러 정도로 생각하면 발전위성 1기를 궤도에 올리는 데 약 30억 달러 정도면 가능할 것으로 생각할 수 있다. 이 위성이 발전을 시작하여 1년에 약 8,500시간(1년 365일은 8,760시간, 춘추분일에 지구에 가려져 잠시 가동 불능)을 가동한다고 가정하고, 전기료는 좀 저렴하게 1kWh당 10센트로 산정하면 1년 전기료 수입은 1,000,000kW × 8,000시간 × 0.1달러 = 8억 달러가 된다. 발전위성의 수명을 20~30년으로 잡으면, 총수입 160~240억 달러가 되어 운영 유지비용을

감안하더라도 충분히 경제성이 있다고 본다.

이런 발전위성을 3천 기 정도 정지궤도에 올려 운용하게 되면 3TW의 전력을 지속적으로 지구상으로 보낼 수 있게 된다. 우주 태양광 발전망이 2050년쯤 완성된다면 그 무렵 늘어난 총 필요 전력량을 감안하더라도 전 세계 전기 에너지 수요의 50% 이상을 감당하게 되지 않을까 생각한다. 물론 이를 이루기 위해서는 기술, 경제, 사회, 정치적인 난관들이 있을 것이라고 본다. 그러나 인류 생존을 좌우하는 안정적인 에너지 공급을 보장하는 사안이기 때문에 결국에는 해결될 것이라고 판단한다.

그러나 또 하나의 흥미롭기는 하나 해결해야 할 난관(?)이 있다. 저렴한 발사체를 제공해야 할 스페이스X의 일론 머스크가 우주 태양광 발전을 반대하고 있다. 그는 우주 태양광 발전이 '두 번의 에너지 변환을 거쳐야 해서 비효율적'이라면서 반대 의견을 여러 자리에서 천명했다. 우선 우주궤도에서 '광양자에서 전자 에너지로', 그리고 지상에서 그 반대의 변환이 필요하기 때문이라고 말한다. 그러나 저자 생각에는 테슬라사가 지상 태양광 사업을 하고 있기 때문에 미래의 경쟁자라는 생각 때문에 반대하는 것은 아닐까라고도 추정해본다. 아마도 전 세계 주요국가가 우주 태양광 사업에 뛰어들면, 그도 슬그머니 찬성으로 돌아설 것으로 믿는다. 머스크는 본질적으로 기업가이기 때문에 본인의 스타십 로켓이 엄청난 매출을 올릴 수 있는 기회인데 끝까지 마다하지는 않을 듯하다.

### 4.5.5 인류의 에너지 문제 해결사

국제에너지기구(IEA, International Energy Agency)의 2021년 세계 에너지 투자 보고서에 의하면 전 세계적으로 현재 에너지 개발을 위한 투자액과 에너지 효율 개선, 신재생 에너지에 대한 투자액을 모두 더하면 매년 2조 달러에 이미 이르고 있다고 한다. 따라서 일단 전 세계적으로 각국 정부와 에너지 기업들 사이에 공감이 이루어져 우주 기반 태양광 사업이 시작된다면 1기당 발전 위성 가격 30억 달러 정도의 투자는 큰 문제가 아닐 것이다. 아마 매년 100~150기의 발전 위성 궤도 투입도 가능할 것이다. 만일 3,000기의 발전위성이 궤도에서 작동되면 1년에 3,000GW × 8억/1GW 달러 = 2.4조 달러의 전력

| 우주 태양광 발전 위성 제작 시스템 | 지상 무선 수전 시스템 | 우주 수송 시스템 |
|---|---|---|
| • 지구에서 36,000km 거리의 정지궤도에서 운용되는 1GW급 이상의 거대 태양광 발전 위성<br>• 열 제어장치, 자세제어 및 추진 장치, 수 km 이상의 태양전지판, 전기변환장치, 조립, 유지/보수용무인로봇 등 탑재 필요 | • 위성-지구간 전력 송/수신 기술<br>• 마이크로웨이브 송전<br>대기권에 이러한 감쇠율이 낮고 반사나 산란이 없어 약 80% 이상의 효율로 우주에서 지상으로 송전<br>• 혹은 레이저 송전<br>태양광을 고밀도로 주입하여 발생하는 레이저로 지상에 직접 전력을 송전(효율 42%) | • 우주 태양광 발전 설비를 우주 궤도에까지 수송할 수 있는 발사체의 제작 및 발사 기술의 개발<br>• 발전 비용 효율성을 위해 기반 시설의 우주 수송비용 감축은 반드시 필요<br>• 안전하고 비용이 저렴한 발사체 제작 및 발사기술의 개발이 전제되어야 함 |

우주 태양광 발전

**우주 태양광 발전 시스템 개발을 위해 필요한 기술 분야**

수입이 있게 된다.

   2.4조 달러 수준의 총 잠재적 시장이 생겨난다면 우리 대한민국도 손 놓고 있을 수는 없다. 에너지는 인류 생존에 필수 불가결한 요소이고 또한 미래의 성장 동력이기 때문이다. 대한민국과 같은 작은 국가가 이런 지구적 대형사업에서 중요 역할을 하기 위해서는 관련 분야에서 기술을 선점해야 한다. 다른 경쟁국보다 먼저 관련 기술을 확보하여 우위의 경쟁력을 가져야 한다. 지금부터라도 정부가 확고한 계획을 세워 우주 기반 태양광 발전에 필요한 기초 기술 개발을 시작하여야 한다. 우주공간에서 사용할 초경량 고효율의 태양전지 개발, 우주궤도에서의 초대형 위성 조립 기술, 효율적인 전력/마이크로웨이브 전환 기술, 대형 안테나 기술, 지구상의 수전 안테나(렉테나) 개발 기술 등을 위한 제반 기초 기술들의 개발에 우리의 기업과 국가 출연 연구기관들이 대거 참여해야 할 것이다.

## 4.6 자원조달혁명

태양을 돌고 있는 행성이나 달, 그리고 일부 소행성 중에는 귀중한 광물이 다량 포함되어 있다. 2016년 9월 현재까지 조사된 바로는 711개의 알려진 소행성에만 대략 100조 달러 가치의 광물이 있다고도 한다. 현재 진행되고 있는 발사 비용 저렴화가 지속적으로 진행되면 전세계 여러 벤처 기업가들에 의해 우주 기술을 이용하여 광물을 캐내어 우주에서 활용하거나 지구로 가져오려는 사업이 일어나게 될 것이다. 금·은·백금·텅스텐·헬륨3 등은 지구로 가져오고, 철·망간·알루미늄·니켈·코발트·티타늄 등은 우주에서 각종 부분품 제작이나 우주구조물 건설에 사용하며, 물·산소 등은 우주인의 생존에 그리고 수소·암모니아·산소 등은 로켓 추진제로 사용하자는 아이디어를 내고 있다. 소위 현지자원 활용ISRU, In-Situ Resource Utilization 기술이 꽃피게 되는 것이다.

### 4.6.1 소행성 정밀 탐사와 우주자원

우주자원 채취 및 활용을 위해서는 먼저 자원이 부존되어 있다는 확인이 우선 되어야 한다. 그래서 달이나 화성 탐사와 마찬가지로 우주자원 채취의 중요 관심 대상인 소행

우주자원 채굴 상상도(Wikipedia)

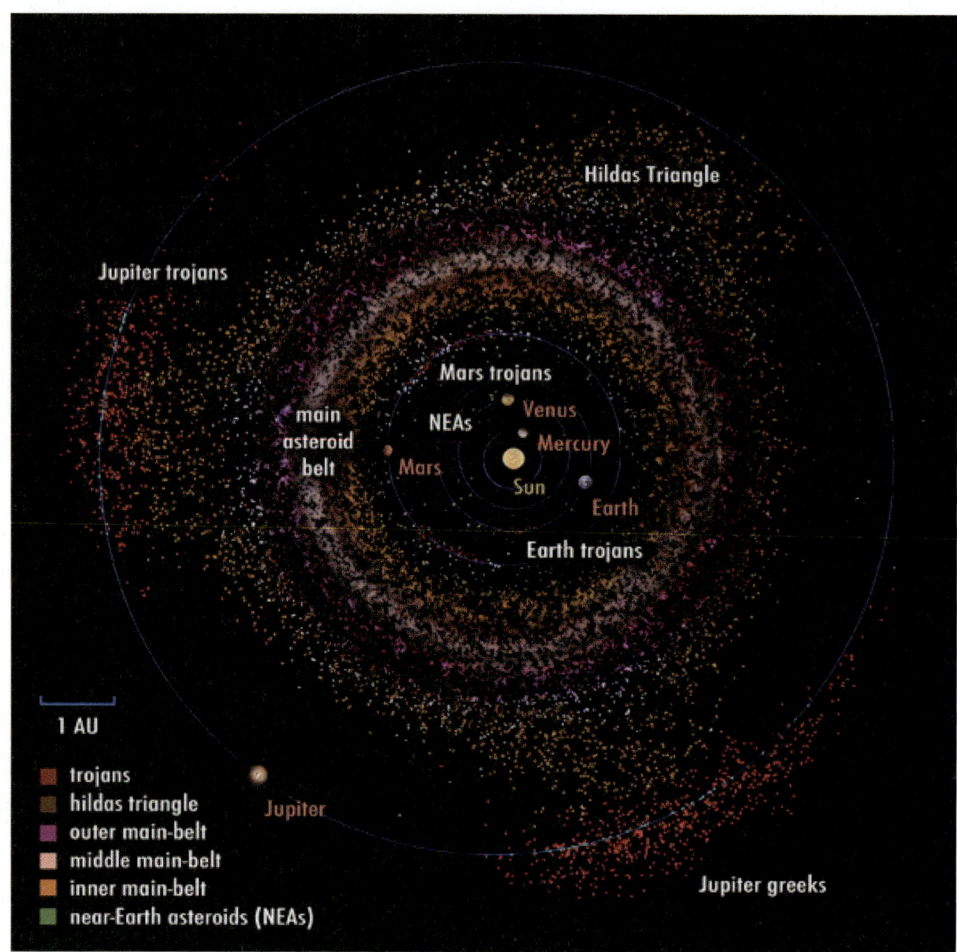

**지구와 목성 사이에 분포한 소행성**

성의 정밀 탐사Prospecting가 필요하다. 특히 지구로부터 거리가 가까운 안쪽 태양계에 존재하는 소행성 벨트에 관심이 많다. 화성 궤도 바깥쪽에는 수많은 소행성이 몰려 있는 소행성 벨트가 있어 이미 이들을 분류하는 작업도 진행 중에 있다.

소행성은 대략 다음의 세 가지 타입으로 분류한다.

- C-type: 물이 대량으로 포함된 소행성. 자원 채굴의 대상보다는 현지 자원활용In-Situ Resource Utilization이 가능하다.
- S-type: 니켈, 코발트, 금, 백금 등의 귀금속을 포함하고 있다.

- M-type: S-type보다는 10배 정도의 금속류를 포함. 드물게 존재한다.

또한 자원 채굴에는 네 가지 방식이 가능하다.
- ISM<sup>In-Space Manufacturing</sup>: 현지 공간에서 제조에 활용.
- 지구로 원광석을 가져와 가공하여 사용. 지구 대기권을 통과해야 하므로 순도가 높지 않은 경우 수익성이 의심스럽다.
- 현장에서 처리하여 필요 물질로 사용. 일례로 화성 식민지화의 경우 화성 대기의 이산화탄소와 수소를 이용하여 메탄을 만들어(사바티에 공정) 귀환용 로켓 연료로 사용할 수 있다.
- 소행성을 지구나 달의 안전한 궤도로 끌고 와 제련하여 순정 금속 상태로 지상으로 가져옴. 효율이 가장 좋을 것으로 판단된다.

### 4.6.2 일본의 우주자원법과 소행성 탐사

우주자원 채굴이 투자자들의 관심을 끌자 세계 각국에서는 자원채취를 위한 법적, 제도적 체제를 준비하기 시작했다.

일본 참의원은 2021년 6월 15일 우주자원 관련법안을 통과시켰다. 중의원에서는 동년 6월 12일에 이미 통과했기에 이제 일본에서는 누구나 행성, 위성, 소행성 등에서 자원을 채취하여 활용할 수 있게 되었다. 우주 태양광 발전만이 아니라 우주자원 사업 분야에도 일본 기업들이 진출할 수 있는 길을 틔운 것이다.

사실 일본은 세계 최초로 탐사선을 소행성에 보내 자원을 채취해온 국가이다. 2003년 5월 뮤-5 고체로켓에 실어 중량 500kg의 우주선 하야부사(송골매)를 지구로부터 3억 km 떨어져 있는 S-type 소행성 이토카와로 보냈다. 소행성 이토카와는 미 공군과 MIT가 공동으로 수행한 '링컨 지구 근접 소행성 연구' 프로젝트를 통해 1998년 발견되었고, 후에 일본 로켓의 아버지라 불리는 이토카와<sup>Hideo Itokawa</sup> 교수를 기리기 위해 그의 이름을 붙였다. 하야부사는 특수카메라와 거리 측정용 레이저 등을 통해 소행성의 지형을 파악하여, 스스로 착륙 장소를 판단할 수 있도록 설계했다. 거리가 멀어 지구에서 보내는 신호가 탐사선에 도착하기까지 15분이나 소요되는 점을 감안한 조치이었다.

2005년 9월, 하야부사 우주선은 소행성의 고도 20km(후에 7km)에 도달해 정박한 뒤 궤도를 조정하였다. 그후 100m까지 접근하여 직경 10cm의 플라스틱 공을 떨어뜨려 착륙 지점을 가늠한 뒤, 한 번 착륙에 실패한 후 11월 25일에 고도 10m에서 엔진을 끄고 연착륙하면서 탐사선에서 10g짜리 쇠공을 쏘아 평균 직경이 300미터 정도인 소행성 표면에 충돌시켰다. 무중력에 가까운 소행성이라 쇠공에 의해 부서진 암석 조각이 쉽게 튀어 오르게 되어, 그것을 수거장치가 흡입해 채취에 성공하게 되었다. 착륙한 후 우여곡절 끝에 비록 미립자 수준의 극소량이었지만 표본 재료를 가지고 호주 남부 우메라 사막에 떨어지면서 7년만인 2010년 지구로 귀환했다. 하야부사의 총 비행거리는 약 60억 km였으며 세계 우주비행 사상 처음으로 달 이외의 천체를 왕복한 것이었다. 세계 최초로 미국도 이루지 못한 이 쾌거에 일본 국민들은 크게 환호했고 이에 힘입어 진행 중이던 하야부사 2 우주선도 세계적으로 큰 관심을 받게 되었다. 하야부사 2는 2014년 12월에 발사되어 약 900m의 평균 직경을 가진 C-type 소행성 류구Ryugu로 향했다. 2018년 6월 류구에 도착한 후 1년 반 동안 소행성을 탐사하고 16kg에 달하는 시료를 성공적으로 채취하였다. 2019년 12월 소행성을 떠나 1년 후인 2020년 12월에 호주 우메라 사막에 낙하하였다.

### 4.6.3 우주자원 채굴 민간기업과 NASA의 소행성 탐사계획

미국도 당연히 이 우주자원 분야에서 먼저 움직였다. 미래지향적 과학기술이 늘 그렇듯 우주자원 채굴도 공상과학 소설에서부터 나타나기 시작했다. 1960년 전 후에 출간된, 너즈Alan E. Nourse의 《우주 청소부Scavengers in Space》, 레너드Horace Leonard의 《금Gold》, 《IF 공상과학의 세계Worlds Of If Science Fiction》, 라인스터Murray Leinster의 《하늘을 나는 광부Miners In The Sky》 등의 소설에서 우주 자원을 채취하는 이야기들이 나타나기 시작한다. 1970년대 들어 우주자원 채굴은 아폴로 달 착륙으로 관심이 고조되었지만 1980년대까지 학자들만이 관심을 가졌다. 1990년대 들어 NASA가 구체적인 관심을 보이면서

1992년에는 NASA 존슨우주센터Johnson Space Center 연구원들이 1980년대부터 연구해 온 내용을 '우주자원Space Resources'이라는 보고서로 내면서 장기간 우주여행에 필수적으로 활용해야 할 우주자원에 관한 깊이 있는 연구 결과를 발표했다.

2000년대 들어서도 NASA를 중심으로 우주자원 활용에 관한 연구 활동이 지속되었고 벤처 기업들의 탄생이 뒤따랐다. 플래니터리 리소시스Planetary Resources와 딥 스페이스 인더스트리Deep Space Industries가 선두주자였다. 플래니터리 리소시스는 2009년에 설립되어 상당한 액수의 벤처자금을 모으고 2015년에는 시험위성을 올리는 데 성공했고, 2016년 11월에는 우주자원 탐사를 미래 국가 계획으로 결정한 룩셈부르크 정부로부터 2,500만 달러의 투자까지 받았다. 2018년에는 두 번째 소행성 탐사용 시험위성 아키드Arkyd 6를 인도의 PSLV 발사체로 성공적으로 궤도에 올렸다. 그러나 플래니터리 리소시스사는 후속 투자 유치에 실패하고, 기업을 유지할 수 있는 매출이 일어나지 않아 결국 블록체인 회사 컨센시스ConsenSys에 팔린 후 공중 분해되었다. 딥스페이스인더스트리Deep Space Industries는 2013년 우주자원 활용 기술을 개발하는 회사로 창립되었다. 엑스플로러Xplorer라는 우주선을 개발해 저궤도에서 우주탐사에 나서는 더 높은 궤도로 올려주는 사업을 구상하였으나 지속적인 투자를 받지 못하고 현재는 기업 활동이 중지된 상황이다. 이 기업들이 우주자원에 대한 충분한 정보가 결여된 상태로 사업에

시에라네바다 팀의 달 착륙선 계획

나서서 실패를 겪었지만, 이제 세계 각국의 정부 차원에서 지원이 뒤따르면서 조만간에 우주자원 채굴 사업은 다음 세대의 기업 탄생으로 이어질 것으로 판단하고 있다.

오바마 행정부의 NASA는 2013년 소행성으로 우주선을 보내 소행성에 랑데부해서 물질을 캐어 오거나 지구로 향하는 위험한 소행성의 진행 방향을 바꾸어주는 기술 시험으로 로봇 팔로 소행성을 꽉 붙잡아 달 궤도로 끌고 오는 소행성 궤도 변경 임무 Asteroid Redirect Mission, ARM도 구상하여 적극적으로 추진하였다. 달이나 화성을 가기 전에 좀 더 비용이 적게 드는 소행성 탐사 프로그램을 시도하자는 것이었다. 이 프로그램을 통해 화성 식민지화에 필요한 일부 기술도 미리 시험해볼 수 있었고, 관련 필요기술인 고성능 이온 추진기 개발을 진행하기도 했다. 그러나 의회에서 이 프로그램에 대한 지지를 충분히 끌어내지 못해 지지부진하게 진행되다가 트럼프 행정부가 들어서면서 결국 취소되고 말았다.

## 4.6.4 NASA 아르테미스 프로그램과 우주자원 탐사

NASA는 트럼프 행정부에서 수정한 아르테미스 달 탐사 미션에 ISRU 등 여러 우주자원 활용을 촉진하는 프로그램을 포함시켰다. '상용 달 탐사 서비스 CLPS, Commercial Lunar Payload Services' 계획이 그 사례이다. CLPS는 주로 달 남극 부근의 달 자원을 채취하고 ISRU를 시험하기 위한 소형 무인 착륙선과 로버의 수송 서비스 임무를 맡게 된다. 2023년 현재 기존 우주 산업체와 신생 기업들로 총 14개 업체가 참가하고 있다 (Astrobotic Technology, Blue Origin, Ceres Robotics, Deep Space Systems, Draper, Firefly Aerospace, Intuitive Machines, Lockheed Martin Space, Masten Space Systems, Moon Express, Orbit Beyond, Sierra Nevada Corporation, SpaceX, Tyvak Nano-Satellite Systems). 2028년까지 NASA는 26억 달러에 달하는 CLPS 계약을 집행할 예정이다.

2023년 10월경에 발사될 예정인 사이키Psyche 탐사선 또한 우주자원 탐사를 위한 주요 프로젝트이다. 사이키는 같은 이름의 M-type 소행성, '16사이키'를 탐사하여 제반 특성과 구성 재질을 조사하려는 NASA 지원 프로젝트이다. 미국 애리조나대학 탄톤

**16사이키 소행성 상상도**

Lindy Elkins-Tanton 교수에 의해 제안되었고, NASA의 '디스커버리 프로그램Discovery Program' 의 2017년 초 열네 번째 미션으로 채택되었다. 팰컨 헤비 로켓에 의해 발사되어 '중력 도움Gravity Assist'에 의해 화성을 따라가다가 2026년 1월경 16사이키에 도달할 예정이다. 사이키 우주선은 미국의 맥사 테크놀로지Maxar Technology가 제작하고 있으며 무게 2.6톤에 탑재 장비 무게는 약 30kg으로 알려져 있다. 태양광으로 발전한 전력을 사용하는 전기 추진기Solar Electric Propulsion, SEP와 과학 탑재체Multispectral imager, Magnetometer, Gamma-ray spectrometer를 싣고 간다. 16사이키는 1852년에 발견되어 그리스 여신 이름을 붙인 것이다. 이름 앞에 16이 붙은 것은 역사상 열여섯 번째 발견된 소행성Minor Planet이기 때문이고 상상도에서 보듯이, 소행성이 많이 존재하는 화성 궤도 바깥 지역의 주 소행성 벨트Main Asteroid Belt에 있으며 상당히 큰 소행성으로 277km × 238km × 168km 크기의 감자 형상의 타원체이다. 16사이키는 철과 니켈을 주로 함유하고 있는 것으로 알려지고 있으며, 이 종류의 소행성으로는 좀 낮은 4g/cm$^2$ 정도의 밀도를 가지고 있다고 한다.

CHAPTER 4. 우주 기술 산업화 7대 분야

### 4.6.5 우주자원 채굴에 적극적인 룩셈부르크

우주자원을 언급할 때 빠뜨릴 수 없는 국가가 룩셈부르크이다. 사실상으로 전 세계에서 우주자원 탐사를 국가의 미래 사업으로 정한 유일한 나라이기 때문이다. 2016년부터 'SpaceResources.lu initiative'을 통해 우주자원 탐사에 관한 국제법도 앞서서 추진하면서 우주자원 채굴과 그 활용에 관한 체제 확립에 애쓰고 있다. 2019년부터 매년 우주자원 국제 컨퍼런스 '룩셈부르크 우주자원 주간Luxembourg Space Resources Week'도 개최하면서 전 세계를 주도하고 있다. 2018년 9월 우주청Luxembourg Space Agency, LSA을 설립하여 우주 산업 진흥 업무와 아울러 우주자원 탐사 관련 업무에 힘을 쏟고 있다. 2020년 8월에는 유럽우주청ESA를 전략 파트너로 해서 우주자원 관련 종합연구소로 ESRICEuropean Space Resource Innovation Center을 설치하였고, 이 센터 주관으로 2023년 4월 19~21일에 '제5회 우주자원 주간'이 열렸다.

룩셈부르크가 우주자원에 뛰어든 데에는 이유가 있다. 이 나라는 1960년대까지는 국내 철광석을 토대로 한 철강산업이 주였다. 그러나 철강산업이 기울어지면서 화학, 고무산업 특히 금융분야로 산업을 다양화했으며 이에 인공위성 통신 산업을 위시한 관련 우주 산업에도 힘을 쏟아 우주 산업이 국가 GDP의 2% 정도를 차지하고 있다. 그래서 기존의 채굴Mining 전문성과 위성산업 전문성을 합치면 바로 우주 채굴이 된다는 그들의 논리도 있다.

룩셈부르크는 경기도의 4분 1이 채 안 되는 크기에 인구 60만 명의 아주 작은 나라이다. 이런 나라에 세계 제1위의 인공위성기업 SESSociété Européenne des Satellites S.A.Société Anonyme(직역하면 익명 사회 정도의 의미)가 있다고 하면 많은 사람이 놀란다. 1985년에 설립된 SES의 최대주주는 정부이고 2023년 현재 총 70기 이상의 2개의 궤도에 올려 위성통신 사업을 하고 있다. 정지궤도위성 50여 기(36,000km 고도)와 정지궤도 위성에 비해 통신 지연시간이 훨씬 짧은 8,000km 중궤도에 위치한 약 20기의 위성을 통해 전 세계를 대상으로 통신, 방송, 디지털데이터 등을 중계해주는 일을 하고 있으며, 매출액과 이익에 있어 세계 최대 위성 운영 및 서비스 기업이다. 그야말로 제4차 산업혁명 시대에 걸맞은 사업을 하고 있는 정말로 작은 국가의 강소기업이라 할 수 있겠다.

달, 화성, 소행성 등의 자원을 이용할 시대가 온다.

 룩셈부르크와 같은 작은 나라가 SES라는 위성산업체를 만든다고 했을 때 많은 사람이 회의적인 눈으로 바라보았으며 주변 큰 나라들의 무시할 수 없는 견제가 있었다. 그러나 위성에서 보내는 전파를 각 가정에서 접시 안테나를 이용해 직접 수신케 하는 기술인 DTH<sup>Direct-To-Home</sup> 전송, 포화 상태에 이른 정지궤도 밀집 지역에 신호 간섭을 없애면서 가까이 위치시키는 기술인 위성공동위치<sup>co-location of satellites</sup>, 수신료 없이 수신장비만 있으면 TV 방송 시청 가능한 기술인 Free-to-air<sup>FTA</sup> 위성방송, 위성 디지털 방송, HDTV & 3DTV 방송 중계, 초고해상도<sup>Ultra High Definition, UHD</sup> TV 위성 중계 기술, 오래된 위성의 추진제를 재충전하여 수명을 연장시키는 기술 등을 도입하는 전략으로 세계 최대의 위성산업체로 성장하였다. 국내 수요가 보잘것없는 룩셈부르크가 위성사업에 성공적이라는 사실은, 좀 다른 환경이고 크기이지만, 마찬가지로 국내 수요가 적은 대한민국이 우주 산업화를 시도하는 데 많은 시사점을 던져주는 것 같다.

 우주자원 채굴이 보편화되면 지구상의 희귀 금속 부족도 완화되면서 많은 전문가들은 연간 수천억 달러의 총 잠재적 시장 구현은 어렵지 않으리라고 보고 있다.

## 4.7 여행관광혁명

2022년 4월 9일, 세계 최초의 민간인 우주비행 프로그램 액시엄-1 Axiom-1을 통해 스페이스X의 드래건 우주선을 타고 4명의 일반인(Michael López-Alegría, Larry Connor, Mark Pathy, Eytan Stibbe)이 국제우주정거장 ISS, International Space Station에 도달하였다. 이들은 16일간 우주에 머물면서 25가지 이상의 과제를 수행한 후 4월 25일에 무사히 지구로 귀환하였다. 전문 우주인의 탑승 없이 일반인들로만 구성된 승객들이 우주여행을 떠난다는 것은 앞으로 일반인들이 우주정거장과 같은 우주거주지로 여행을 하고 생활을 할 수 있는지를 시험해보는 훌륭한 기회였다고 생각된다.

이 우주비행은 여러 가지 면에 있어 역사적이었다. 우선 순수 민간 기술에 의해 개발된 로켓과 우주선을 이용해 민간 우주비행 전문기업 액시엄 Axiom사가 주관한 프로그램을 통해 이루어졌다는 것이다. 이는 민간 산업체가 운영하는 우주비행이 본격적으로 상업화되기 시작했다는 확신을 전 세계에 심어주었다. 또한 이미 언급한 대로 전문 우주인이 아니더라도 장기간 우주궤도에서 작업하면서 생활할 수 있게 되었다는 중요한 이정표를 제시해 앞으로 우주궤도에 거대한 공장을 건설하는 것이 가능하다는 것을 보여준 것이었다. 그리고 발사대 LC-39A는 아폴로 우주선과 우주왕복선 Space Shuttle이 주로 발사되었던 역사성을 가진 시설이었기에 액시엄 프로그램을 통해 또 하나의 역사를 덧붙인 것이기도 하였다.

여러 선진국들이 국가적으로 진행하는 우주탐사계획에 더하여 이제는 일반인들의 지구 궤도나 달, 화성 등으로의 관광 또는 여행이 시도되면서 산업으로 자리잡을 것이라고 본다. 앞에서 언급한 대로 이미 리처든 브랜슨의 버진 갤럭틱, 제프 베이조스의 블루오리진 등의 우주기업들이 재사용 가능한 로켓을 이용해서 지상 110km의 대기권 밖으로 올려보내 우주를 구경하고 무중력 상태를 경험해보게 하는 준궤도 우주관광 사업을 시작하고 있다. 한편 스페이스X나 블루오리진 등은 지구 궤도나 달, 화성으로의 여행 내지는 거주를 목표로 로켓과 우주시설을 개발하고 있어 멀지 않은 시기에 여러 형태의 우주여행이 가능해질 것이다. 이들 우주관광, 정착 사업도 체계가 잡히면 수천억 달러의 관련 시장 창출이 가능하지 않을까 생각한다.

### Episode

## L5 협회

1974년 9월 프린스턴 대학 물리학과 교수 오닐Gerald O'Neill은 저명 학술잡지 《피직스 투데이Physics Today》에 〈우주 식민지화The Colonization of Space〉라는 제목의 논문을 게재했다. 이 논문은 당시 아폴로 프로그램을 통해 생긴 미국 내 많은 우주 마니아들의 관심을 끌었다. 그들 중 마이넬Carolyn Meinel과 헨슨Keith Henson(이들은 당시에 부부였다.)이 특히 논문 내용에 감동받아 우주식민지 구상을 촉진시키기 위해 1975년 L5 협회L5 Society를 창설했다. L5 협회는 많은 사람들로부터 공감을 받아 회원이 증가하면서 영향력이 커졌다. 이들은 우주에서의 어떤 국가의 주권Sovereignty이나 개인의 소유권이 인정되어서는 안 된다는 소신으로 1980년에는 '달 조약Moon Treaty'이 미 상원에서 비준되는 것을 성공적으로 저지하기도 했다.

L5 협회는 이름에서 명시한 대로 지구와 달의 중력과 원심력의 다섯 번째 균형점인 L5Lagrange Point 5에 거대한 인류 거주 지역을 건설하는 계획을 추진했다. 라그랑주 점 중 L1, L2, L3는 주위보다 에너지 준위가 높아 불안정해서 약간의 힘만 가해져도 다른 곳으로 움직이게 되는데 L4와 L5는 에너지 준위가 주위보다 낮아 안정적으로 위치를 유지할 수 있다. 그런데 이 L4, L5는 안정적인 구역이라 크기가 작은 소행성이나 혜성은 이곳을 지나가다가 잡히는 경우가 많다. 특히 달 공전궤도 앞쪽에 있는 L4에는 작은 물질들이 많아 지구에서는 좀 더 멀지만 달에서 가까운 달 공전궤도 뒤쪽의 L5를 주거지 건립 후보지로 택했다. 또한 L5는 자급 자족에 필수적인 태양에너지 활용에 있어 L4보다 유리했고 달이 가까워 ISRU에 필요한 자원을 가져오기 편한 장점도 고려했다.

**L5의 지구 궤도 공간의 상상도**

오닐 교수와 L5 협회는 NASA 연구원들과 세미나를 통해 1만 명에서 1백만 명에 이르는 여러 L5 거주지 개념을 제안했고 스탠퍼드 원환체Stanford Torus와 같은 좀 더 구체안도 그려내었다.

L5 협회는 1986년경에는 회원이 1만 명 수준으로 늘어났으나 운영 유지가 힘들어져 1987년 아폴로 우주선의 주역, 폰 브라운von Braun 박사가 설립한 회원 수 2만 5천 명의 NSINational Space Institute와 통합하여 오늘날의 미국우주협회National Space Society가 되었다. L5 협회가 우주거주지 확보에는 실패했지만 그들의 이상은 계속 우주전문가들에게 남아 있어 후의 우주정거장 계획이 구현되는 데도 영향을 미쳤고, 현재의 우주궤도의 산업화 열풍의 밑거름이 되었다.

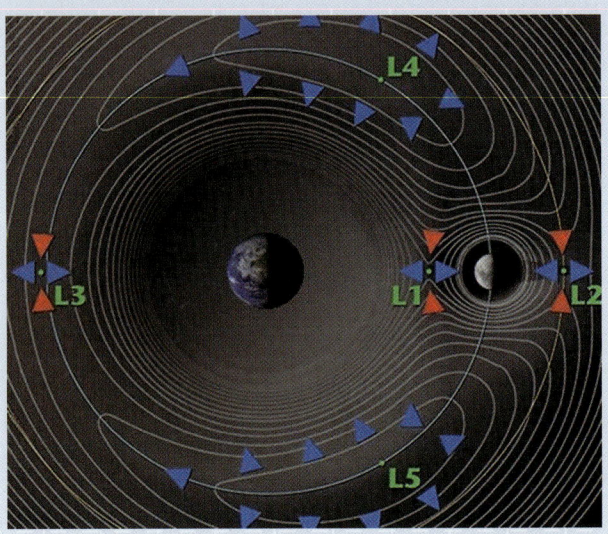

지구-달의 라그랑주 점. L1 ~ L5

### 4.7.1 국제우주정거장과 후속 프로그램

**스페이스 셔틀(Space Shuttle)**

아폴로 프로그램은 계속되는 발사 성공에도 초기에 국민들이 보여줬던 엄청난 관심이 점차 식어가면서 반비례로 정치권의 비판이 높아지기 시작했다. 아폴로 우주선의 높은 발사 비용에 대한 필요성을 설득하지 못한 NASA는 결국 1972년 12월 19일 17호를 마지막으로 발사하면서 프로그램을 끝내게 된다.

이러한 상황에서 우주탐사를 계속하기 위해서는 적은 비용의 우주발사 시스템이 필요하다고 판단한 NASA는 1968년 재사용할 수 있는 발사 시스템을 제안하여 승인받고 그 후 여러 단계의 설계를 거치면서 1972년 1월 스페이스 셔틀로 이름 붙인 재사용 로켓 프로그램의 본격적인 개발에 들어가게 된다. 이후 많은 시험을 거쳐 1981년 4월 스페이스 셔틀은, 아폴로 우주선이 발사된 NASA의 플로리다 케네디 우주센터의 발사대 LC-39A에서 성공적으로 발사되었고, 궤도선은 2일간 궤도비행을 통해서 각종 시험을 거친 후 4월 에드워드 공군기지에 무사히 착륙한다. 컬럼비아$^{Columbia}$로 이름 붙인 이 셔틀은 이후 3번의 시험발사를 거치면서 네 번째 STS-4$^{Space\ Transportation\ System-4}$가 무사히 비행을 마치면서, 1982년 7월 NASA는 스페이스 셔틀이 성공적으로 개발되었음을 선언하게 된다. 모두 4대의 스페이스 셔틀(Columbia, Challenger, Discovery, Atlantis)이 제작되었고, 챌린저호 사고 후 다섯 번째 셔틀 인데버$^{Endeavour}$가 1987년 추가 제작되었다.

NASA 스페이스 셔틀 개발 입안자들은 재사용이 가능한 기능 첨가로 인해 개발비는 많이 들어도 일단 운용에 들어가면 1회 발사비는 아폴로에 비해 현격히 낮아질 것으로 예측하였다. 1972년 예측에서는 적게는 파운드당 1,100달러(이하 모두 2012년 가치) 수준으로 낮아지리라 예측도 했지만, 실제로는 연구개발 비용 제외하고 순수 발사 운용비가 파운드당 37,000달러에 이르렀다. 초기 예상과는 달리 재사용을 위한 정비, 수리 비용이 너무나 많이 들어서 차라리 새로 만드는 것이 저렴할 수도 있다는 얘기가 나올 정도였다. 스페이스 셔틀 프로그램의 총비용은 2,210억 달러 정도이었고 2번의 추락사고 포함해 총 135회의 발사가 있었으며, 발사당 16억 4천만 달러 정도의 비용이 들었다고 추산하고 있다.

### 컨스틀레이션(Constellation) 프로그램

스페이스 셔틀이 점점 나이 들어감에 따라 우주로 나아갈 다음 세대의 유인 우주선과 발사체 시스템을 개발해야 할 필요성이 절실해졌다.

2001년 부시 대통령과 당시의 NASA 청장 오키프$^{Sean\ O'Keefe}$는 새 정부의 우주 정책으로 미국의 '우주 탐사 비전'이 필요하다고 판단했다. 이에 따라 여러 단계의 연구 보고와 위원회를 거쳐 의회에서 2005년도 NASA 수권법이 통과된다.

이 법안에서 의회는

- NASA는 2010년 이내에 유인 탐사선을 발사할 것,
- 2020년 이전에 달 유인 거주가 가능하게 할 것,
- 그 이후 화성 유인 탐사를 추구하라

고 지시한다.

이 법에 따라 NASA는 컨스틀레이션 프로그램을 만들고 먼저 국제우주정거장에 우주인을 보낼 수 있는 시스템을 개발하고 이어서 달과 화성으로 우주인을 보낼 수 있는 체계를 점진적으로 개발하기로 한다.

컨스틀레이션 프로그램(약어로 CxP)을 상징하는 로고에서 보다시피 3개의 반원이 바로 이 3단계 계획을 의미한다. CxP는 기본적으로 스페이스 셔틀을 대체할 우주선과 추진시스템을 개발하는 것이었다. 먼저 추진 로켓으로 아레스Ares, 화성의 영어 이름 Mars와 동일한 그리스어 이름 I과 V를 개발하기로 했다. 아레스 I은 우주인을 태울 수 있는

로켓이고 아레스 V는 화물 수송용으로 좀 더 강력한 추진력을 가지는 것으로 정했다. 아레스 I은 다목적 유인 우주선 오리온Orion을 우주로 보내는 역할을 맡게 되었다. 오리온은 아폴로 우주선과 마찬가지로 캡슐형으로 우주정거장, 달, 그리고 화성탐사에까지 사용할 수 있게 설계될 예정이었다.

### 우주수송의 상업화 계획, COTS

우선 NASA는 2006년 1월 스페이스 셔틀 후속으로 우주정거장에 화물과 우주인을 실어 나르는 임무를 민간기업에 맡기기로 하는 COTSCommercial Orbital Transportation Service 프로그램을 시작한다. COTS 프로그램에서 NASA는 기존과는 다른 계약방식을 적용하기 시작한다. 기존에는 코스트플러스Cost-plus라는 방식으로 계약업체가 개발업무에 사용한 모든 비용에 적정이윤을 덧붙이는 형태라서 업체가 기를 쓰고 비용 절감할 동기 부여가 없다고 비판이 많은 방식이었다. 예를 들면 오리온 우주선 개발 사업

이 대표적인 코스트플러스 방식인데 우주선이 아직 제대로 시험도 끝나지 않았는 데도 2006년부터 2020년까지 215억 달러(2020년 달러 가치) 정도를 이미 지출하였을 정도였다. COTS 프로그램에서는 고정가Fixed price 방식을 사용하면서 총 계약금액을 8억 달러로 정하였고, 공개 경쟁에서 이긴 2개 업체가 각각 자체 설계에 의해 우주선을 제작해 우주정거장으로의 운송 능력을 갖추는 것이었다. 물론 우주선을 궤도에 올릴 발사체도 알아서 준비해야 하는 방식이었다. 개발에 드는 총 비용은 기업이 알아서 조달하는 형태라서 여기서 개발된 우주선과 발사체는 당연히 기업의 소유가 된다. 이 입찰에서 스페이스X와 키슬러Kistler가 낙찰되었으나 키슬러가 파산하면서 오비탈 사이언스Orbital Sciences가 NASA와 계약하게 된다. 두 기업은 성공적으로 국제우주정거장으로의 화물 운송 수단을 완성하고 그후부터 운송 서비스는 따로 계약하여 수익을 올리고 있다. 사실 수송 서비스는 화물 운송과 우주인 수송 서비스로 나누어지는데 화물 운송은 CRSCommercial Resupply Service 계약으로 2008년 위 두 회사가 담당하면서 오비탈 사이언스가 우주정거장으로 8회 운송에 16억 달러, 스페이스X는 12회 운송에 16억 달러를 받았다. 1차 CRS 계약에서 오비탈은 안타레스Antares 로켓과 시그너스Cygnus 우주선으로, 스페이스X는 팰컨 9과 드래건 우주선으로 계약된 횟수의 운송을 완료하였다. 사업의 성과가 좋다고 판단한 NASA는 2016년 초 2차인 CRS-2로 경쟁을 거쳐 오비탈, 스페이스X에 더하여 시에라네바다사의 3사와 화물 운송 계약을 맺었다.

또한 NASA는 오리온 우주선 개발은 지속하면서 COTS 프로그램의 일환으로 CCDevCommercial Crew Development 프로그램을 시작해 민간기업이 우주인을 태우고 국제우주정거장을 왕복할 수 있는 우주선을 개발하기로 정한다. 그리고 단계별 개발 계획에 여러 기업을 참여시켜 경쟁적인 개발을 독려하면서 결국 2012년 CCiCapCommercial Crew integrated Capability을 통해 우주선과 발사체 통합 능력 개발 계획 제안 대상자로

- 시에라네바다: 2억 1,250만 달러, 드림 체이서/아틀라스 V
- 스페이스X: 4억 4천만 달러, 드래건 2/팰컨 9
- 보잉: 4억 6천만 달러, CST-100 스타라이너/아틀라스 V

를 선정했다. 그 후 제안된 계획을 검토한 후 최종으로

- 보잉: 42억 달러, CST-100 스타라이너

- 스페이스X: 26억 달러, 크루 드래건

의 두 회사가 선정되었다.

이들 두 회사는 이런저런 이유로 예정된 시험발사 예정일을 넘기다가 스페이스X의 크루 드래건이 2020년 5월 30일 성공적으로 발사되어 우주정거장에 2명의 우주인을 성공적으로 수송하였다. 그리고 두 달여의 우주정거장 체류를 마치고 성공적으로 지구로 우주인을 귀환시키면서 유인 궤도 수송이라는 쾌거를 이루었다. 이로써 2011년 스페이스 셔틀이 마지막으로 인원 수송을 마친 후 약 9년만에 다시 미국은 우주정거장에 사람을 보낼 수 있게 되었다. 그러나 보잉의 스타라이너는 시험발사에서 지속적인 문제를 일으키면서 아직도 인원 수송에 성공하지 못하고 있다. 인원 수송 계약금으로 스페이스X보다 60% 이상의 개발비를 받았지만, 계획을 달성하지 못해 크게 체면을 구기는 중이다.

**아르테미스 프로그램 등장**

2007년 NASA는 달을 거쳐 화성을 탐사할 로켓 개발을 위해 보잉, 로켓다인Rocketdyne과 계약을 맺는다. 아레스로 명명된 이 로켓은 2011년쯤에 최초 발사가 가능할 것으로 예상하였다.

아레스 I은 2단 로켓으로 1단은 고체로켓, 2단은 새턴 로켓의 2단과 3단 엔진이었던 액체수소엔진 J-2의 성능 향상을 통해 사용하기로 했다. 사실 스페이스 셔틀의 재사용 가능 엔진 RS-25를 사용할 수도 있었지만 J-2를 개선해 사용하는 것이 오히려 비용이 저렴하게 들 것으로 예상했기 때문이다.

그러나 2009년 미국 의회의 어거스틴Augustin 위원회는 원활하지 않은 예산 지원과 기술적인 어려움으로 인해 2019년까지도 아레스의 첫 발사가 가능하지 않고 1회 발사비가 10억 달러를 상회할 것이라는 사실을 밝혀냈다.

결국 2010년 2월 오바마 대통령은 2011 회계연도부터 컨스틀레이션Constellation 프로그램을 취소하였다. 이 과정에서 지역주의와 정치 로비가 난무하면서 기형적인 우주 개발 계획이 의회를 통과하게 된다. 오바마 정부의 NASA는 예산상의 문제로 진행되기 어렵다면 컨스틀레이션 프로그램은 중지하고 민간 상업적 목적의 우주기업이 달

**스타십 달 착륙선과 달 착륙 후 정착 활동 상상도**

과 화성 거주지화를 추진하게끔 계획하였다. 다시 말하면 지구 궤도 활용과 우주거주지 건설 등의 사업들은 상업적 목적의 우주 산업체로 넘기고, 우주 관련 신기술 개발에 NASA의 예산을 집중하자는 것이었다. 그러나 오리온 우주선과 발사체 개발이 중지되면 미국 전역에 흩어져 있는 관련 산업체들은 일거리가 없어져 폐업하거나 회사가 축소되어 대량 실업을 유발할 위험이 있었다. 당연히 수많은 미 의회 의원들이 반대하였다. 결국 정치적인 타협으로 오리온 우주선 사업은 지속하지만 아레스 로켓 개발은 중지하고 우주선을 태울 발사체 개발에는 스페이스 셔틀 기술을 그대로 적용해 개발비를 줄이면서 최소한의 비용으로 NASA 우주 개발 계획을 추진하라는 내용의 2010 NASA 수권법안을 통과시켰다. 그러면서 NASA는 아레스 로켓을 대신해 개발하는 새로운 우주발사체를 SLS<sup>Space Launch System</sup>로 명명하게 된다.

미국도 정권이 바뀌면 국가 대형사업이 다시 춤을 추게 된다. 특히 민주당이었던 오바마 대통령 다음으로 공화당인 트럼프가 당선되었다. 트럼프 행정부는 기존의 우주 탐사용 발사체와 우주선 개발 계획은 유지하지만 오바마 정권에서 추진하던 소행성 탐사는 없애고 우선 달 재탐사/장기 체류를 추진하기로 목표를 잡고 그 이후에나 화성 탐사와 식민지화에 나선다는 결정을 하였다. 그러곤 일련의 달 탐사/체류 프로그램 일정을 확정하면서 아르테미스로 이름 지었다.

1장에서 자세히 언급한 대로 NASA의 새로운 프로그램 아르테미스에 의하면, 2022년 아르테미스 1에서 마네킹 우주인을 태우고 달 궤도와 주위를 돌아 지구로 귀환하는 과정을 통해 SLS와 오리온의 성능을 검증하고, 2024년에 발사될 아르테미스 2에서는 우주인이 탑승하되 착륙하지는 않고 달을 지나간 후 되돌아오는 계획을 통해 유인 탐사 능력을 점검할 예정이다. 2024년 같은 해에 NASA는 스페이스X의 팰컨 헤비를 이용해 우주인이 머무르고, 달 착륙 시 거쳐가는 시설로 HALO<sub>Habitation And Logistics Outpost</sub>를 발사하여 달 관문<sub>Lunar Gateway</sub>에 설치할 예정이다.

2025년에는 드디어 유인 달 착륙이 이루어진다. 이때 스페이스X의 스타십 달 착륙선이 우주인의 달 관문과 달 표면 왕복에 사용된다.

## 4.8 2050년의 우주 산업

미국의 비영리기관인 우주재단<sub>Space Foundation</sub>이 발표하는 연례보고서인 《스페이스 리포트<sub>Space Report</sub>》 2022년 판에서, 2021년 우주 산업은 코비드19로 인한 경제 침체 국면에서도 9% 성장해 4,690억 달러에 달한다고 발표했다. 그리고 장기 시장 예측으로는 미국의 메릴린치<sub>Bank of America Merrill Lynch</sub>가 2017년에 낸 보고서를 들 수 있는데, 30년 후(2047년경) 우주 산업은 2.7조 달러에 이를 것이라고 보았다. 그런데 이들의 우주시장에는 통상적으로 발사체, 위성 제작, 위성통신 관련 장비와 서비스, 위성 관측, 각국 정부의 연구개발비 등 전통적인 우주 산업들이 주로 포함되어 있다. 우주생산공장, 상용 우주정거장, 우주비행기, 우주자원, 우주 태양광 발전과 같은 미래지향적인 산업분야는 빠져 있다.

지금까지 자세히 설명한 바와 같이 이들 혁신적인 우주 기술의 활용 사례는 앞으로 짧게는 10년에서 길게는 30년 이내에는 거의 다 구현 가능할 것이라고 예상하며 모두가 다 대형 산업화될 수 있는 것들이라고 판단한다.

저자는 지금부터 30년 후의 전체 미래우주산업 시장 크기<sub>TAM, Total Addressable Market</sub>는 언급한 7대 분야 각각이 5,000억에서 1조 달러 정도에 이른다고 보며 총합하여 연 5조에서 10조 달러 수준까지 될 수 있다고 추산한다.

그런데 이들 우주 기술의 파괴적 혁신을 통해 초대형의 미래 시장이 창출될 뿐만이 아니라 이들 분야에서 구현되는 통신, 교통, 에너지, 자원, 제조기술, 관광 등에서의 혁신들로 인해 우리의 생활 양식도 크게 변화하게 될 것이라고 본다. 따라서 7대 우주 분야가 번성하게 되는 10년이나 20년 후의 시점에는, 지금이 4차 산업혁명 중이라면, 우리 사회는 5차 산업혁명이라고 일컬을 수 있는 변화 속에 있을 것이라고 예측할 수 있다.

CHAPTER

# 05

# 발사체 기술의 현재와 미래

## 5.1 재사용 로켓 기술

이제까지 살펴본 대로 우주 기술의 거대 산업화는 조만간 이루어질 것으로 보인다. 다음 차의 산업혁명을 거론할 정도로 우리의 생활 양식을 변화시킬 태세이다.

이러한 거대한 변화의 시작은 발사 비용의 초저렴화로 대변되는 발사체 기술의 파괴적 혁신에서 나오고 있다는 것도 알았다. 이미 스페이스X는 팰컨 9 로켓의 개발을 통해 발사비용을 낮출 수 있음을 보여준 바 있다. 재사용 가능한 팰컨 9 로켓에 사용되는 멀린 엔진을 설계할 때에는 항공기 엔진처럼 간단한 검사만으로 10회 정도까지 재사용이 가능할 것으로 예상하였는데 실제 사용해보니 내구성이 예상을 뛰어넘고 있다. 10회 이상 사용한 1단 부스터가 여러 대 있고, 2기는 이미 15회까지 사용하였다. 스페이스X 측에서는 일부 부품을 교체하게 되면 100회까지도 재사용할 수 있을 것이라고 한다.

팰컨 로켓의 부스터들은 여러 번 사용하기 때문에 아예 고유번호를 붙여 관리하고 있는데 B1058과 B1060 부스터가 15회 사용된 그 주인공으로, 2023년 7월 16일에 B1058이 16회째 사용되고 무사히 착륙하였다. 예전에는 고객들이 1단으로 재사용 부스터를 사용하는 것을 꺼렸는데 이제는 오히려 더 신뢰한다는 얘기도 들리고 있다. B1060의 14회 사용은 인텔샛이 갤럭시 33, 34의 2기의 정지궤도 위성을 올릴 때 사용되었고, 발사체의 성능과 안전성에 까다롭기로 소문난 미국 국가정찰국 NRO, National Reconnaissance Office 도 첩보위성 발사에 이미 5회 사용한 재사용 1단 부스터, B1059의 사용을 허용하는 정도가 되었다. 이미 여러 번 사용했던 1단에 대한 신뢰가 상당히 높아졌다는 것을 반증하는 것이다.

새 팰컨 9 로켓의 비용은 1단 60%, 2단 20%, 페어링 10%, 발사운용비 10% 정도로 분석되고 있다. 연료와 산화제는 전체 비용의 0.3% 정도를 차지한다. 현재 스페이스X는 페어링도 수상 회수해서 재사용하고 있으므로 1회 사용하고 버리는 부분은 2단뿐이다. 1단을 착륙 회수하기 위해서 연료를 더 실어야 하고, 착륙 장치의 추가 등으로 실제 탑재 능력이 폐기하는 경우보다 30% 정도 줄어든다. 일론 머스크의 계산에 의하면 대략 2회 내지 3회 재사용하면 그 이후부터는 추진제 비용과 발사 운용비 정도가

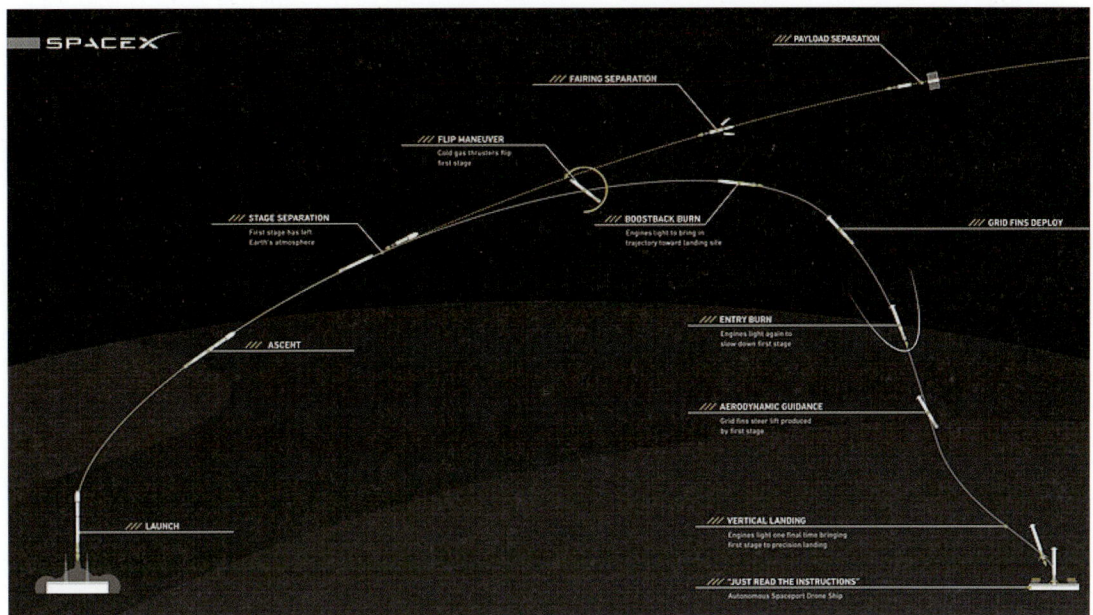

**팰컨 9 로켓의 발사와 착륙 궤적**

추가로 필요해 수익성이 크게 높아진다고 한다. 탑재 능력이 떨어지는 재사용 로켓이었는데도 최근의 스타링크 위성 발사 경우, 저궤도에 56기의 위성, 도합 17톤 무게의 탑재체를 궤도에 올렸다. 현존하는 상용로켓 중에서는 제일 강력하고 가장 저렴하여 현재에는 경쟁자가 전혀 없어 보인다.

아마도 팰컨 로켓의 가장 강력한 경쟁자는 완전 재사용을 표방하는 스타십 로켓이다. 액체메탄$CH_4$과 액체산소를 사용하는 다음 세대 엔진인 랩터(270톤급)를 장착한 스타십은 간단한 점검만으로 100회 이상 사용할 것으로 보인다. 랩터엔진은 그을음이 거의 나지 않는 메탄을 사용하여 재사용성이 크게 높아진 것이며, 로켓엔진 기술의 꿈이었던 초고효율의 완전 유동 연소 사이클Full Flow combustion cycle을 구현하고 있다. 스타십이 개발에 성공하여 상용발사를 시작하면 현재 고가의 발사 비용으로 불가능했던 우주공간 활용도 빛을 보게 되면서 우주상업화가 가속화될 것이라고 생각한다.

제프 베이조스의 블루오리진사도 랩터와 같은 액체메탄 조합의 엔진 BE-4(250톤급)를 개발하고 있다. BE-4는 산화제 과잉 사이클의 다단연소 엔진으로 연소실 압력은 135bar 정도로 랩터 엔진의 300Bar보다는 낮다. 이 엔진은 BO사의 2단로켓 뉴글렌

New Glenn에 장착될 예정이다. 우주인 존 글렌John Glenn을 기리기 위해 붙인 이름의 이 로켓은 팰컨 9처럼 1단은 착륙시켜 재사용한다. 1단에 7기의 BE-4 엔진이 장착되고 2단에는 140톤급 진공용 BE-3U 엔진이 들어간다. 뉴글렌은 지구정지 천이궤도에 13톤, 저궤도에는 45톤까지 올릴 수 있는 팰컨 헤비에 맞먹는 초대형 로켓이다. BE-4 엔진은 현재 개발이 거의 완료되어 최근에는 2기의 엔진을 ULA United Launch Alliance사에 납품하여 ULA의 새 로켓 벌컨 센타우르Vulcan Centaur에 장착되어 조만간 시험발사될 예정이다.

현재에도 멀린 엔진에는 한 기당 제어 컴퓨터 3세트와 필요 센서들이 설치되어 다른 엔진과 소통하며, 당연히 전체 로켓의 제어 컴퓨터 시스템과 연결되어 안정적인 제어 수행하여 비행 안전성을 높이고 있다. 따라서 새로운 랩터엔진도 마찬가지로 전기, 전자, 컴퓨터 기술이 대량으로 사용되어 이들 로켓의 안전성은 더욱더 높아질 것으로 보인다.

## 5.2 기존 발사체 업계의 현황

재사용성을 기반으로 한 로켓 기술은 현재로서는 여기까지이다. 유럽, 일본, 러시아 등 최고 수준의 로켓을 보유했던 로켓 선진국들도 지금은 재사용 기술이 없다. 중국, 인도도 재사용 기술을 확보하고 있지 못하다.

### 5.2.1 발사체 기술전문가의 함정에 빠진 유럽

스페이스X의 로켓 개발에 대해 어린아이들의 장난 정도로 치부하면서 멸시의 눈으로 쳐다보던 유럽의 아리안사는 팰컨 9 로켓 발사가 궤도에 오르며 저가 공세를 펼치니 당황하기 시작한다. 아리안 5는 1996년 6월 첫 발사를 시작으로 이제까지 109회의 발사에 성공(2회의 실패, 3회의 부분실패)한 유럽의 자랑인 로켓이다. 2010년대 초반까지만 해도 전 세계 상업적인 발사체 시장의 과반을 차지했던 아리안사였다. 그런데 스페이스X가 팰컨 9 로켓 발사비로 아리안 5 로켓의 반액 이하로 위성들을 발사하기 시작하니

고객이 빠져나가기 시작하였다.

드디어 위기를 느낀 아리안사는 유럽 정부에 새로운 로켓 개발 지원을 요청한다. 팰컨 9에 대적할 저렴한 로켓 개발이 필요하였기 때문이었다. 유럽우주청은 전문위원회를 설치하고 저렴한 차세대 로켓 개발 방향을 논의한다. 위원회 일각에서 스페이스X가 추진하고 있는 재사용 로켓 기술 개발을 시작해야 하는 것 아니냐는 의견이 나왔다. 그런데 전문가 대부분이 재사용 반대자들이니 통할 리가 없었다. 미래의 기술 발전 방향에 눈감은 이 전문가 그룹은 재사용 의견을 단숨에 물리쳐버린다. 그리고 현재의 아리안 5를 모듈화하여 제작 가격을 줄인 아리안 6 로켓 개발을 확정해버린다. 그야말로 기

**아리안사의 로켓들**

존 기술을 옹호하는 보수적인 전문가들의 함정에 빠진 것이다. 그런데 전 세계 공통으로 국민 세금으로 진행되는 사업들의 개발 지연이 일상사이듯 아리안 6 로켓 개발 사업도 순탄하게 진행되지 않았다. 관련 공무원과 연구개발자들 모두 절대 실패하면 안 된다는 강박을 가지고 개발을 진행하다 보니 비용은 비용대로 올라가고 시간도 오래 걸리게 되는 것이다. 2020년에 시험발사를 하기로 계획하였는데 2022년이 다 지나가는 데도 차일피일하더니 2023년 말에나 첫 발사를 한다고 발표했다. 그런데 아리안 6 개발 완료를 예상해 아리안 5는 이미 생산을 멈추었다.

2023년 초 아리안사의 로켓 재고는, 시대에 뒤떨어진 소형 고체로켓 베가 C 이외에는 아리안 5 단 2대밖에 없었고, 아리안 6가 개발 완료되어도 빨라야 2024년이니 2023년 6월 아리안 5의 마지막 발사를 끝으로 더 이상 발사할 로켓이 없는 한심한 지경이 되어버렸다. 게다가 베가 C는 2021년 발사 실패를 만회해보려 했지만 다시 2022년 12월 발사에 실패하면서 신뢰성에 많은 의문점을 던져주고 있다. 만일 스페이스X와 같은 일반기업이 자체 비용으로 위험 부담을 안아야 하는 상황에서 신제품을 이런 식으로 개발하고 있었다면 그 회사는 망했을 것이다. 아리안 로켓 개발비를 가장 많이 부담하는 프랑스의 경제성 장관인 르 메허Bruno Le Maire는 2022년에 이런 진퇴양난의 상황을 파악한 후 답답한 마음에 "10년 전 우리는 미래지향적인 재사용 로켓 개발의 기회가 있었으나 잘못된 방향으로 개발이 결정되어버렸다. 너무나 아쉽다"라면서 10년 전의 전문가 그룹의 잘못된 판단을 에둘러 비판했다.

### 5.2.2 유럽과 마찬가지 형편인 일본

일본도 유사한 상황에서 차세대 로켓 개발이 진행되었다. 2001년 8월, 첫 발사에 성공한 H-IIA 로켓은 아리안 5보다 약간 낮은 성능을 가지고 있지만 현재까지 44회의 발사 성공에 단 1번의 실패라는 우수한 실적을 가진 로켓이었다.

일본의 H-II 로켓도 아리안 5 로켓과 같이 액체수소엔진을 사용하고 있다. 그러나 액체수소엔진 구현의 어려움 때문에 유럽과 마찬가지로 100톤 전후의 추력을 가진 자그마한 엔진으로 만족할 수밖에 없었다. 이들 액체수소엔진의 모자라는 추력을 보완하기 위해 고체로켓을 부스터로 사용하면서 액체수소엔진의 비싼 생산가에 부스터까지 붙이니 거의 로켓 2기의 생산비용이 든다. 가격이 비싸니 해외로부터의 상업발사에는 경쟁력이 없어, UAE의 화성탐사선과 가격을 대폭 할인해 수주한 한국의 아리랑 3A 위성 이외에는, 지금까지 해외 수주가 거의 없었다. 이런 어려운 상황에 스페이스X가 절반 이하의 저렴한 가격에 각종 위성을 대량으로 발사하고 있으니 위성 발사가 필요한 일본 내 수요처에서도 스페이스X에서 발사하고 싶어했다.

결국 당황한 일본 정부도 2013년, 일본제 로켓의 발사 가격 경쟁력을 높이기 위해 경제성이 있는 차세대 로켓 H-3 개발을 결정하고 첫 발사 목표를 2020년으로 정했다. 그리고 차세대 로켓 개발의 방향 설정을 위한 전문가 위원회를 거쳤지만, 유럽보다 더욱 보수적인 일본인지라 재사용 로켓 개발이 제외되면서, 유럽처럼 짧은 개발 기간에 모듈

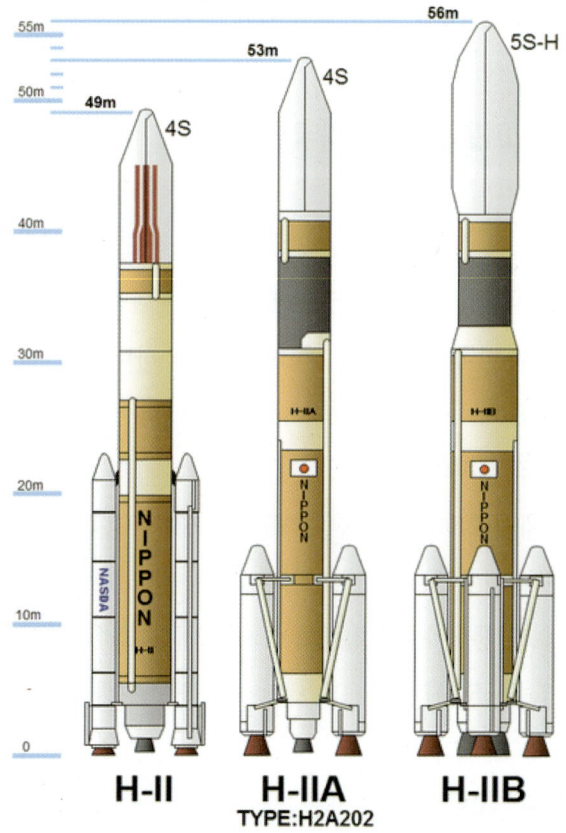

**일본 미쓰비시의 H-II 로켓 시리즈**

화를 통한 가격 저렴화라는 방향을 택했다. 결국 재사용성 추구는 전문가들의 반대에 부딪혀 시도하지도 못한 것이었다. 일본도 H-3의 개발 진척도가 예정된 대로 나오지 않았다. 2020년 시험발사는 거의 3년이 밀려 2023년 3월 7일 시도하였지만 2단 로켓엔진의 점화에 실패하면서 자폭시킬 수밖에 없었다.

그런데 저렴한 발사체라고 개발한 소형 엡실론 고체로켓은, 발사 능력은 팰컨 9의 거의 10분의 1인데 발사 가격은 약간 낮은 정도라(약 4,000만 달러) 해외 상업발사는 꿈꾸기가 힘들었다. 2013년 첫 발사 이후 정부 발주 소형위성 위주로 겨우 4번 발사를 한 후 오랜만에 2022년 10월 12일 여섯 번째 발사를 시도하였다. 총 110kg의 초소형위성 8기를 태양동기궤도에 올리려고 시도했는데 자세제어 시스템의 고장으로 실패해 버렸다. 그래서 일본은 전체적으로 2022년 총 발사 1회 시도에 1회 실패의 참혹한 실적을 보이며 세계 정상의 로켓 기술국도 개발의 목표와 방향을 잘못 잡으면 한순간에 초라해진다는 것을 만방에 보여주고 있다.

### 5.2.3 발사할 로켓이 고갈되어가는 미국

미국의 ULA United Launch Alliance사는 2006년 보잉과 록히드마틴의 합작회사로 설립되었다. ULA사는 록히드마틴의 아틀라스 5 로켓과 보잉의 델타 4가 주력 발사체이다. 두 회사는 각각의 로켓으로 미국 정부 위성 발사에 경쟁을 하다가 수지타산을 맞추지 못해 시장 철수를 고려하던 차에 자국 내 대형 발사 능력이 없어질 것을 걱정한 미 국방부가 통합을 권유해서 생긴 회사이었다.

아틀라스 5는 러시아의 RD-180 엔진 1기를 1단으로 사용하며 추력이 더 필요하면 고체부스터를 붙인다. 러시아 엔진은 비교적 저렴하지만 고체부스터 때문에 2~3기의 로켓을 합친 꼴이니 로켓 생산가가 엄청나게 비싸다. 게다가 러시아의 RD-180은 미국 정부가 더 이상의 수입을 금지시켜 현재의 엔진 재고를 소진하면 더 이상의 발사는 불가능하다. 델타 4는 320톤이라는 세계 최고 성능의 액체수소엔진 RS-68A를 부스터와 주엔진으로 사용하는 고성능 로켓이다. 그러나 세계 최고 성능의 RS-68A는 제조 가격 또한 엄청나게 비싸다. 게다가 재사용도 안 된다. 그래서 조만간에 단종할 계획

미국 ULA사의 로켓

이다. ULA사는 스페이스X가 경쟁에 나서기 전에는 한 번 발사에 3~4억 달러의 높은 가격을 받을 수 있는 미 군용 위성들의 발사에 전념하였다. 매년 군용 위성을 발사하면서 운영비가 모자라면 정부가 완충해줄 정도로 국방부가 애지중지했지만 이제는 더 이상 현상 유지가 힘들어졌다. 비슷한 성능에 3분의 1 이하의 가격에 발사해주는 스페이스X가 생겼으니 수주도 힘들어지고 이제는 당장 사용할 엔진도 로켓도 제대로 없기 때문이다.

스페이스X의 로켓 발사 독점 현상을 걱정한 미 국방부가 독려를 해서 차세대 로켓으로 블루오리진의 BE-4 엔진을 기반으로 한 벌컨 로켓을 개발 중에 있다. 그런데 개발 중인 액체메탄엔진 BE-4가 수년 전부터 곧 납품된다고 하면서도 개발을 차일피일 미루어 아직도 언제 제대로 납품될지 모르는 상황이 되었다. 최근에 시험발사용 엔진이 입고되었지만 언제 시험발사가 가능할지 불확실하다. 세계 최고의 항공기 제작사와 군수회사가 합작한 ULA가 엔진도, 로켓도 제대 준비 안 된 처량한 신세가 되어버린 것이다.

또 하나의 기존 발사체 회사는 안타레스Antares 로켓을 발사하고 있는 OSCOrbital Science corporation사이다. 현재는 노스롭그루먼Northrop Grumman의 계열사로 흡수된 OSC는 1982년에 창립되었고 NASA에 발사 서비스를 제공하기 위해 페가수스 로켓을 성공적으로 개발해 유명해졌다. 그 후 NASA의 우주정거장 화물수송 업체로 선정되면서 안타레스 로켓을 개발해 사용하고 있다. 안타레스 로켓은 초기에는 1단로켓에 구소련이 달 탐사 로켓에 사용하던 NK-33 엔진을 개조해 사용하다가 발사 실패를 겪고는 러시아의 RD-181 엔진을 사용하고 있다. ULA와 마찬가지로 러시아 엔진의 사용이 제한됨에 따라 신생 로켓 업체인 파이어플라이사가 개발하고 있는 베타 엔진을 사용하려는 계획을 가지고 있으나 ULA와 마찬가지로 자체 엔진 계획이 없는 한심한 상황이다.

### 5.2.4 스페이스X의 독점적 위치

유럽, 일본, 미국의 기존 로켓 발사 업체들은 일종의 카르텔을 형성하여 정부로부터 수요를 보장받아 큰 손해를 보지 않고 지금까지 그럭저럭 버텨왔다. 그러나 스페이스X가 저가의 팰컨 9 로켓을 개발하면서 사정이 달라졌다. 미국 군수요나 NASA 우주정거장 왕복용 유무인 우주선 발사 그리고 제3세계 국가들의 발사 수요가 스페이스X로 몰려들고 있다.

오래전부터 스페이스X의 머스크는 이 오래된 고가의 우주발사체 업체들에 대해서 경고 아닌 경고를 해왔다. 2012년 영국의 BBC 방송에 출연해 아리안 5에는 미래가 없

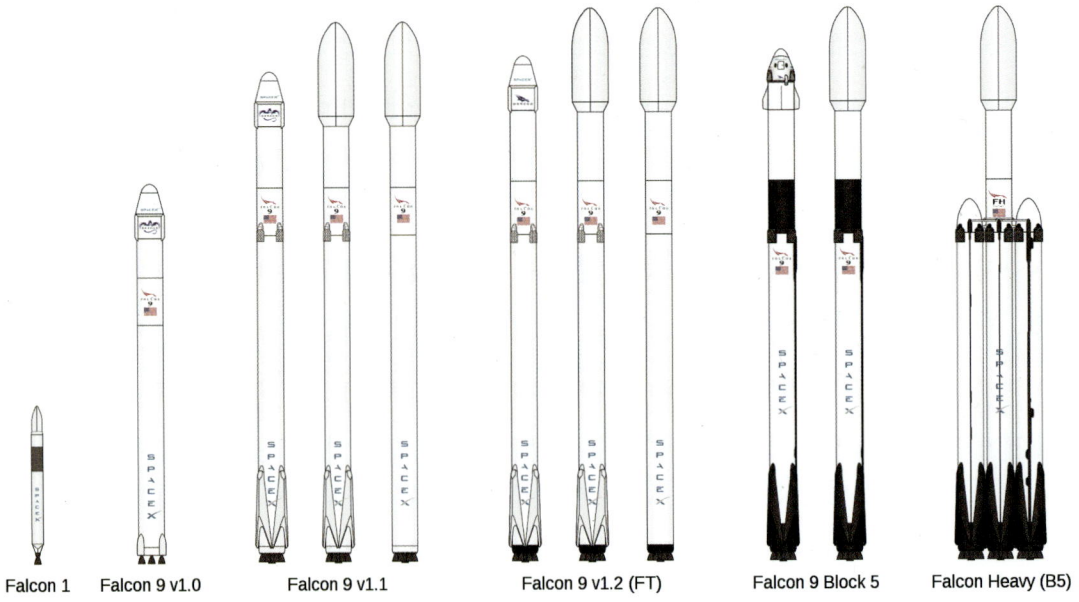

스페이스X가 개발한 로켓들. 블록 2와 FH B5가 현재 사용중인 로켓 (출처: 위키피디아)

다고 단언한 바 있고, 2014년에는 미 의회에 출두해 아틀라스와 델타를 발사하는 보잉과 록히드마틴의 합작사인 ULA의 고비용 발사 행태를 비판하기도 했다. 머스크는 자사의 저렴한 로켓을 무기로 세계 발사체 시장 판도를 바꾸겠다는 야심을 감추지 않았다. 앞에서 언급한 대로 유럽우주청ESA은 경쟁력 강화를 위해 아리안 6를 새로 개발하고 있지만 역내 국가 간의 이해관계에다가 기존의 로켓 전문가들의 폐쇄적인 전문성이 재사용이라는 중요 화두를 폐기해버리면서 획기적인 개선이 없는 1회용을 다시 선택했다. 아리안 5보다도 더욱 가격경쟁력이 없는 일본의 H-II 로켓도 발사 비용을 낮추려고 H-3 로켓 개발을 진행하고 있지만 유럽과 마찬가지로 정치가 개입하고 기존의 로켓 전문가들의 아성에 가로막혀서 혁신성이 사라진 구닥다리 설계에다 개발까지 지연되고 있다. 이 두 로켓은 개발이 완료되더라도 경쟁성이 없어 탄생 즉시 사망선고를 받을 가능성이 크다.

유럽과 일본의 경우 많은 세금을 들여 개발한 로켓이라 발사체 회사가 지속적으로 운영 유지를 위해 자국 로켓 사용을 권장한다. 결국 자국이 세금으로 개발한 인공위성들만 애꿎게 울며 겨자 먹기로 비싼 자국 발사체를 사용하고 있다. 발사체 개발하느라 엄청난 세금을 쓰고 또다시 그 로켓을 사용해서 더 많은 국민 세금을 쓰는 어이없는 일이 벌어지고 있는 것이다.

우주 산업에서 경쟁력을 가지기 위해 우선으로 중요한 것이 발사 능력일 것이다. 다양하게 전개될 지구 궤도 산업과 우주탐사에 시의적절하게 대처하기 위해서는 자체 발사 능력이 갖추어져 있으면 여러 모로 이로울 것이다. 그러나 그 자체 발사 능력이 기술적으로 경쟁력이 있으면서 동시에 가격 면에서도 경쟁력이 있어야 한다. 앞의 4장에서 언급한 대부분의 우주 기술 상업화 아이템들의 경우 사업 성공을 위한 경제성 확보의 시작점이 바로 저렴한 발사비용이기 때문이다. 기술적으로 아무리 우수하더라도 경제성이 없으면 경쟁에서 낙오하게 된다.

일본의 H-II 로켓과 아리안 5 로켓이 그 대표 케이스이다. 세계 최고 기술 수준의 액체수소엔진을 성공적으로 개발하면서 로켓 기술자들에게 엄청난 자부심을 주었다. 그러나 액체수소엔진만으로는 추력이 턱없이 모자라 고체로켓을 주렁주렁 매달다 보니 전체 로켓 제작비가 너무나 비싸다. 두 나라의 액체수소로켓은 사실상 고체로켓에 액체

엔진이 약간 도와주는 양상이다. 마치 고체로켓 1기와 고가의 액체로켓 1기를 합쳐 2기의 로켓이 되니 값이 비싸질 수밖에 없다. 아리안 5 로켓은 발사 시 추력의 90% 이상이 양쪽에 붙인 고체로켓으로부터 나온다. 액체수소로켓이 아니라 고체로켓에 자그마한 궤도제어용 액체로켓이 붙어 있다고 볼 수도 있는 것이다. 아리안으로서는 유럽에 국가가 많아 자체 수요가 일본보다 많은 것이 그나마 다행이라고 할 수 있겠다. 그래도 2020년 3회, 2021년 3회, 2022년 3회로 모두 합쳐 보아도 9회 발사에 지나지 않는다. 3년 동안 발사한 로켓 수가 스페이스X가 2023년 3월 단 한달의 8회 발사와 맞먹으니 경쟁 자체가 되지 않는다. 그간 러시아 소유즈 로켓을 대리 발사해 이윤 좀 남기던 것도 우크라이나와의 전쟁으로 중지하게 되었으니 아리안사의 생존은 더욱 더 국민 세금에 의존할 수밖에 없는 상황으로 보인다. 특히 스페이스X의 팰컨 9 로켓이 절반 수준의 저렴한 발사 가격을 무기로 3~4일에 한 번씩 발사하고 있어 발사일 선택조차 무척 자유로운 상황에서 비싼 로켓 가격은 독약이 되는 것이다.

## 5.3 '백설공주와 일곱 난쟁이' 형세인 발사체 업계

이제까지 전세계 발사체 개발과 보유 및 발사 현황을 살펴본 결과, 현재 발사체 업계는 저만치 앞서서 나아가고 있는 1강 스페이스X와 나머지 곤경에 빠진 7개 발사체 회사나 국가들이 이끌어 가고 있다고 요약할 수 있다.

유럽, 일본, 미국의 기존 로켓 발사 업체들은 일종의 카르텔을 형성하여 정부로부터 수요를 보장받아 큰 손해를 보지 않고 지금까지 그럭저럭 버텨왔다. 그러나 스페이스X가 재사용 가능한 저가의 팰컨 9 로켓을 개발하면서 사정이 달라진 것이다. 기존 발사체 회사(혹은 국가 기관)들은 상대적으로 높은 발사체 제작비용과 적은 발사 횟수로 인한 운용비용의 상승으로 인해 스페이스X와 경쟁하는 데 어려움을 겪고 있다고 볼 수 있다. 2023년 7월 말 현재까지 스페이스X는 51회의 발사를 수행했으나 중국을 제외한 나머지 발사체 업체가 발사한 횟수 자체가 아주 적다.

스페이스X가 발사체 업계의 백설공주가 된 것이다.

백설공주 스페이스X와 나머지 일곱 난쟁이들이 우주기술의 혁신에 노출되어 있는 셈이다.

그러면 일곱 난쟁이는 누구일까?

다음이 발사체업계의 일곱 난쟁이 후보들이라고 본다.

1. 미국의 ULA사의 아틀라스 5 로켓은 러시아산 엔진 RD-180의 공급이 막혀 발사를 곧 중지해야 하고, 최고급이지만 초고가의 액체수소엔진 RS-68을 1단으로 사용하는 델타 4도 비용 때문에 2023년에 은퇴 예정이다. 현재 개발중인 벌컨 로켓은 내년이나 되어야 개발 완료될 예정이라 현재 발사할 로켓이 마땅치 않다. 2023년 6월 말 마지막 델타 로켓 발사가 있었다. 2022년 아틀라스 5 7회, 델타 헤비 1회로 총 8회의 발사가 있었다. ULA의 올해 발사는 안타깝게도 단 1회이다.

2. 러시아의 주력 로켓은 1950년대에 개발되어 몇 번의 성능 개선을 거친 소유즈와 1960년대 중반 개발된 대형로켓 프로톤이었다. 카자흐스탄의 바이코누르에서 발사되는 프로톤은 독성을 띤 연료를 사용하고 있어 조만간에 은퇴해야 할 것으로 보도되고 있다. 소유즈는 무척 오래되었지만 안정적으로 작동되어 아리안사의 발사 서비스에도 활용되면서 상업발사 시장에서 제법 힘을 썼지만 우크라이나 침공으로 중지되었고, 현재는 자국 발사에만 사용되고 있다. 새로 개발된 앙가라 로켓은 비교적 신형이라 검증이 더 필요하고 재사용 불가능하다. 2022년에는 소유즈 19회, 프로톤 1회, 앙가라 2회의 총 22회 발사가 있었다. 2023년 7월 말까지 소유즈 7회, 프로톤 2회 총 9회 발사가 있었다.

3. 유럽의 대표 로켓 아리안 5는 새 로켓 아리안 6의 개발 완료를 예상하여 제작 중지하였다. 그러나 아리안 6가 빨라야 2024년에나 개발 완료 예정이라 7월 초에 마지막 발사를 끝으로 로켓 재고가 없는 상황이다. 2022년에는 아리안 5 3회, 베가 C 2회(1회는 실패)의 발사가 있었다. 2023년 7월 말까지 아리안 5의 단 2회 발사가 있었다.

4. 일본이 자랑하는 H-IIA 로켓도 신형 로켓 H-3의 개발 완료를 예상하고 개발을 줄여 발사할 로켓 공급이 원활하지 않다. 2022년에는 단 1회(엡실론 로켓)의 발사에 실패하였다. 2023년 6월 중순까지 2회 발사(H-IIA 1회, H-3 1회)했지만 H-3가 실패하면서 지난해와 올해 총 1회 발사 성공이라는 참혹한 실적을 보이고 있다.

5. 뉴스페이스 로켓 선두주자인 미국의 로켓랩은 소형로켓 일렉트론을 원활히 발사하고 있다. 그러나 저궤도에 200~300Kg을 올릴 수 있는 발사 능력에 있어 그야말로 난쟁이 수준이라 스페이스X에 경쟁 자체가 되질 못 한다. 2022년 9회 발사 그리고 2023년 7월 말까지 6회의 발사가 뉴질랜드와 미국에서 있었다.

6. 중국은 여러 종류의 로켓을 활발히 발사하고 있지만 모두 자국 위성이나 조립 중인 우주정거장용이라 상업발사 시장에서는 힘을 못 쓰고 있다. 앞으로의 발전 가능성은 있지만 미국의 제재로 상업발사 기회가 많을 것 같지 않다. 현재 가장 많이 발사되고 있는 창정 2·3·4 계열 로켓들은 발사 능력도 그리 크지 않고 예전 기술의 독성 액체연료를 사용하고 있어 경쟁력이 없다고 본다. 2022년에는 창정 2·3·4호, 39회, 창정 5·6·7·8·11호 14회로 총 53회의 발사가 있었다. 2023년 7월 말까지 창정 2·3·4호 17회, 7·11호 3회로 총 20회의 발사가 있었다.

7. 인도는 PSLV와 GSLV 두 종류를 가지고 있는데 모두 고체부스터를 사용하고 독성 있는 상온 액체엔진을 사용하여 경쟁력이 별로 없다. 간헐적으로 상업발사를 하고는 있으나 비교적 실패율이 높다. 2022년에는 5회 발사에 1회 실패가 있었다. 2023년 7월 말까지 최근에 개발한 소형위성 발사용 로켓 SSLV 1회 발사를 합쳐 6회 발사가 있었다.

위의 일곱 난쟁이들은 발사체의 재고 원활성을 떠나 근본적으로 모두 재사용이 불가능하여 스페이스X와 가격 경쟁력에 있어 상대가 안 된다. 새로 개발하고 있는 ULA의 벌컨, 유럽의 아리안 6, 일본의 H3 들도 재사용이 불가능하다. 따라서 이들 개발중인 로켓들이 완성되더라도 상업발사 시장에서는 즉시 사망신고를 해야 할지도 모른다. 따라서 이들은 장기적으로도 계속 난쟁이 수준일 것으로 본다.

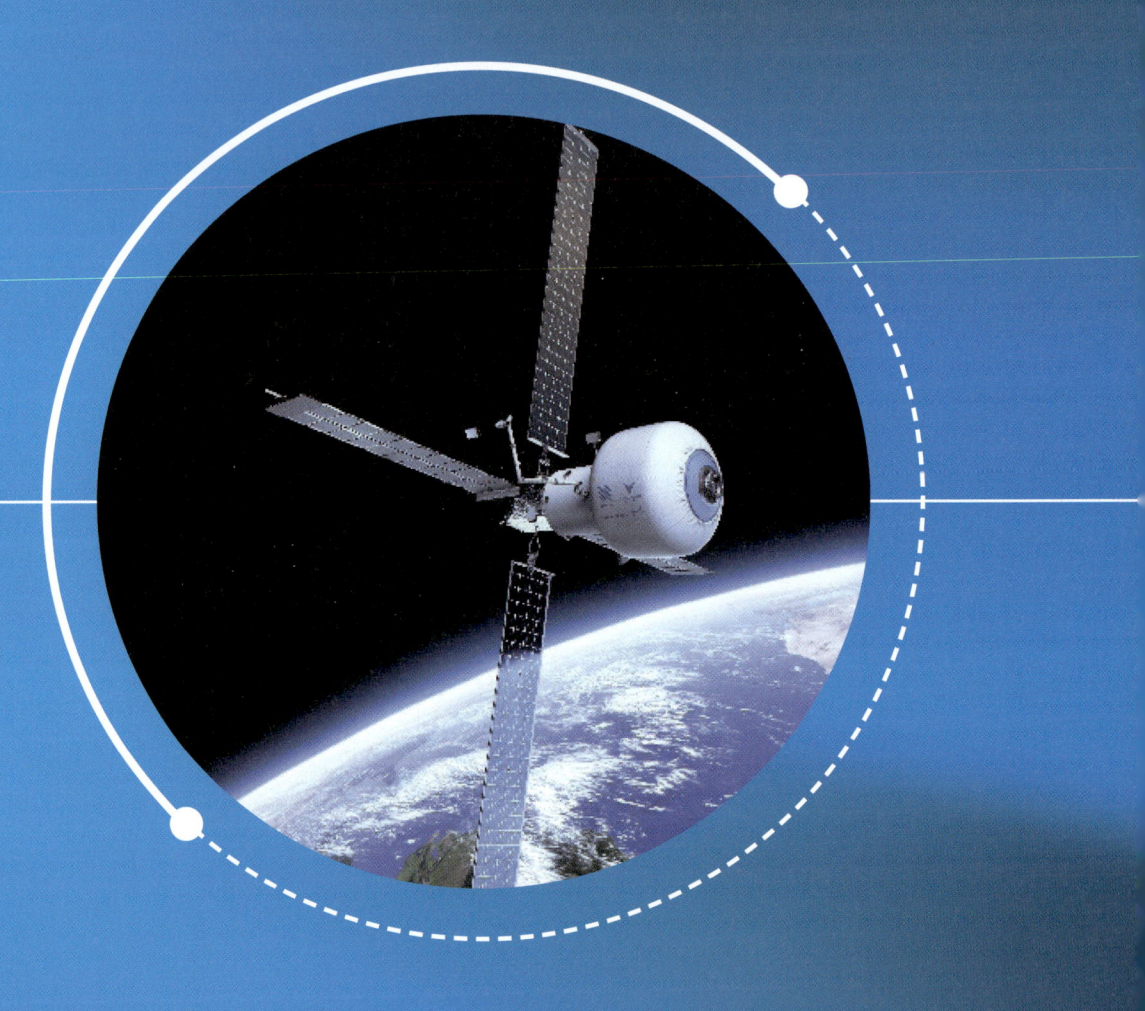

CHAPTER

## 06

# 우주 경제 시대에 대한민국이 나아갈 길

글로벌 우주 분야에서는 상업화의 흐름과 함께 가격경쟁력 확보가 중요한 화두로 대두되고 있다. 앞에서 살펴보았듯이 우주 발사체 분야에서 일본의 H-II 로켓은 기술적 완성도는 세계 최고 수준이지만 높은 발사 비용 때문에 세계 시장에서 외면받고 있는 반면, 스페이스X의 팰컨 9은 높은 가격경쟁력을 바탕으로 각광받고 있다. 이는 우주분야 후발주자인 우리나라가 세계시장에 진출해 경쟁력을 가지기 위해서는 고비용 구조의 개선이 필수적임을 웅변해준다. 우리가 일련의 한국형 발사체(KSLV, Korea Space Launch Vehicle) 개발사업을 통해 핵심기술 개발과 함께 가격경쟁력 있는 산업 기반을 구축한다면 향후 우리나라 우주 산업이 자생력을 갖고 세계시장에 진출하는 계기가 만들어질 것이다. 하지만 우리 기업들이 고비용 구조 개선에 실패한다면 정부의 지원이 끊어지는 순간 우주 산업 전체가 고사될 위험에 처할 수 있다. 우리에게 시간은 그리 많지 않다. 한국형 발사체의 가격경쟁력 확보를 위해 우주 산업체들의 근본적 혁신(radical innovation)을 통한 비용 절감 노력을 기대해본다.

앞으로 10여 년간 전 세계 우주 산업 분야에는 파괴적인 혁신이 밀어닥쳐 지금까지의 우주 기술 활용과는 차원이 다른 변화가 일어나 엄청난 지각변동이 발생할 것으로 본다. 아니 이미 많이 진행되고 있다고 보는 것이 정확한 표현일 것이다. 미국의 도전적인 신생기업들이 획기적인 아이디어로 창업에 나서고, 벤처투자가들이 과감하게 뒷받침해주고 있어 일부 업체들은 이미 성공의 과실을 따고 있다. 특히 LEO(Low Earth Orbit) 경제라 부르는 저궤도에서의 각종 사업 기회가 활짝 열리고 있다.

이미 언급한 대로 통신 지연시간을 최소화한 전 지구 인터넷, 방송통신 중계, 실내 항법까지 가능한 LEO PNT 체계 개발, 그리고 대형 우주정거장 건설을 통한 우주공장, 우주공원, 우주놀이터 사업에 더하여 우주 태양광 발전, 우주비행기, 우주관광 사업 등 우주 전 영역에서의 사업이 번창하게 되면 1년에 5조 내지 10조 달러의 세계 시장이 창출될 것이다. 그야말로 다음 차의 산업혁명, 즉 제5차 산업혁명의 시작이 다양한 우주 산업의 파괴적 혁신에서 시작될 것이라고 보는 것이다.

이러한 세계적인 발전 추세에 맞춰 우리가 갖추어 나가야 할 점들을 점검해보자.

## ✕ 6.1 미래지향적 산업화 비전에 기반한 계획 수립

우주 기술의 파괴적 혁신이 미래의 우주 산업을 폭발적으로 성장시킬 것은 확실하다. 우주 기술의 활용 분야에서 전 세계 총 잠재적 시장이 5조 정도에서 10조 달러 이상에 이를 것으로 예측한다. 이러한 큰 시장에 우리 대한민국도 적극적으로 참여하여 적절한 지분을 확보하여야 한다. 세계 우주 산업 시장 창출의 10%를 차지한다면 최소 5,000억 달러에서 1조 달러 이상의 시장을 확보할 수 있다는 것이다. 대한민국이 현재 이상의 경제 수준을 원한다면 포기할 수 없는 시장이다.

이러한 전망에 발맞추어 대한민국도 우주 기술 개발의 목표를 국제적 수준으로 높이고 미래지향적 산업화 비전에 기반한 도전적인 생각으로 우주사업을 추진해 대한민국 미래의 먹거리 창출에 나서야 한다는 생각이다. 우주 기술은 첨단 기술들의 집합체이다. 우주 기술을 위한 전후방 산업의 기술 수준이 우주 산업의 성공을 좌우한다고 볼 수 있다. 대한민국의 주요 산업기술이 세계 상위권인데 왜 우주 분야만은 30~40년 전 기술을 답습하면서 만족하고 있는가? 기술 개발은 목표가 높지 않으면 높은 수준의 제품이 나올 수 없다. 과학 연구에서는 목표하지 않았던, 생각지도 못한 발견이 나올 수 있다. 그러나 기술 개발에 있어서는 고려하지 않은 기능이 완성하고 보니 우연히 나오는 경우는 결코 없다. 이것이 과학 연구와 기술 개발의 차이점이다.

세계 무대에서 대한민국이 경쟁력 있는 우주 산업 국가가 되어 예상되는 거대한 시장을 파고들기 위해서는 현재의 국내외 상황을 잘 파악하고 어떤 방향으로 국가의 지원이 뿌려져야 하는지를 잘 결정해 수행해야 한다는 생각이다.

## ✕ 6.2 대한민국이 발사체 강국으로 나아가려면?

대한민국은 자체 로켓 개발프로그램으로 나로호[KSLV 1]와 누리호[KSLV 2]를 개발해서 성공적으로 발사하였다. 그러나 처음으로 개발하다 보니 미흡한 점이 많았지만, 국민으로부터는 호의적인 반응을 얻었다. 그러므로 다음 로켓[KSLV 3]은 로켓 기술 발전 추세를 감안한 산업화의 관점에서 도전적인 목표를 세워 추진해야 한다. 우리의 로켓 누리호는 무게에 비해 추력이 너무 낮고 액체로켓으로서 가장 기본적인 추력 조절도 안 돼 마치 고체로켓과 같으며 IT 기술과의 접목도 최소화되어 있다. 기술적으로 50여 년 전의 로켓이다. 그러나 제작비용은 너무 높다. 설계 시에 양산가격이라는 화두를 고려하지 않은 탓이다. 다시 말하면 우리의 로켓은 기술적인 면과 가격 면 양쪽에서 모두 뒤진 로켓이다.

다음 로켓인 KSLV 3 개발 계획에서는 어렵더라도 기술적인 부분과 가격 면에서 모두 경쟁력 있게 계획돼야 하고 만일 그것이 불가능하다면 정말 아쉽지만 이 정도 선에서 자체 우주발사체 개발 프로그램은 멈추는 것이 국가 발전과 우주 기술 산업화에 보탬이 된다고 본다. 경쟁력 없는 비싼 자체 로켓에 발목이 잡혀 대한민국이 우주 기술 상업화의 물결에 제대로 올라탈 수 없을지도 모르기 때문이다. 앞에서 언급한 대로 룩셈부르크 같은 나라는 자체 발사체가 없어도 우주 산업체 SES는 세계 최고 수익률을 보이고 있음을 되새겨봐야 할 것이다.

많은 국민들이 발사체 기술에서 미사일 개발을 꿈꾼다. 그러나 현대에 들어와 미사일과 발사체는 많이 달라졌다. 미사일은 발사 즉시성, 재진입 성능, 민첩함, 정교함이 중요하다. 그러나 인공위성이나 우주구조물을 궤도에 올릴 수 있는 발사체는 ICBM 미사일에 비해 현격히 높은 추력을 가져야 한다. 이 책 109면에서 언급한 미국의 미니트맨 3 ICBM은 1단 추력이 우리 소형발사체 누리호의 3분의 1 수준인 90톤에도 1만 4천 Km 사거리에 3기의 개별목표 핵탄두를 싣는다. 사실 대한민국이 필요로 하는 미사일은 50년 전부터 개발을 시작해 이제는 국방과학연구소와 관련 기업들이 잘 만들고 있다. 이미 상당한 금액의 미사일 수출도 이루어지고 있다. 제법 멀리 가는 미사일도 이미 개발하고 있다. 이들 미사일은 거의 다 고체로켓 기술이다. 1만 4천 Km로 날아가는 대륙간 탄도 미사일도 발사체로는 소형이라는 말이다.

그래서 이제는 과학탐구, 우주탐사용 로켓으로만이 아니라 항공기 엔진처럼 수송산업의 한 기반으로 로켓엔진 산업이 번성하게 될 것이다. 우주 기술의 거대산업화가 그야말로 구현되는 것이다.

대한민국은 지금부터라도 빠른 시간 내에 국제 수준의 로켓 개발에 매진하려고 노력해야 한다. 현재의 50~60년대 기술 수준의 엔진 개발에서 빨리 벗어나기 위해 많은 발

**누리호 2차 발사 장면**

사시험을 거쳐야 하고 이 과정에서의 실패를 너무 두려워해서는 안 된다. 우선 언론이나 정치권에서 시험발사 실패를 확대 해석해서 개발 관련자들을 위축시켜서는 안 된다. 개발 과정에서 일어난 실패에 따라 책임을 묻는 분위기라면 관련자들은 절대로 실패하지 않는 저급한 개발 목표를 세우게 될 것이다.

  실패가 두려워 낮은 개발 목표를 세워 별 가치가 없는 작은 성공에 침소봉대하는 과도한 칭찬 또한 기술진들을 세계적인 발전 추세도 모르는 응석받이가 되게 만든다고 본다. 별 의미 없는 개발 성공보다는 모험을 두려워하지 않고 수행하다가 실패하는 것이 차라리 궁극적인 성공에는 더 큰 도움이 된다고 본다. 우리 대한민국이 세계 최빈국에서 기술 강국으로 자라나는 데는 현대 정주영 회장처럼 실패를 두려워하지 않는 불굴의 의지가 그 원동력이 아니었던가? 어느새 실패를 두려워하지 않는 이 불굴의 의지는 남아공 출신 미국인 일론 머스크가 가져가버렸다.

  우주 기술 혁신을 통한 거대산업화에서 가장 중요한 것이 경쟁력 있는 발사체 기술 개발이다. 대한민국이 이 우주 기술 산업화의 미래적인 물결 속에서 능동적으로 대처하기 위해서는 발사체 기술 개발 계획에 근본적인 변화가 일어나야 한다.

## 6.3 로켓 개발 전략

그러면 여기에서 당장 우리 로켓 기술이 최소한 갖추어야 할 기술들을 알아보자.

- 항공우주시스템의 실제 개발은 무게를 줄이려는 각고의 노력의 과정이라고 해도 과언이 아니다. 뼈를 깎는 노력을 들여서라도 엔진의 무게를 줄이려는 최우선의 노력을 기울여야 한다. 적어도 현재의 무게 비 추력을 2배 이상으로 높여야 한다.
- 우선 급선무로 상단엔진의 추력제어가 가능해져야 한다. 추력제어가 되어야 로켓의 궤도 설계가 유연해지고 고급화되며 저비용의 로켓 구현의 시작이 가능해진다.
- 선진 로켓들은 전자, 컴퓨터 기술이 흡수된 장치가 되어 가고 있다. 엔진과 로켓 본체에 각종 센서와 컴퓨터를 장착하여 총체적인 제어가 가능한 체계를 갖추어야 한다. 그래야 안전하고 효율적인 엔진이 되며 발사 실패율이 제로화될 수 있다. 스페이스X의 현재 발사 성공율을 보라. 거의 실패가 없다. 2023년 5월 20일 현재 225회 발사에 초기의 1회 발사 실패가 있었을 뿐이다. 다른 1회는 발사대에서 시험하다가 폭발한 것이다. 이런 경이로운 성공률의 일등 공신이 로켓에 IT를 접목한 것이다.
- 미래 로켓은 재사용 가능이 기본 사양으로 될 전망이다. 재사용을 통해서 발사 비용을 10분의 1, 20분의 1로 낮출 수 있기 때문에 이 기술 개발은 조만간에 꼭 넘어야 할 산이다. 재사용이 비교적 쉬운 메탄을 연료로 하는 엔진 개발에 조속히 나서야 한다.
- 로켓의 효율성을 높이기 위해 full-flow, staged combustion 엔진으로의 연구 개발이 이루어지면 좋겠고 적어도 staged combustion cycle 정도는 추구해야 한다.
- 마지막으로 가장 중요한, 양산성을 높여 저렴한 생산이 가능해져야 한다. 지금처럼 예술품 만들듯이 고가품을 만들면 가격만이 아니라 품질 관리도 어려워진다. 설계 단계에서부터 저렴한 양산이 제일의 화두가 되어야 한다.

참고로 재사용 로켓 기술 개발을 위해 필요한 기술을 스페이스X 사례로 살펴보면 다음을 꼽을 수 있다.

- 지상으로 되돌아오기 위해서는 2~3회의 역추진이 필요하다. 이를 위한 1단로켓의 여러 번의 재점화 기능
- 1단 동체가 하강하면서 속도를 줄여야 하고 착륙 직전에 정밀 제어가 필요해 이들을 가능케 하는 자세 제어 기술
- 극초음속 상황에서 하강속도를 줄이고 동체를 제어해야 하므로 극초음속 그리드핀 설계 및 운용 기술
- 착륙시 속도가 부드럽게 0이 되면서도 최소의 연료를 쓰기 위한 1단로켓의 정밀 추력 조절 기술
- 대기권 재진입시 동체를 보호할 열 보호 시스템 기술
- 안전하면서도 가벼운 착륙용 기어 시스템

물론 어느 하나도 쉬운 일은 아니다. 그러므로 국민 세금으로 지원해서 육성하자는 것 아닌가? 대한민국이 발사체 기술 개발에 필수적으로 필요한 전후방 산업인, 정밀기계기술, 정밀재료기술, 전기전자기술, 정보통신기술, 정밀화학기술 등에서 세계 일류 수준인데 못 할리가 있겠는가? 결국 해보려는 의지 문제이다.

다시 한번 강조하건대 과학과 기술의 결정적인 차이는 과학은 목표가 낮아도 훨씬 뛰어넘는 연구결과가 나올 수도 있지만 기술 개발에 있어서는 한번 낮은 목표를 세우면 절대로 더 우수한 성능의 개발 결과가 나오지 않는다.

60년대에도 이미 미국은 세계 최고의 기술국이었다는 유리한 배경도 있었지만, 사람을 달로 보내는 기술에 대해서는 전혀 모르는 상태에서, 1961년 케네디 대통령의 선언 후 8년 만에 사람을 달로 보내는 데 성공한 것은 결국 '하면 된다'라는 의지 덕분이었던 것이다. 우리 정책입안자, 추진전문가, 추진기술자들의 분발을 기대해 본다.

## 6.4 우주 기술개발 및 진흥 주관 국가 기관 필요

미국은 NASA가 우주과학과 우주기술 분야의 거목으로 버티고 있지만 최근의 우주 기술 발전에는 예전과 같은 큰 역할은 못하고 있다. 오히려 민간기업들이 우주 기술 상업화 물결을 타고 경쟁적으로 파괴적인 혁신을 이루어 새로운 시장을 개척하고 있다.

그러나 우리나라는 국가 경제 규모가 작아 우주분야에 대한 국내 수요도 적고 또한 든든한 벤처투자의 전통도 여력도 없다. 새로운 패러다임의 우주 기술개발과 미래 발전 비전을 세워 이끌어갈 스타트업들이 자생적으로 융성하는 것을 기대하기 힘들다는 얘기이다. 그래서 정부 차원에서 우주 산업이 미래의 국가 먹거리가 될 것이라는 확고한 비전 아래 미래 계획을 수립하고 민간산업체와 같이 성장해가는 국가 우주 개발 관리 체계가 있어야 한다.

과학기술정보통신부의 주축이 정보통신인 상태에서 2~3개 과의 소규모 우주담당자들로는 앞으로 닥쳐올 우주 산업의 거대화 물결을 감당할 수 없다고 본다. 특히 순환보직 체계 아래에서 전문성과 비전 없이 지나가기 식 계획에 의존하는 현재의 방식으로는 세계시장을 공략하는 담대하면서도 지속적인 전략이 나올 수 없다는 것이다. 우선 별 의미 없는 개발 성공보다는 모험을 두려워하지 않고 수행하다가 실패한 것이 차라리 궁극적인 성공에는 오히려 더 큰 도움이 된다는 분위기가 중요하다. 이를 위해서는 지속적으로 비전을 담은 미래 지향적 프로그램을 전담해서 추진하는 기관이 있어야 한다는 말이다.

다행히 현 정부는 우주청 설립을 확고히 하고 있다. 신속히 우주청을 설립해 장기적인 우주발전 비전을 세우고 국가의 우주 기술 개발 예산을 결집해서 미래의 먹거리 확보에 나서야 한다. 특히 국가 우주 기술 개발의 진행과 담당 공무원의 발전이 보조를 맞추어 나아가면서 한배를 탄 것처럼 책임과 의무를 공유해 나가야 한다.

## ✕ 6.5 국제 협력과 공동 개발을 통한 세계 수준으로의 도약

국가 우주 개발의 중요한 목적 중 하나는 우주탐사일 것이다. 대한민국도 적정한 수준의 탐사 활동에 나서야 국제적으로 인정받는 우주 선진국가가 될 것이다. 지난 60년간 이미 상당히 많은 우주탐사가 이루어졌다. 우리가 뒤따라가는 처지라고 60여 년 전 우주 선진국들이 이미 이룬 것을 시대별로 그대로 따라 해서는 안 된다고 본다. 지금까지의 탐사 정보는 공유하면서 새로운 탐사 계획에 공동 참여하여 우리의 수준을 높여야 한다는 것이다.

UAE가 적은 예산으로 화성궤도선 사업에 성공하여 세계 다섯 번째 화성탐사국이 되면서 모은 관측자료로 세계 최초의 화성 전체 지도를 공표한 것이 우리가 본받을 만한 하나의 좋은 사례라고 생각한다.

우리도 다행히 미국의 아르테미스 프로그램에 늦게나마 가입하였기 때문에 지금부터라도 적극적으로 참여하여 탐사 결과물을 공유하면 된다. 쓸데없이 많은 예산을 들여 독자 탐사를 고집해봐야 얻을 것이 별로 없다. 그런 의미로 2031년으로 계획된 소규모 무인 달 착륙선 프로그램은 재고해봐야 한다. NASA가 주도하고 있는 아르테미스 프로그램의 흐름을 잘 연구하여 달 탐사 계획을 세워야 한다는 말이다. 이미 NASA는 2022년 아르테미스 1에서 마네킹 우주인을 태우고 달 궤도와 주위를 돌아 지구로 귀환하는 과정으로 SLS와 오리온의 성능을 검증하였고, 2025년 아르테미스 3에서는 우주인이 대망의 달 착륙을 달성할 예정이다. 이후 매년 우주인을 달에 보내 장기 거주 가능성을 탐색하게 된다.

다시 말하면 2031년 무렵에는 달 중요 지역에 상당한 수의 사람들이 거주하게 될 텐데, 한국이 500kg 남짓의 독성 있는 연소 가스를 내뿜는 무인 달 착륙선을 보내 생뚱맞은 탐사를 시도한다는 것은 코미디처럼 보일 수 있다.

아르테미스 프로그램에 적극적으로 참여해 달 탐사 활동은 그 이전에 미리 경험하고 2031년 무렵에는 우리의 우주인도 달에 도착하는 계획으로 상향 조정돼야 한다고 생각한다.

## 6.6 진취적이고 국제적인 인재 양성

세계 무대에서 경쟁력 있는 우주 기술 확보와 상업화에 적극적인 역할을 하려면 관련 인력 양성 또한 중요한 요소이다. 무엇보다도 우주 기술 전반에 대한 충분한 지식을 가지고 있으면서 미래지향적인 시각을 가진 사람이 필요하다. 국제적인 협력을 통해 어려움을 극복해나갈 필요가 있어 당연히 언어 소통에도 불편함이 없어야 할 것이다.

국내 항공우주공학과는 항공기, 로켓, 인공위성 등의 시스템 설계에 필요한 교육을 하고 있지만 현재는 기본적으로 항공기술에 집중하고 있어 우주 관련 지식을 갖춘 인재양성이 어려워보인다. 우선 항공우주공학과 교과과정에 필수로 우주과학, 로켓 설계, 인공위성/우주선 설계 관련 과목이 포함돼야 할 것으로 본다. 그래야 미래에 우주 산업의 폭발적인 성장을 감당하며 이를 주도할 수 있는 시각이 생길 것으로 보기 때문이다. 조만간에 닥쳐올 우주 기술의 상업화 빅뱅에 우리도 적극적으로 동참해 대한민국이 명실상부한 선진국이 되는 계기 마련을 기대해본다.

# 찾아보기

INDEX

## ㄱ

가가린 90
갈릴레오 137, 140
갈릴레오 위성 210
감속 기동 150
강철 합금 215
게이트웨이 35, 178
경사각 64
경사지구동기궤도 140
경제성 227
고고도 기구비행 61
고급 지리정보시스템 207
고다이 박사 105
고더드 우주비행센터 60
고속 이온 추진기 56
고에너지 천이궤도 144
고정가 방식 245
고체부스터 112, 258, 264
고체연료 103
고체연료 부스터 108
공기의 저항 125
공전궤도상 18
과산화수소 63
과학기술정보통신부 274
과학 연구 269
과학위성 123

관측 로켓 103
교통운송혁명 212
구조비 119
국방과학연구소 270
국제 우주거주모듈 32
국제우주정거장 31, 131, 220
국제지구관측년 131
군사위성 123
군집위성망 39
궤도 진입 18
그뢰트룹 65, 74, 93
극단적인 타원궤도 35
극비문서 61
극초음속 그리드핀 273
글라이드 슬로프 64
글레이저 223
글로벌스타 133, 135
글로벌 통신 128
글루시코 73, 92, 93, 95, 100
금 231
금성 탐사 97
기만신호 139
기상위성 123
기술 개발 269
기술개발위성 123
기업인수목적회사 23

기업 투자 풍토 168
기업 풍토 170

## ㄴ

나노랙스 221
나노위성 17
나로호 102, 269
나치독일 59
나카소네 106
남아프리카공화국 163
내로남불 180
내비게이션 207
넥플릭스 200
노스롭그루먼사 221
누리호 110, 117, 122, 269
뉴글렌 181
뉴셰퍼드 30, 173
뉴스페이스 24, 30, 264
뉴욕타임스 57, 58, 59, 77
뉴키 공항 115
뉴턴 57, 126
뉴턴의 대포알 126
뉴턴의 운동 제3법칙 57
뉴트론 23
닐 암스트롱 87

## ㄷ

다누리 달 궤도선  125
다단 로켓  67
다단 로켓 기술  57
다단 로켓 이론  55
다목적 유인 우주선 오리  244
다이네틱스  179
단거리 탄도 미사일  67
단열 열차단막  56
달 관문  32, 248
달 남극지역  32
달사람  57
달 조약  35
달-지구의 L2 지점  178
달 착륙  54
달 착륙선 블루고스트  114
달 천이궤도  32
달 탐사선  68
대기권 재진입  32, 215
대량생산  167
대서양 횡단비행  59
대학 시스템  170
대형로켓 프로톤  263
데이터 통신  39
델타 4  109, 111, 258
델타 4 헤비 로켓  111
델타 V  117
델타 헤비  109
독성 액체연료  264
독일 연구자  59
동력 비행  64
동역학적 법칙  57
드네프르  109

드래건 우주선  240
드론  207
디즈니랜드  69
딥 스페이스 인더스트리  235

## ㄹ

라디오 송신기  76
라발노즐  55
라시드  20
라이카  78
라쿠텐  206
람다 4S  104
람다 로켓  104
랜드스페이스  116
랩터  253
랩터 버전 3.0  215
랩터 엔진  37, 161, 214
러더퍼드  22
러시아  263
레드스톤  67
레드스톤 미사일  67
레이건 행정부  137
렐리티비티스페이스  113
로럴  135
로버트 고더드  54, 55, 57, 59
로열캐리비언크루즈  199
로켓 개발  166
로켓랩  21, 24, 110, 113, 264
로켓 런처원  115
로켓비행기  212, 214
로켓 설계  29, 276
로켓엔진  161

로켓엔진 랩터  214
로켓용 등유  22
로켓 제작  29
로켓 추진 이론  52
로켓항공기  214
로켓화물기  214
록히드마틴  26, 135
루나  95
루나 1호  95
루나 2호  96
루나 3호  96
루나 9호  97
룩셈부르크  132, 144, 235, 238, 239, 270
룩셈부르크 우주자원 주간  238
리처드 브랜슨  30, 185
린드버그  59
린든 존슨  84
링크사  205
링크스페이스  116

## ㅁ

마셜우주비행센터  82, 85
마이애미 헤럴드  172
마이크로웨이브  223, 224, 227
마히아  21
맥그리거 시험장  157
맥사 테크놀로지  237
맨킨스  224
먼데일  88
멀린 1D  160
멀린 엔진  27, 37, 157, 215

멍텐 36
메이드인스페이스 217
메인코어 146, 148
모토로라사 134
모하비 사막 156
무동력 탄도비행 64
무동력 활공 비행시험 191
무인 달 착륙선 275
뮤-5 104, 109
뮤-5 고체로켓 233
뮤 로켓 104
뮬러 156, 157
미공군연구소 AFRL 214
미국 국가정찰국 111
미국 시스템 169
미국연방청구법원 179
미국연방항공청 158
미국우주협회 242
미국항공우주청 81
미니트맨 3 109
미래의 성장 동력 230
미래의 우주 산업 269
미래의 운송수단 169
미래지향적인 시각 276
미사일 개발 270
미쓰비시 중공업 225
미연방통신위원회 133
미 육군 레드스톤 병기창 67
미 육군 탄도 미사일청 73
민간 로켓 기술동호회 156
민간 우주정거장 221
민첩함 270
믿음성에 대한 심각한 훼손 57

## ㅂ

바르다스페이스 219
바지선 29
바티 글로벌 203
반덴버그 158
발사 능력 261
발사 비용 저렴화 26
발사 실패율 272
발사 즉시성 270
발사체 52
발사체 기술 196, 270
발사체 기술의 파괴적 혁신 252
발사체 기술의 혁신 41
발전위성 223, 226, 228
발전 전력 227
방사선 탐지기 79
백금 231
백설공주 262
밴 앨런 79
밴앨런대 79
뱅가드 72, 75
뱅가드 계획 73
뱅가드 발사 78
버라이즌 206
버즈 올드린 188
버진 갤럭틱 30, 185
버진오빗 115, 126, 193
버진항공 186
벌컨 로켓 259
벌컨 센타우르 254
베가 109
베가 C 110
베네라 3호 97

베르너 폰 브라운 60
베를린 공과대학 61
베이더우 137
베이더우 위성 139
베이비 로켓 103
벡터-R 로켓 116
벡터론치 116
벤처회사 168
벽돌 달 127
보다폰 206
보리스 존슨 203
보스토크 1호 97
보스호트 2호 98
보잉 26, 246
복합 비즈니스 파크 220
부스터 로켓 착륙 184
부시 대통령 243
불연속 오로라 20
브랜슨 187, 190
브레이너드 홈스 83
블루 문 178, 184
블루오리진 30, 170, 172, 181, 183, 184, 220, 253
비용의 초저렴화 252
빌 게이츠 201

## ㅅ

사고실험 126
사우디아라비아 146
사이키 탐사선 236
사탄 미사일 109
산업혁명 42
산화제 37, 54, 63
산화제 과잉 사이클 253

산화제펌프 101
삼성전자 206
상업발사 시장 264
상용 달 탐사 서비스 236
상용부품 27
상용유인우주선 프로그램 183
새턴 V 로켓 86, 87
새턴 로켓 80, 81
새틀레스 208
선외 활동 98
세계 시스템 126
세르게이 코롤료프 91
셀레스트리 133
소유즈 109, 110, 263
소유스 로켓 31
소유즈 6호 219
소품종 대량생산 27
소프트뱅크 203
소행성 20, 231, 241
소행성 궤도 변경 임무 236
소행성 류구 234
소행성 벨트 232
소행성 이토카와 233
소형로켓 156
소형발사체 22, 116
소형 엡실론 고체로켓 258
소형 우주 운반선 17
소형위성 발사 117
속도 증분 117
솔라시티 162, 169
송골매 233
송위성 123
쇼트웰 167
수격 64
수니 바티 미탈 203

수석설계자 92
수직체계화 167
수직통합화 27
수퍼드라코 161
쉰텐 36
스로틀링 102
스미소니언 55, 57
스케일드 콤포지트 189
스타라이너 246
스타링크 39, 40, 199, 200, 205
스타링크 RV 199
스타링크 위성 196, 198
스타링크 위성망 201
스타쉴드 200
스타십 37, 39, 213, 215
스타십 HLS 32, 178
스타십 날 착륙선 248
스타십 로켓 227, 229, 253
스타트랙 174
스탠퍼드 원환체 242
스팀터빈 55
스페이스X 16, 25, 28, 31, 32, 37, 39, 74, 110, 111, 116, 144, 145, 146, 154, 165, 178, 183, 206, 213, 245, 246, 260, 262
스페이스 셔틀 31, 243
스페이스십원 189
스페이스십투 191
스푸트니크 66, 136
스푸트니크 1호 90, 128
스푸트니크 2호 78
스푸트니크 쇼크 75, 77
시가총액 45
시그너스 112

시그너스 우주선 245
시버트 206
시행착오 철학 28
신기전 50
신콤 1 132
신호 재밍 139
심우주탐사 35
3-D 프린터 27
3D 프린터 37, 38
3차 산업혁명 43
4차 산업혁명 43, 45, 249

ㅇ
----------------

아널드 토인비 42
아랍샛 6A 146, 153
아랍에미리트연방 18
아레스 I 244, 246
아레스 V 244
아레스 로켓 247
아르키메데스 23
아르테미스 247
아르테미스 1 32
아르테미스 2 32
아르테미스 3 32
아르테미스 5 184
아르테미스 달 탐사 미션 236
아르테미스 어코드 35
아르테미스 프로그램 31, 114, 275
아리랑 3A 위성 257
아리안 109, 254, 262
아리안 5 112, 256, 260, 263

아리안 6  256
아리안 6 로켓  255
아리안스페이스  146, 203
아마존  39, 40, 205
아마존닷컴  170
아스트라  110
아스트라스페이스  115
아시모프  223
아이스페이스  20, 116
아이젠하워  74, 83
아이폰 14  206
아틀라스 5  109, 111, 258, 263
아포지북스  69
아폴로  25, 54, 85
아폴로 11호  89, 188
아폴로 11호 달 유인 탐사선  58
아폴로 우주선  181, 240
아폴로 프로그램  61
안사리 X프라이즈  185
안타레스  109, 110, 259
안타레스 로켓  245
알래스카 코디액  115
알코올  63
앙가라  110
앙가라 로켓  263
애로  203
애플  206
액시엄  240
액시엄-1  240
액시엄스페이스  131
액체로켓  52, 55
액체로켓 엔진  64
액체메탄  37, 253
액체산소  37, 54, 63, 253

액체수소  53, 54
액체수소엔진  257
액체연료 로켓  54
앨라배마주 헌츠빌  67
앨런 셰퍼드  85
어거스틴 위원회  246
어드밴스드 솔루션스  24
언어 소통  276
에너지성  224
에드워드 공군기지  243
에드 화이트  98
에어발틱  199
에어버스  26
엑스닷컴  162
엑스페이스  116
엔젤투자  166
엡실론  109
엡실론 고체로켓  109
엡실론 로켓  104
여객기  213
역추진  18, 147
연료  54
연료 탱크  64
연소실  63
연소 후 배기속도  55
열 보호 시스템 기술  273
열차단층  64
영국우주청  115
오닐 교수  172, 241
오닐 실린더  172
오롤리아  209
오리온 우주선  32, 247
오베르트  54
오브젝트 D  75
오브콤  133
오비탈 리프  32, 220

오비탈 사이언스  31, 111, 112, 245
오비터  72
오이겐 생어  212
완전유동단계연소  37
완전 재사용  213
외계공간조약  35
외계문명  56
우메라 사막  234
우주거주지  240
우주거주지 건설  247
우주공간의 시작점  64
우주공원  222
우주공장  217, 222
우주공항  192
우주과학  276
우주관광  190
우주구조물 건설  231
우주궤도  217, 230
우주궤도 활용 산업  39
우주기반 태양광 발전  223
우주 기술 개발의 파괴적 혁신  156
우주 기술 산업화  223
우주 기술의 파괴적 혁신  25, 41, 45, 269
우주 마니아  170, 241
우주 모바일폰 셀타워  206
우주발전 비전  274
우주벤처 기업  145
우주비행  169
우주비행 동호회  61
우주사업  181
우주 산업  180, 261
우주 산업의 7대 영역  41
우주 선진국가  275

우주 수준의 품질 27
우주 스타트업 24
우주식민지 172
우주여행 52, 53
우주여행 관광 41
우주왕복선 68, 240
우주 유영 98
우주의 남자 69
우주자원 채굴 234, 238, 239
우주자원 활용 41
우주재단 248
우주 저궤도 222
우주정거장 68, 222, 240, 246
우주 정착 41
우주청 설립 274
우주탐사 79, 164, 181
우주 태양광 발전 41, 222
우주 태양광 발전망 229
우주 태양광 발전 시스템 227
우주항공연구소 104
워싱턴포스트 179
원스페이스 116
원심력 123, 125
원심압축기 63
원역행궤도 32
원웹 39, 40, 202, 206
원자력발전소 227
원지점 150
원텐 36
월드 시리즈 72
월롭스 21
월트 디즈니 69
웨어러블 기기 207
웹스터 교수 55

위계질서 169
위상배열 안테나 199
위성 간 통신 204
위성망 브로드밴드 인터넷 40
위성 발사 75
위성운반장치 161
위성 인터넷 198
위성항법 136
위성항법시스템 136
위치정보혁명 207
윌리엄 셔트너 174
윌리엄 콩그리브 51
유도 빔 64
유도제어기술 93
유럽 263
유럽우주청 32, 210, 255
유리 가가린 83, 84, 97
유인 달 착륙 54, 248
유인 달 탐사 84, 85
유인우주선 216
유효배기속도 56
육상교통 169
은 231
이리듐 133
이리듐 위성 135
이리듐 위성망 134
이온 1 엔진 114
이온 R 엔진 114
이토카와 교수 103, 213
익스플로러 1호 79
익스플로러 위성 128
인공위성 72, 74, 75, 123
인공위성기업 SES 238
인공위성 스푸트니크 1호 77
인도 264

인력 양성 276
인류와 달 69
인스퍼레이션 4 30
인젝터 63
인텔리안 204
인텔샛 203, 252
일곱 난쟁이 263
일렉트론 21, 264
일론 머스크 25, 70, 146, 154, 162, 170, 205, 260
일반인의 우주여행 시대 30
일본 256, 264
일본 우주청 32
일중독자 168
임스 웹 88
임펄스 스페이스 161
1단로켓 엔진 F-1 181
1단로켓의 재사용 28
1단로켓 회수 22
1단 슈퍼 헤비 214
1차 산업혁명 43
2단 스타십 우주선 214
2차 산업혁명 43
5차 산업혁명 41, 249
63대 위성 133
2005년도 NASA 수권법 243
2010 NASA 수권법안 247

ㅈ
────────────

자세 제어 기술 273
자연철학의 수학적 원리 126
자원탐사 207
자율비행 207, 210

자율주행 210
잠재적 시장 41
장거리 전력전송 224
장방형 타원궤도 35
재생 냉각 64
재점화 기능 273
재진입 성능 270
저궤도 PNT 41, 208, 210
저궤도 군집위성 203
저궤도 위성 인터넷 196
저렴한 발사비용 261
저비용 양산 216
전기에너지 공급망 40
정교함 270
정밀 추력 조절 기술 273
정밀 탐사 232
정보통신혁명 196
정주영 회장 168
정지궤도 144
정지궤도위성 132, 146
정지위성 123
제2의 달 착륙선 184
제4차 산업혁명 25, 44
제5차 산업혁명 25, 45, 268
제니트 109
제미니 계획 87
제프 베이조스 30, 32, 170, 171, 178, 184, 205, 217
존 F. 케네디 83
존 글렌 175
존속성 혁신 46
존슨 대통령 88
존슨우주센터 235
주노-1 79
주요 산업기술 269

주피터-C 72, 79
주피터-C 로켓 73
준궤도 비행 116
준궤도 우주선 VSS 유니티 30
중국 264
중국 유인 우주프로그램 36
중궤도 137
중력 선회 123
중복설계 27
쥘 베른 53, 127
지구관측위성 123
지구 궤도 16, 40
지구 궤도 거대 구조물 41
지구 궤도 활용 247
지구물리관측의 해 75
지구 저궤도 38, 196
지구 저궤도 상업화 계획 32, 220
지구적 대형사업 230
지구중력 123
지상국 게이트웨이 204
지상 리시버 227
지상 수신안테나 227

## ㅊ

착륙 미션 178
창정 110
창정 2·3·4 계열 로켓 264
창정 시리즈 로켓 109
천이궤도 125, 150, 153
체계산업체 26
초고고도에 도달하는 방법 55

초대형 로켓 80, 84
초대형 위성 조립 기술 230
초소형위성 16
총 잠재적 시장 196
최대동압 151
최무선 50
최우등졸업생 172
추력제어 272
추진 효율 37
측위 위성 123
측위 위성시스템 140

## ㅋ

카르만선 64, 174
카이퍼 39, 40, 205
카이퍼 인공위성망 206
카파 로켓 103
캐나다 163
캐나다우주청 35
캐롤라인 케네디 180
캘리포니아공과대학 67
캡슐형 244
커크 선장 174
컨스틀레이션 프로그램 244, 246
컴팩 162
케네디 대통령 83, 85, 86, 87
케네디 우주센터 243
케로신펌프 101
케스트렐 엔진 158
케이프 커내버럴 144
코롤료프 73, 74, 75, 93, 95, 99

코스트플러스 244
콘스탄틴 치올콥스키 52, 91, 127
콜리어 68
콩그리브 로켓 51
퀄컴 135
퀸즈대학 163
크루 드래건 30, 246
크리스텐슨 46
클라크 128
클라크대학 55, 57
클린턴 행정부 138
킥 스테이지 22

## ㅌ

타이콤 6 145
탄소 제로 40
탈출 속도 125
탑재공간 216
탑재체 23
탑재 추력기 18
탑재체의 요구궤도 29
태양광 발전위성 40
태양동기궤도 22
터보펌프 22, 63, 101
텅스텐 231
테런 1 114
테런 R 로켓 114
테슬라 162, 169
테슬라 로드스터 147
텔레데식 133, 201
톈궁 36
톈허 36
토인비 43

톰 뮬러 154, 160
통신산업에서의 빅뱅 206
통신위성 123, 132
통신 지연 18
투자 시스템 170
트랜스포터-1 16
트랜스포터-6 16
트랜스포테이션-8 219
트위터 168
티모바일 206
티타늄 231

## ㅍ

파괴적 기술혁신 46
파괴적 혁신 46, 196
파산 보호 신청 203
파이어플라이 110
파이어플라이 에어로스페이스 114
팰컨 1 158, 165
팰컨 9 26, 37, 109, 144, 145, 159, 166, 181, 215, 245, 262
팰컨 9 로켓 16, 74
팰컨 로켓 253
팰컨 헤비 32, 109, 146, 151, 184
팰컨 헤비 로켓 144
페네뮌데 62, 64, 65, 73
페어링 23
페이팔 162, 164
펜슬 로켓 103
펜실베이니아대학 163
포고 진동 89

포톤 24
포트 블리스 미군 기지 66
폰 브라운 54, 60, 65, 66, 74, 79, 83, 85, 90, 93, 242
프로톤 109, 110
프리덤 7호 85
프린스턴대학 172
플래니터리 리소시스 235
플래니터리 시스템스 24
피터 벡 22
피터 틸 222
필름 냉각 64

## ㅎ

하야부사 233
하청업체 26
하쿠토-R 20
한국형 발사체 157, 268
한화시스템 203
할리웰 144
항공 공식 53
항공우주시스템 272
헌츠빌 85
헤르만 오베르트 53, 60
헬륨3 231
혁신 7대 영역 41
현지자원 활용 231
혜성 241
호만식 궤도천이 150
호크아이 21
호프 18
화석연료 226
화성과 그 너머 69

화성궤도  18
화성궤도선 사업  275
화성식민지화  38, 213
화성 전체 지도  18
화성탐사  97, 160, 244
화성탐사선  18
화성 프로젝트  68, 69, 70, 71
화성행 로켓  68
효율성  272
휴대폰의 연동  201
흐루쇼프  75
흑색화약  50
희귀 금속  239
히틀러  60

## A

A1 로켓  61
A2 로켓  62
A3 로켓  62
A4 로켓  62, 64
A5 로켓  62
APL  136
AP 통신  57
ARPA  81
AST 스페이스모바일  206
AT&T  206

## B

B1058  16, 252
B1059  252
B1060  16, 252
BE-3  174
BE-3U  254
BE-4  178, 181, 253
BE-4 엔진  175, 254, 259
BO  173, 175, 178

## C

CCDev 프로그램  245
Celestri  133
CLPS  236
COTS 프로그램  244
CRS 계약  245
C-type  232

## D

DARPA  136
DGPS  138

## E

ESA  35, 225
ESRIC  238
ExPace  116

## F

F-1 엔진  84, 85, 86, 87, 89
FAA  174
FutureNAV  211

## G

GAO  179, 183
GBAS  208
Globalstar  133
GLONASS 시스템  139
GNSS  41, 137, 208
GPS  136, 137, 207
GPS/GNSS  207
GPS III 위성  139
GPS 위성  208
GSLV  109, 264

## H

H-3 개발  257
HALO  32, 35, 248
H-IIA 로켓  18, 109, 112, 256
H-II 로켓  105, 107, 108
HLS 달 착륙선  180
H 시리즈 로켓  106

## I

ICBM  100, 109
I-HAB  35
IoT  134, 207
Iridiumr  133
ISAS  104, 108
i-Space  116
ITU  133

## J

JAXA 35, 104, 106, 225
JFK 스페이스 서밋 180

## K

KSLV 3 270

## L

L5 협회 241, 242
LandSpace 116
LA 근교 166
LC-2 21
LC-39A 182, 240
LE-7A 112
LE-7 엔진 107
LEO 118
LEO PNT 209
LEO 브로드밴드 41
LinkSpace 116
LSA 238
Luxembourg Space Agency 238

## M

MARS 21, 24
Materials in, Rockets out 27
M-type 233

## N

N1 로켓 99
NAFCON 28
NAL 106
NASA 26, 31, 32, 81, 178, 183, 184, 220, 224
NASA SLS 39
NASDA 106
NavIC 140
N-I 106
N-II 106
NK-15 엔진 100
NK-33 엔진 259
NRHO 35
NSI 242

## O

OKB-456 94
OneSpace 116
Orbcomm 133
Orbital Science corporation 259

## P

PayPal 162
PNT 136, 207, 208
PSLV 109, 114, 264

## Q

QZSS 141

## R

R-1 로켓 93
R-2 로켓 94
R-3 94
R-5 95
R-5M 95
R-7 로켓 74, 95
R-7 발사체 75
RAND 프로젝트 129
RD-101 94
RD-107 74, 95, 100, 101
RD-110 94
RD-151 102
RD-170 101, 111
RD-180 101, 111, 258
RD-181 260
RD-191 102
Research ANd Development 129
Rideshare 17
RRS 156
RS-25 39, 215
RS-68A 111, 258
Ryugu 234

## S

SA 138

SBAS 208
SERT 224
SES 132, 239, 270
SES-8 144, 150
SLS/Orion 32
SLS 로켓 32
SpaceResources.lu initiative 238
SS-18 109
SSO 114, 118
STL 208
S-type 232
Synchronous Communication Satellite 132
Syncom 132

**T**

TAM 41
Teledesic 133
Total Addressable Market 41
TRW 155, 161

**U**

UAE 18, 275
UAM 207
ULA 110, 111, 178, 183, 254, 258, 263

UN 35

**V**

V2 로켓 59, 64, 65, 66, 93
V2 엔진 74
VSS Unity 185, 192

**Z**

ZIP2 162

## 우주 기술의
## 파괴적 혁신
**이제 제5차 산업혁명이다**

1판 1쇄 펴냄 2023년 9월 1일

지은이 | 김승조
펴낸이 | 양정완
펴낸곳 | (주)텍스트북스

출판등록 | 제2020-000334
주소 | 07202, 서울특별시 영등포구 양평로 30길 14, 세종앤까뮤스퀘어 1109호
전화 | 02-702-5725~6
팩스 | 02-702-5727
웹사이트 | www.textbooks.co.kr

ISBN 979-11-91679-18-2  93550
정가 25,000원

- 이 책 내용의 일부 또는 전부를 재사용하려면 반드시 (주)텍스트북스의 동의를 얻어야 합니다.
- 잘못 만들어진 책은 구입하신 서점에서 교환해드립니다.